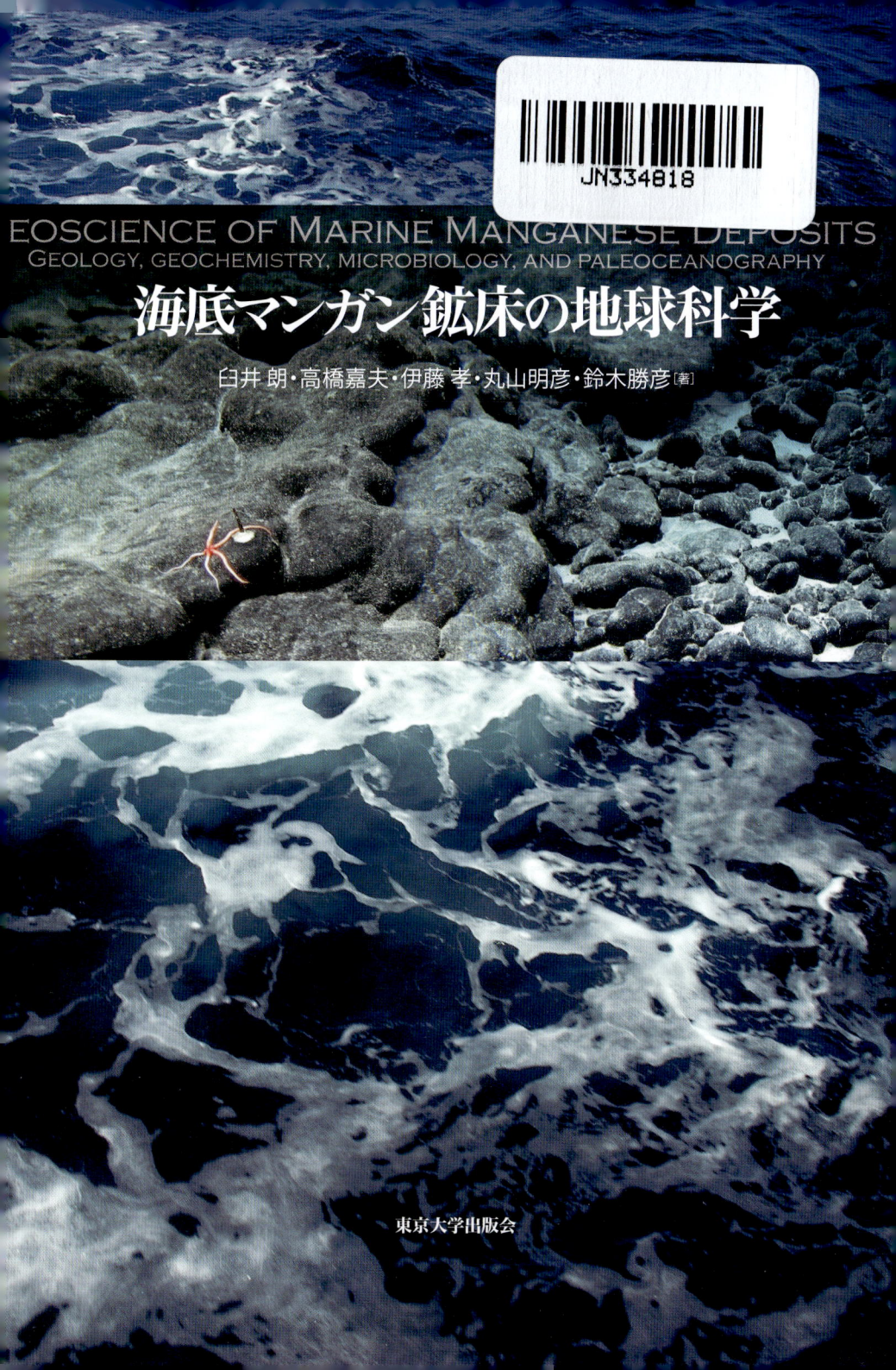

EOSCIENCE OF MARINE MANGANESE DEPOSITS
GEOLOGY, GEOCHEMISTRY, MICROBIOLOGY, AND PALEOCEANOGRAPHY

海底マンガン鉱床の地球科学

臼井 朗・高橋嘉夫・伊藤 孝・丸山明彦・鈴木勝彦［著］

東京大学出版会

海底マンガン鉱床の映像

口絵1-1 海山斜面の石灰質角礫岩を覆うマンガンクラスト．拓洋第5海山の南斜面．水深1225m，横幅約2m．遠隔探査機（ROV）ハイパードルフィンから撮影．海洋研究開発機構提供．

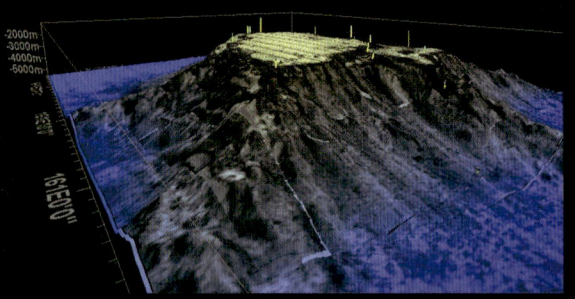

口絵1-2 ミクロネシア海域の平頂海山の地形．頂部の径約10km，比高4km．頂部には堆積物，斜面には露岩が分布する．黄色バーはクラスト厚さ（最大10cm）．

Geoscience of Marine Manganese Deposits:
Geology, geochemistry, microbiology, and paleoceanography

Akira USUI, Yoshio TAKAHASHI, Takashi ITO,
Akihiko MARUYAMA, Katsuhiko SUZUKI

University of Tokyo Press, 2015
ISBN978-4-13-062722-1

口絵 1-3　厚歯二枚貝（rudist）石灰岩を覆う 10 cm 厚の板状クラスト（佐野晋一，近藤康生同定）．拓洋第 5 海山の頂部．海洋研究開発機構提供．

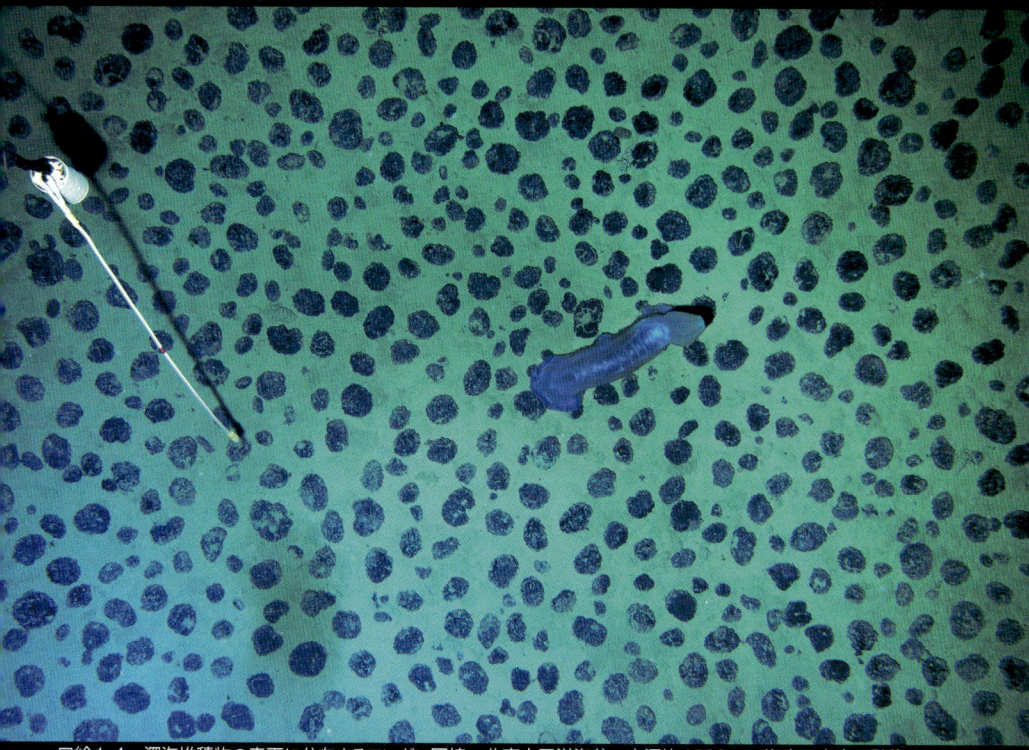

口絵 1-4　深海堆積物の表面に分布するマンガン団塊．北東太平洋海盆，水深約 4500 m の海底．中央の動物はナマコの仲間．白いロープの長さは約 1 m．石油天然ガス・金属資源機構提供．

形状と断面

口絵2-1　玄武岩質角礫岩を覆うマンガンクラスト．拓洋第5海山．

口絵2-2　石灰岩を覆うマンガンクラスト．小笠原海台．

口絵2-3　クラストの表面に特徴的なストロマトライト様の瘤状成長構造．

口絵2-4　巨大サメ（板鰓類）の歯を核とする団塊（西村昭提供）．

口絵2-5　厚歯二枚貝（*Caprina mulleri*，佐野晋一同定）を基盤とするクラスト．

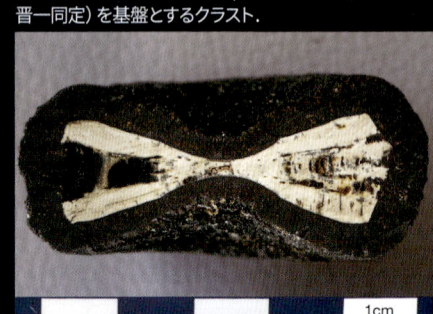

口絵2-6　硬骨魚類の骨（澤村寛同定）を核とする団塊．

顕微鏡で見るマンガンクラスト，団塊

口絵3-1　成長中のクラストの表面（デジタルマイクロスコープ），単位μm．

口絵3-3　クラストに見られる柱状の成長構造（研磨片の反射光観察），幅9mm．

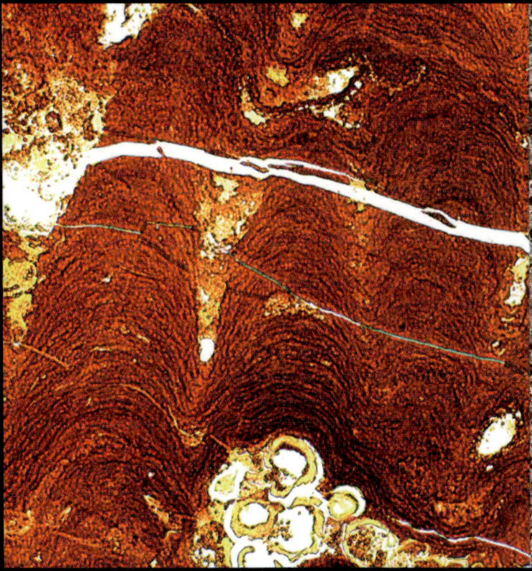

口絵3-2　クラストの断面に見られる縞構造（薄片の透過光観察），幅1.2mm．

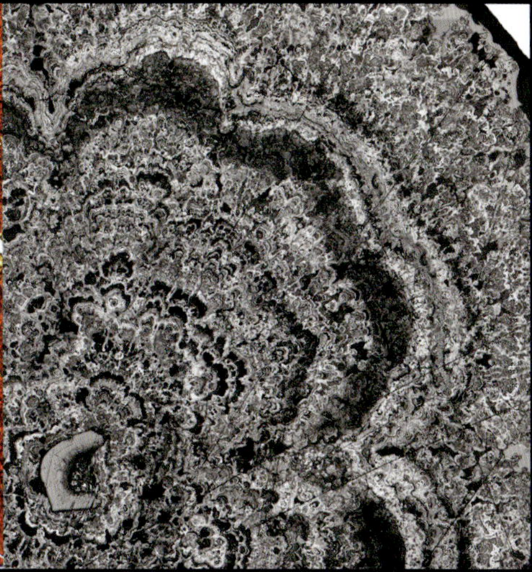

口絵3-4　団塊に見られる層状の成長構造（研磨片の反射光観察），幅8mm．

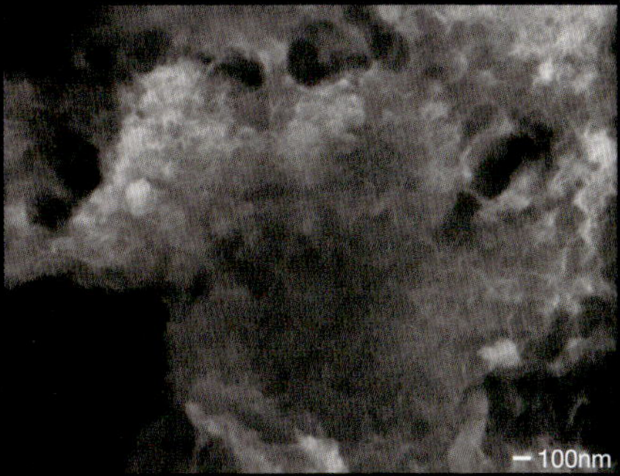

口絵3-5　クラスト中のバーナダイト結晶？（走査型電子顕微鏡，西圭介撮影）．最高解像度でも単結晶は確認できない．

口絵3-6　熱水沈殿物中のブーゼライト結晶（走査型電子顕微鏡，日野ひかり撮影）．平板状の形状が特徴．厚さは数十nm以下．

マンガンクラスト柱状試料の微細層序記載の例

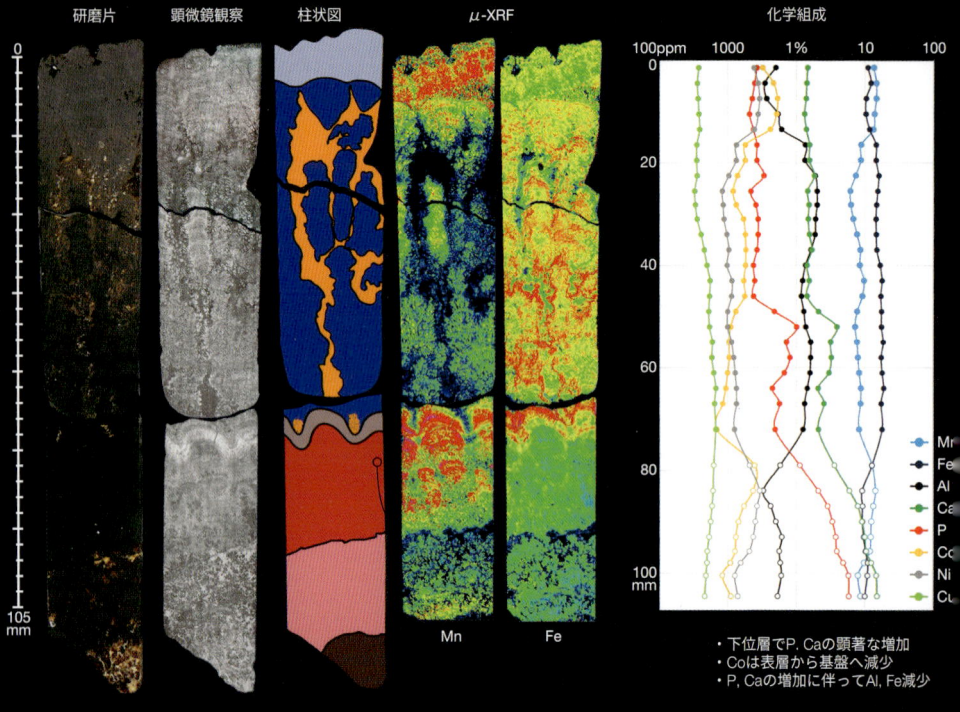

口絵4-1 クラストを堆積物コアと見なして，組織，物性，化学・鉱物組成と年代データとともに記載した一例を示した．標準記載法の一つとして提案した（臼井朗・中里佳央，2012）．

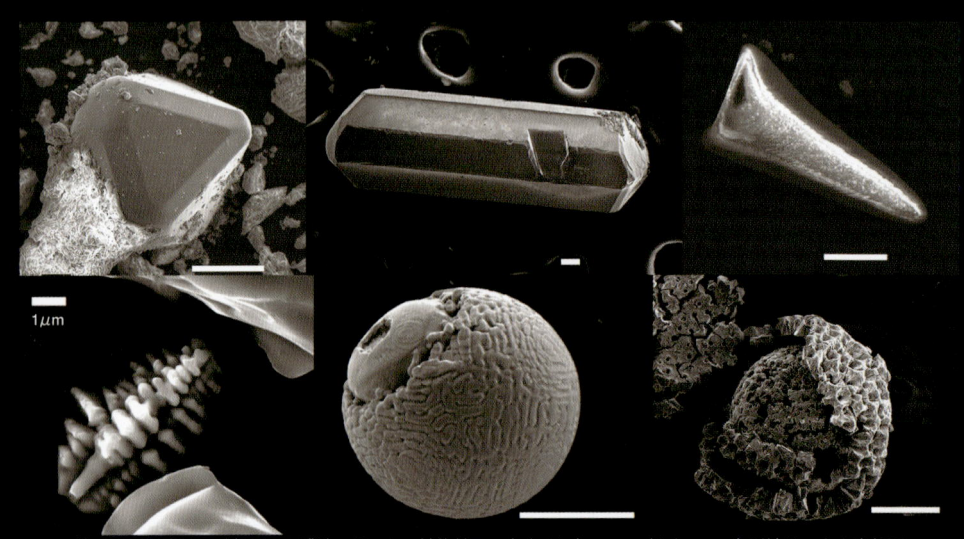

口絵4-2 クラストを酸処理した残渣に見られる鉱物粒子．左上より右に，マグネタイトの自形結晶，火山岩起源の輝石，イクチオリス．左下より右に，マグネタイトの骸晶，宇宙塵，微化石の印象（中里佳央撮影）

放射光を使った分子レベルの鉱物化学

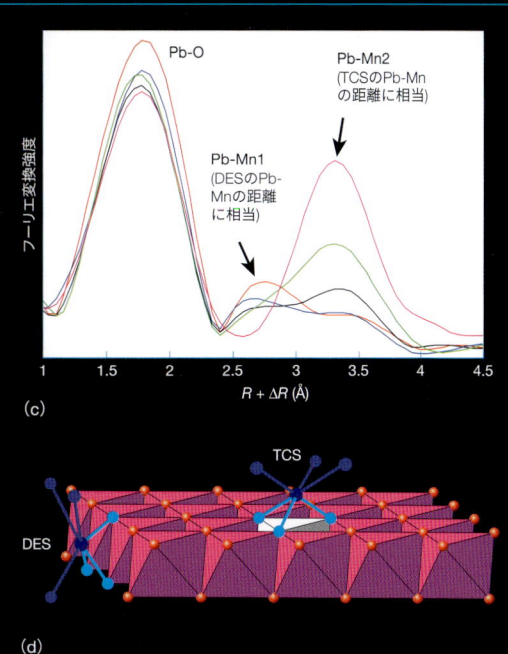

口絵5-1　放射光施設を用いて測定されるX線吸収微細構造(XAFS)法によるマンガン酸化物に吸着された鉛の局所構造解析．日本を代表する大型放射光施設のSPring-8 (a，理化学研究所提供)およびPhoton Factory (b，高エネルギー加速器研究機構提供)．XAFSから得られる動径構造関数(c)とそこから得られるマンガン酸化物上の鉛の構造モデル(d)．(c)，(d)はTakahashi et al. (2007)の図を一部改変．

古地磁気層序を使った年代測定

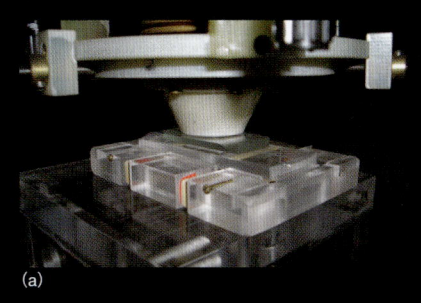

口絵5-2　超伝導量子干渉素子(SQUID)磁気顕微鏡(a，米国ヴァンダービルト大学)による残留磁化の解析から，古地磁気層序学的手法を用いて正確な年代情報が得られた．マンガンクラストの断面(bに化学組成を反映する後方散乱電子強度を示す)の表面磁場測定の結果(c，赤が上向き，青が下向きの磁場)に基づいて，残留磁化方位の逆転パターンが読み取れる．(d)は標準地球磁場逆転年代軸(黒が正帯磁，白が逆帯磁；横軸の単位は100万年)と表面磁場極性の逆転境界の対応を示したもの．産業技術総合研究所ウェブサイト(http://www.aist.go.jp/aist_j/press_release/pr2011/pr20110228/pr20110228.html)を参照．(b)〜(d)はOda et al. (2011)を一部改変．

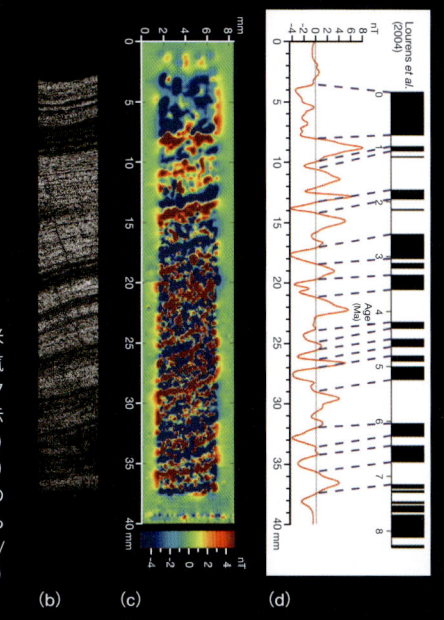

微生物によるマンガン酸化反応の促進

口絵6-1 マンガン酸化物形成に微生物が関与していることを示す一例.+2価マンガン添加培養時((a)左)にのみ生じた褐色のマンガン沈着物を顕微鏡解析した結果,その沈着物(b)に多数のバクテリア((c)青色粒子)や微細藻類((c)オレンジ色粒子)が検出された(丸山明彦・三田直樹・東原孝規,未発表).スケールバーは10μm.5章参照.

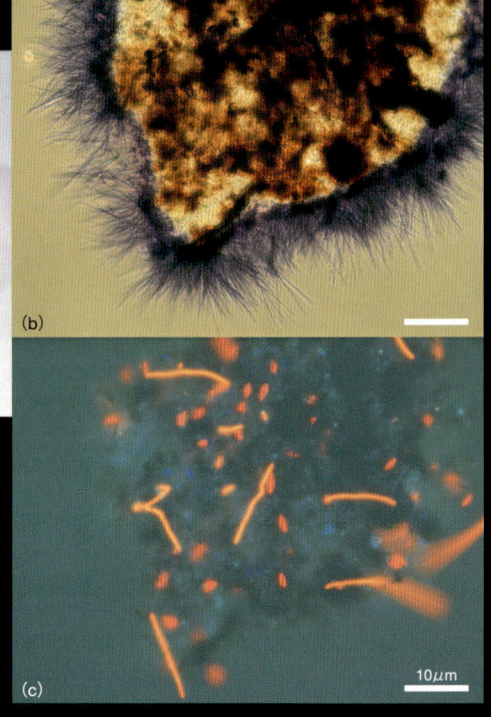

原生代の海で生まれた巨大マンガン鉱床

口絵6-2 カラハリマンガン鉱床(南アフリカ)の露頭(Bruce Cairncross提供).マンガン層(黒色)の厚さは20mを超える.

はしがき

　海洋では，地球規模，地球史スケールで大量の物質とエネルギーが移動・循環し，地球表層環境に大きな影響を与えている．そのプロセスの一つとして，特定の元素や鉱物が鉱床規模で濃縮される現象，つまり"資源の形成"が現在進行中であることが，最近の研究で明らかになってきた．本書では，資源形成のファクトリーである海洋が生み出す，大規模な堆積性レアメタル鉱床である海底マンガン鉱床の実像を描いてみたい．

　深海底の岩石や堆積物に経済性が指摘されたのは半世紀前の1960年代である．茫洋とした海底金属資源の実像が急激に明瞭になりつつある近年，これらの資源は偏在しつつも世界の海洋底に広く大量に分布することが確実視されるようになった．近未来の商業開発までも論じられている．しかし，実はまだ，個々の新発見に戸惑っているのが現状であり，鉱床としての分布・産状の実態，時間的空間的偏在性の要因，生成プロセスとこれを育む海洋環境との関連性などの解明が求められている．

　さて，陸上の金属鉱床の3つの要件，高品位，高資源量，採掘アクセシビリティ（Evans, 2003）を海底鉱物資源に適用すると，この要件を満たし得る資源は，マンガンクラスト，マンガン団塊，および熱水性塊状硫化物と認識されている（Rona, 2003；2008）．本書ではそのうち前二者を総称して「海底マンガン鉱床」と記す．海底マンガン鉱床にはさまざまな種類のレアメタルやレアアースが含まれ，しかも普遍的に分布し膨大な資源量となるため，近年のそれらの急激な需要増を背景として，その経済価値が再評価されている．

　調査の歴史を振り返ると，1960年代のプレートテクトニクス理論の開花期に合わせて先進国では科学研究が始まり，わが国では1970年前後に本格的な海洋調査船が建造され，同時に深海底鉱物資源の基礎調査も開始された．その後，海底資源研究の低迷期を経て現在まで，国策として資源探査を持続してきた歴史がある．一方で，地球科学研究の対象としての注目度は必ずし

も高くはなかった．たとえば，その分布，様式，生成時期，金属の起源，沈殿のメカニズムなどについての共通認識さえもが曖昧なまま残されてきた．

一方で，21世紀にいたり，海底調査技術が飛躍的に進歩し，深海底や海底下のサンプルが大量に採取され，観測データが桁違いに大量・迅速に取得できるようになって，まさにベールをはがすように，深海の実像が具体的に明らかになっている．同時に，公海域の探査鉱業規則，大陸棚延伸などが国際問題として真剣に議論されるようになり，海底マンガン鉱床は熱水性硫化物鉱床などとともに科学研究分野でも大きな展開の時期を迎えている．つまり，海底マンガン鉱床は，いわゆるレアメタルの将来資源であると同時に，地質現象が生み出す普遍的な化学堆積岩として再認識されるようになった．地球科学分野における重要な共通認識は，鉄・マンガン酸化物が海洋の物質循環を担う普遍的な海底堆積物の一つであること，そしてその成長速度が間違いなく100万年に数mmのオーダーであること，現在も生成が進行中であることが明確になったことである．クラストや団塊は桁違いにゆっくりと成長することから，地質年代を遡って，その環境との関係を議論することができる．資源としての価値と同時に，海洋での物質循環の定量的理解，古海洋環境・地質環境の復元に強力な記録材料であるという大変重要な意味をもっている．ひとかけらのクラストは，過去数百万年の長周期海洋環境変動や多様なイベントを記憶している可能性を秘めている．

一方，岩石，鉱床として，マンガンクラスト，団塊は陸上では例を見ない地質産状，組成，物性を示す．たとえば，構成鉱物の結晶はおそらく数十nmスケールのナノ物質であり，通常の顕微鏡では単体粒子を観察することはできない．また超低濃度の溶液から効率的に沈殿しきわめて複雑な成長組織を示すことから微生物活動による反応促進も予想される．また，30を超える金属元素が地殻岩石の平均を上まわる濃度で含有される．これらの性状を持つ岩石・鉱床は陸上では認められていない．各々の金属の化学・鉱物形態や選択的濃縮の素過程解明も興味深く重要な課題であって，化合物，鉱物の分子レベルの記載が求められている．

本書の目的は，この海底マンガン鉱床の実態と起源に関する研究成果を総括，整理し，今後の研究課題を抽出することである．研究成果の蓄積を踏ま

えて，将来の資源探索・開発，科学研究・調査の進展に，貢献できれば幸いである．

　著者5名は，いずれも船上など研究現場において調査・観測を行い，試料の処理から分析まで自身で実施する研究者たちである．1970年代の冒険的な探査航海の時代から，海底鉱物資源の開発が忘れられた時期を経て，21世紀の新たな先端的研究にまで携わってきた．ここでは，海洋地質学，資源地質学，鉱物学，地球化学，微生物学などの多様な視点を踏まえて，海底マンガン鉱床形成の時空変動，金属の起源，生成年代などの基本的な課題から，有用元素濃縮メカニズム，微細スケールの組成・成長構造変化の意義，古海洋環境復元の可能性，分子レベルの化学状態，沈殿形成のメカニズム，地球史の陸上マンガン鉱床との対比など，地球科学分野の重要な課題の整理を試みた．1～3章では，現場の調査・観察・分析結果に基づいて海底マンガン鉱床の実態を概説し，4章では，おもに地球化学的視点から，分子・原子レベルでの酸化物形成，金属濃集のプロセスを論じ，5章では，地球表層の生物圏におけるマンガン鉱物の生成や化学反応に対する微生物活動の関与について詳細なレビューを行い，6章では，現世海洋にとどまらず時間軸を長くとって，過去の地球環境変遷史からマンガン鉱床の形成環境を総括した．このような包括的な専門書はこれまで出版されていない．

　最後に，出版を支えてくださった多くの方々にお礼を申しあげたい．船上調査を成功に導いてくれた調査船の乗組員・支援員の方々，研究に欠かせない高度な試料準備，測定における専門技術によってわれわれを支えてくれた高度の職人たち，航海や研究プログラムの実現に事務的便宜を図ってくれた人々などである．また多くの大学関連機関，石油天然ガス・金属資源機構，海洋研究開発機構，産業技術総合研究所の研究者・技術者，高知大学地球科学コース，海洋コア総合研究センターの同僚達，そのほか折に触れ船上でともに働き，研究室や集会で議論してくれた多数の研究者，精細な研磨薄片作成に協力してくれた産総研地質標本館薄片室の皆さま，一緒に勉強した高知大学などの学生・院生諸君，技術補佐員松本美和氏に深く感謝する．また，本書出版にいたる道筋を作っていただいた東京大学出版会の小松美加，住田

朋久両氏のご支援に厚くお礼申しあげる．最後に，執筆を強く促してくださった東京大学の浦辺徹郎名誉教授，川幡穂高教授，そして故玉木賢策名誉教授に深く感謝の意を表します．

　本書が，若い研究者・学生，資源開発に携わる方々など多方面にお役に立つことを願います．

　平成 27 年元旦

著者を代表して
臼井　朗（高知にて）

目次

はしがき

第 1 章 海底鉱物資源としてのマンガン鉱床 1

1.1 地質活動が生む多様な鉱物資源　2
　1) 岩石圏起源の熱水性硫化物　2) 水圏起源の鉄・マンガン鉱床
1.2 化学堆積岩としての鉄・マンガン酸化物　7
1.3 マンガンクラスト，団塊の分布概要　9
1.4 金属鉱床としての意義　12
1.5 研究と探査の歴史　16
　1) 探検航海時代［19 世紀から世界大戦まで］
　2) フロンティア探査時代［世界大戦後から 20 世紀末まで］
　3) 環境調和型の資源開発へ［21 世紀から現在まで］　4) わが国の研究史
1.6 調査・分析技術の進歩　22

第 2 章 海底マンガン鉱床の分布・性状 25

2.1 多様性の概要　25
2.2 形態・構造・産状　30
　1) 物性，濃集率　2) 微細構造　3) 成長速度と微細層序学
2.3 空間分布概要　38
　1) 広域分布の多様性　2) 産状と地質環境　3) 産状変化の例と地質環境
　4) 基盤の地質構造と鉱床生成　5) 堆積作用と団塊の埋没
2.4 鉱物の多様性　52
2.5 化学組成と形態　59
　1) 組成変動と構成物質　2) 生成環境と化学組成
2.6 生成年代，成長速度，成長史　71

v

1）微化石や基盤岩に基づく相対年代　　2）同位体に基づく絶対年代
　　　3）新たな年代測定法

第3章　海底マンガン鉱床の生成環境 ……………………………………………… 81

　3.1　海洋の物質循環が生み出すマンガン鉱床　82
　　　1）存在形態　　2）起源と移動経路　　3）酸化物の形成
　　　4）金属濃集速度（フラックス）　　5）続成作用と金属濃集
　3.2　資源形成と地質構造　97
　3.3　環境記録としてのマンガン鉱床　98

第4章　海洋の鉄・マンガン酸化物の地球化学 ………………………………… 105

　4.1　表層水圏におけるマンガンと鉄の挙動とクラスト・団塊の形成　105
　　　1）マンガンと鉄がクラストや団塊を作る理由
　　　2）海洋環境でのマンガンの挙動　　3）海洋環境での鉄の挙動
　　　4）元素の鉛直分布と平均滞留時間　　5）マンガンおよび鉄の酸化過程
　　　6）堆積物の初期続成過程におけるマンガンや鉄の挙動
　4.2　マンガンクラスト，団塊の起源，鉱物組成と Mn/Fe 比　121
　　　1）マンガンクラスト，団塊の分類
　　　2）マンガンクラスト，団塊の起源，鉱物組成と化学組成（Mn/Fe 比）
　4.3　マンガンクラスト，団塊の化学組成　124
　　　1）吸着，共沈，相転移　　2）吸着反応：表面錯体の種類
　　　3）EXAFS による吸着種の解析例　　4）共沈反応　　5）相転移
　　　6）マンガン酸化物表面での微量元素の酸化反応：コバルトの濃縮
　　　7）希土類元素パターン
　　　8）鉄・マンガン酸化物の生成環境と元素の濃集度の違い
　4.4　酸化物への親和性から見た元素の分配比　146
　　　1）表面錯体モデル：多様な元素の取り込み　　2）陽イオンの分配
　　　3）陰イオンの濃縮　　4）元素による違いの系統的理解
　　　5）鉄・マンガン酸化物中の各相に対する各元素の親和性
　4.5　鉄・マンガン酸化物中の安定同位体比の変動　161
　　　1）放射壊変に伴う同位体比の変動とその地球化学的利用
　　　2）鉄・マンガン酸化物中の安定同位体比の変動
　4.6　まとめ　169

第5章　マンガン酸化物形成に関与する微生物活動 …………………… 170

5.1　マンガンと生命活動　170
5.2　生物学的マンガン酸化とエネルギー獲得系　170
5.3　生物学的マンガン酸化の多様な形態　173
1）酵素が関与するマンガン酸化　　2）酵素が関与しないマンガン酸化
3）多様化をもたらしてきた要因
5.4　環境によって異なる微生物の関与　181
1）湖沼　　2）陸上の温泉　　3）海底熱水活動域　　4）海洋および海洋底

第6章　地球環境変遷史とマンガン鉱床の形成 …………………… 192

6.1　マンガン鉱床の成因　193
1）マンガン鉱床の生成環境　　2）富酸素海洋型のマンガン鉱床
3）無酸素海洋型のマンガン鉱床
6.2　地質時代のマンガン鉱床の年代決定法　198
6.3　地球史・海洋変遷史とマンガン鉱床の形成　201
1）先カンブリア時代におけるマンガン鉱床形成
2）海洋無酸素事変とマンガン鉱床形成との関連
3）付加体中のマンガン鉱床　　4）深海掘削コア中に見られるマンガン鉱床
5）新生代に生成された陸上のマンガン鉱床
6.4　まとめ　221

補遺　酸化還元反応　223
1）ネルンストの式　　2）水の存在条件　　3）マンガンの E_h-pH 図

あとがき　229
引用文献　231
索引　243

● **本書でしばしば使う単位**

- 長さ　μm（マイクロメートル，ミクロン）10^{-6} m，nm（ナノメートル）10^{-9} m，Å（オングストローム）10^{-10} m
- 時間　Ma, m.y.（100万年）
- 濃度（品位）　%（10^{-2}），‰（10^{-3}），g/トン，ppm（10^{-6}），ppb（10^{-9}），ppt（10^{-12}），M（mol/L），mM（10^{-3} mol/L），μM（10^{-6} mol/L），nM（10^{-9} mol/L）
- 密度　g/cm^3
- 濃集率（賦存率）　kg/m^2
- 濃集速度（フラックス，MAR）　g/m^2/年
- 質量パーセント濃度　wt%

第1章　海底鉱物資源としてのマンガン鉱床

　海洋の研究者は，しばしば調査船に乗る．そして舷側から下を見おろしながら，海水がまったくない世界を夢想してみる．そこにはおそらく一面広大な砂漠が広がっていて，ほとんどの海底は細かい砂や粘土で覆われている．眼をこらして遠くを眺めると，土砂に覆われていない数千m級の台地や山がそびえ立ち，多様な岩石が露出する．まれに活火山や地熱地帯があって噴気や激しい熱水噴出の様相を呈する．岩石の地肌がじかに見える崖は思いのほか少なくて，新しい火山域，大規模な地すべりや地震断層の跡くらいである．それ以外の山岳域は，不思議なことにどの露岩もすべて真っ黒に覆われている．平坦で単調な様相の海底には，ところどころ，真っ黒な玉石が川砂利のように続く．このような海底の風景は，陸上とはまったく別世界に見えるはずである．

　この真っ黒い被覆物や海底の黒い玉石が，実は鉄・マンガン酸化物である．その厚さ，大きさはさまざまで，1 mm以下から最大20 cm程度である．最近の調査によって，鉄・マンガン酸化物は珍しい物質ではなく，世界の海域に広く分布することがわかってきた．本書ではその鉄・マンガン酸化物を「鉱床」と称して，その地球科学的実態を描いてみたい．

　特定の有用元素や有用鉱物が濃縮した岩体を，われわれは鉱床と呼ぶ．現在採掘しているほとんどの金属鉱床が陸上に存在する．しかし，深海底の調査が進むにつれ，陸上だけではなく深い海にも金属鉱床が存在することがわかってきた．大陸棚に分布する重鉱物，骨材，石炭，石油，天然ガスなどは陸域の延長としての海底資源といえるが，それ以外にも，海洋に特有な未開発の大規模鉱床が存在する．特に海底熱水性硫化物鉱床はじめ，マンガン団塊（manganese nodule），マンガンクラスト（ferromanganese crust）は，膨大な資源量をもつ金属資源として見直されはじめている．これらは予想外に広い海域に分布し，それらに含まれる有用金属元素の品位（＝鉱石の

重量当たり元素濃度）は陸上の鉱石に匹敵し，ときにはそれを上まわることが確かめられつつある．

　鉄・マンガン酸化物は海底堆積物の重要な（＝一般的な）成分の一つであり，特に深海粘土には酸化物として合わせて10％以上含まれていることもある．鉄・マンガン酸化物が濃集した岩塊は海底のいたるところで見ることができ，外観からマンガンクラスト（殻），マンガン団塊（ノジュール）と呼ばれ，有望な将来資源として期待されている．経済性が指摘される元素は，主成分の鉄，マンガンではなくて，銅，ニッケル，コバルト，希土類（レアアース）元素（REE；rare earth elements），白金，テルルなどの副成分であり，それらの多くは地殻平均濃度が低く，多くは鉱床が特定の地域に偏在する金属元素（日本ではレアメタルとも呼ぶ）である．

　本書では，わが国周辺の北西太平洋域にとどまらず，太平洋の中部，南部，北東部に産する団塊・クラストの現場観察，試料観察，分析の結果も引用しつつ，事例を挙げながら研究の意義・将来展望を解説する．

1.1　地質活動が生む多様な鉱物資源

　地球表層環境では，おもに太陽からの放射熱が駆動力となって，地圏，水圏，および気圏の間を，さまざまな元素，およびエネルギーが移動・循環している．その境界域における溶解，沈殿，気化，蒸散などの現象を通じて，長い地質時間をかけてある種の元素が分離・濃縮し，濃集体，つまり鉱床を形成する．

　特に，海水と海洋地殻の境界である海底では，さまざまな化合物や鉱物が，現在でも（もちろん過去においても）岩石，堆積物として固定される（鹿園，1992，1997）．その結果として，レアメタルを含む未利用の海底鉱物資源として，鉄・マンガン酸化物と熱水性硫化物が，現世の海底近傍に大規模，広範囲に分布しているわけである．両者ともに世界七大洋のすべてにおいて発見されており，将来の商業採掘も視野に入れた研究，調査，処理実験などが行われている．

　これらの資源は，陸上の鉱床と同じように有用元素を含有することから，

その商業価値が注目されるようになった．一方で，これらの鉱床が現在の海洋において生成中であるということは，形成環境とプロセスを理解する上で非常に重要である．つまり，現世海洋の地質学的，海洋学的環境条件に一致した分布や変動を示すことが証明されれば，その起源・生成条件が明らかになる．現在の研究現場では，いまだに新発見が続くと同時に，産状の多様性や組成の変動パターンなどの全容が解明されつつある．詳細スケールでの鉱床の鉱量予測や開発計画の立案は困難であるものの，これまでの重要な発見からは，その分布・組成の地域特性と，基盤岩や地形などの地球科学的背景との見事な対応などが認められている．ここで，多様な海底資源の生成環境，生成プロセスの概要を整理してみよう．

1) 岩石圏起源の熱水性硫化物

海洋地殻内部は，高温，高圧，酸性，還元的，無生物の世界であり，表層環境とは対照的である．膨大な量の物質と熱が継続的に地球表層に供給され，岩石が形成されると同時に，激しい物質循環の場である．ここではマントル対流とプレートテクトニクスがもたらすマグマ活動を原動力として新たな岩石や鉱物が形成されるとともに，表層水圏との境界において資源が形成されつつある．大陸地殻と大きく異なるところは，大量の海水が海底地殻の全面を覆っていることである．特にプレート境界域では熱と物質が海底に向けて放出され，冷たく酸化的な海底に達して沈殿が連続的・継続的に形成される．海底下または海底近傍において熱水が形成され，それが移動して塊状硫化物鉱床（VMS；volcanic massive sulfide）を形づくる（図1-1）というわけである．従来の陸上の鉱床分類に基づけば，内因的（地圏，マグマ起源）の鉱床と特徴づけることができる．これらは，図1-2(a)に示すように，陸上にある熱水鉱床の現世類型（modern analog）とされ（Iizasa et al., 1999；Glasby et al., 2008），一般に金，銀，銅（+鉄，鉛，亜鉛）などのいわゆる親銅元素に富む硫化物の集合体から構成される．したがって，地質産状，形態，鉱物・化学組成などは陸上に存在する熱水鉱床と類似している（表1-1）．一方で，いわゆるレアメタルの含有率は一般に低い．金，銀，銅が主要な有用元素とされている．

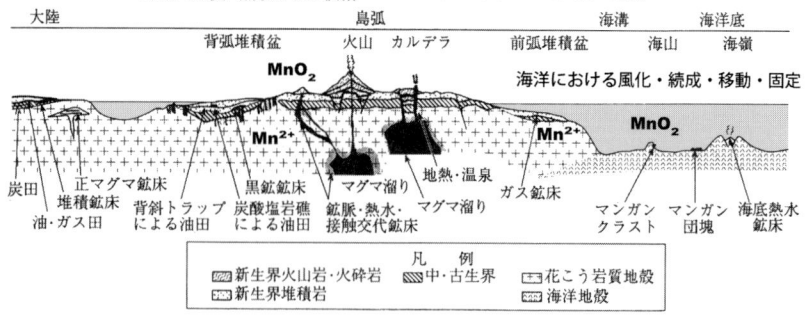

図1-1 資源形成の概念図と地球表層でのマンガンの移動（岡村ほか，1995に加筆）

表1-1 海底鉱物資源の平均品位（陸上鉱床との比較）

金属含有量 （品位）		ニッケル （％）	銅 （％）	コバルト （％）	白金 （g/トン）	金 （g/トン）	銀 （g/トン）
マンガン団塊	北東太平洋	1.28	1.02	—	—	—	—
	中部太平洋	1.07	0.80	—	—	—	—
マンガンクラスト	ライン諸島	—	—	1.11	1.0	—	—
	マーシャル諸島	—	—	0.74	0.64	—	—
熱水性硫化物	ガラパゴス海嶺	—	5	—	—	99	46
	水曜海山	—	12.6	—	—	29	200
陸上の鉱山／鉱床	秋田県黒鉱	—	—	—	—	3	312
	カナダサドベリー	1.32	—	—	0.9	—	—
	アフリカコンゴ	—	3.5	0.27	—	—	—
	チリ斑岩銅鉱床	—	0.7–0.9	—	—	—	—

—は資源対象外．Iizasa et al.(1999), Hein et al.(2000), Glasby et al.(2008) ほかより．

　元素の起源は海底下の岩石，つまり地殻内部にあり，高温高圧の熱水によって効率よく通常の岩石から溶解，抽出されたものである．現世の海底は酸化的であるため，海底近傍で熱水から生成した硫化鉱物は，海底では不安定であって分解されやすく，一般的な海底風化のプロセスでは硫酸塩として海水に溶解してしまう．岩石または堆積物中に，硫化物のまま保存・固定されるためには，さらに特別な地質学的条件が必要である．また，開発に伴う環境影響や人体，生物への毒性という観点からは，陸上の塊状硫化物鉱床と同様に，有害な放射性元素やヒ素，カドミニウム，水銀などを比較的多く含む

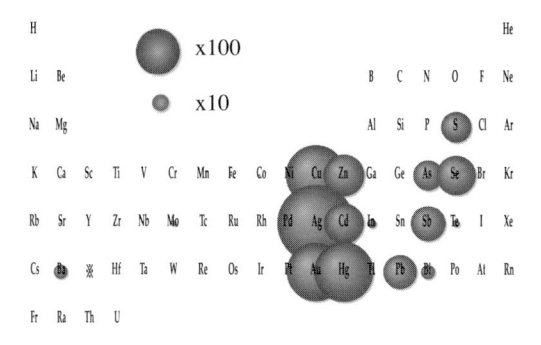

図 1-2(a) 熱水性硫化物の地殻存在度に対する元素の濃集係数（臼井，2010 を改変）

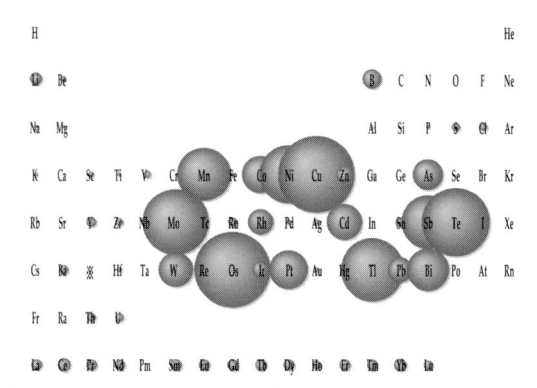

図 1-2(b) マンガンクラストの地殻存在度に対する元素の濃集係数（同上）

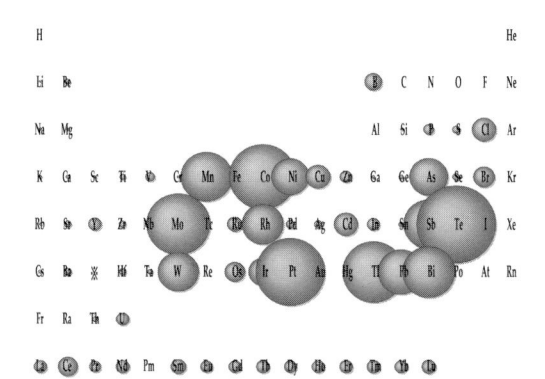

図 1-2(c) マンガン団塊の地殻存在度に対する元素の濃集係数（同上）
地殻存在度に対する比で示した．

1.1 地質活動が生む多様な鉱物資源——5

ことは留意しておくべきである．

2）水圏起源の鉄・マンガン鉱床

　上記の熱水鉱床の形成環境とは対照的に，低温，酸化的，中性〜アルカリ性，多様な生物圏という深海環境では，硫化物に濃集する金属元素とは挙動が異なる元素が濃縮する（図1-2(b)，図1-2(c)）．大きな表層物質循環のなかで，鉄・マンガン酸化物は最下流の生成物（シンク）として，長い地質時間を経て，クラストや団塊の鉱床を形成する．一般に鉄，マンガンは，地殻物質の風化，海底熱水活動などを起源として深海の水塊に供給され酸化物となり，十分に時間をかけて海水中の超微量濃度の溶存元素と反応する．しかし地質年代スケールでは非常に短い滞留時間（1000-2000年程度）を経て，最終的には酸化物として岩石・堆積物に固定される．その構成鉱物はコロイド（粒径が0.1 μm 以下）サイズまたはそれ以下の微粒子である．

　新第三紀〜現世の海洋は氷床の発達によって，一般に「低温で酸素に富む」特徴をもつ（Zachos et al., 2001）．鉄，マンガンは，溶存態として海洋水塊へ供給された後は安定に存在できず，最終的には酸化物として海底に固定される．どうやら新生代以降の海洋に特有の鉱床といえる．成因的には陸上の鉱床学でいう外因的（水圏，堆積起源）に分類できるが陸上に類型のタイプは認められない．海底に形成される酸化物の塊を，形態に基づいてクラスト，団塊と呼び分ける．

　主成分はマンガン酸化物だけではなく，鉄酸化物も数％から20％程度含まれることが多い．さらに，深海堆積物の全成分元素，および鉱物も含有する．多くの副成分元素は主成分の鉄またはマンガンと強い相関を示すことが特徴である．これらに濃集する副成分の金属元素のほとんどがいわゆる親鉄元素であり，また一部3，4，5属の親石元素にも富む．この鉱床は，海水起源と続成起源に細分化され，一般に前者は鉄とマンガンの両方を主成分とする鉱物を，後者はマンガンを主成分とする鉱物を形成し，鉱物化学的特徴により副成分も異なる．前者は特徴的にコバルト，ニッケル，白金およびランタノイド系希土類元素に富み，後者は銅，ニッケル，亜鉛に富む．これだけ多種類の金属元素を含有する金属鉱床タイプはほかに見られない．陸上にもこれ

に相当する類型の鉱床タイプがなく，その形状，産状，物性，化学・鉱物組成は特異である．

1.2　化学堆積岩としての鉄・マンガン酸化物

　マンガンクラスト，団塊の主成分となる鉄とマンガンの海水中での存在形態は必ずしも明確になってはいない．金属イオンや塩化物錯体などの溶存態という考え（Johnson et al., 1996）のほかに，深海では酸化物コロイドあるいはそれ以下のナノ粒子として存在するという考え（Bruland et al., 1994）もある．いずれにせよ海水を経由した元素は，最終的には海底堆積物中の酸化物，海底露岩域のクラスト，堆積物表面の団塊を形成する．それらの主成分は結晶度の低い水和した酸化鉱物であるため，続成作用や変成作用の過程で変化することが多く，陸上の岩石中にその構造や組成が保存されることはほとんどない．

　マンガンクラスト，団塊は，金属酸化物のほか，海底堆積物と共通の構成成分（たとえば粘土鉱物，沸石類，造岩鉱物，微化石など）を必ず含んでいる．成長速度は速いもので100万年に1cm程度，遅いものでは1mm程度である．鉄・マンガン酸化物は上記の粒子を取り込みつつ薄膜を敷き重ねるように積層して固定され，クラスト，団塊を形づくる．海底における産状，組成，組織は多様であり，その変化は数千kmスケールの広域分布から個体中における顕微鏡スケールの（またはそれ以下の）変化まで認められる．堆積岩や深海掘削コアなどで対比が試みられており，狭い範囲で化学・鉱物組成の時系列変化の試料間の対比の例が報告されている．

　事実，酸化的環境で堆積した海底堆積物中には，直径が10-100μmスケールの酸化物粒子（マイクロノジュール）が含まれ，堆積物中の重金属部分の大半を担っている．また熱水活動地域の近傍には，塊状，脈状，砕屑状の特有の形態をもつ酸化物が分布している．図1-3に上述の変動スケールとの関連が予想される環境因子等を挙げた．生成モデル（図1-4）を参照されたい．

　マンガンクラスト，団塊の成長速度は堆積物にくらべ桁違いに小さい．深

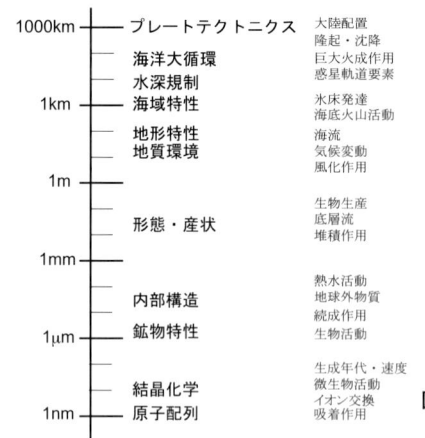

図1-3 マンガンクラスト,団塊の化学組成変動の要因

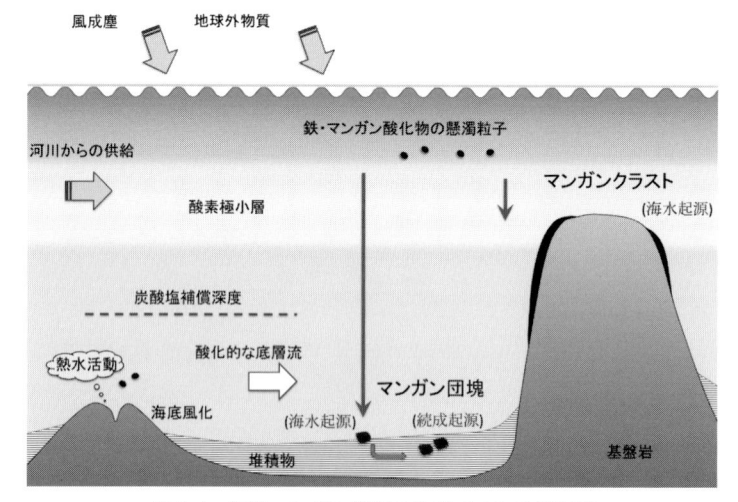

図1-4 海底マンガン鉱床の生成プロセス概念図

海堆積物が1000年に数mm程度で堆積するのに対して,マンガンクラスト,団塊は100万年に数mm程度の速度で成長するため,一般に100万年オーダーの成長史(＝年齢)をもつ(詳しくは2.5節を参照).したがって,これら酸化物の形成,成長の過程においては,海水あるいは海底近傍の物理化学的

条件，海水の動き，堆積環境，生物活動等の影響，および化学平衡論的・速度論的な規制を受けることが予想される．クラスト，団塊は時系列に沈殿物が蓄積した，すなわち成層した堆積岩であるから，微細スケールの組成や構造に長いレンジの海洋環境の変遷やイベントの記録が残されている可能性に期待がもたれてきた（Sorem and Foster, 1972；西村，1993；臼井，1998）．また，鉄・マンガン酸化物が沈殿すること自体が海洋環境の指標ともなる（Usui and Ito, 1994；Ito et al., 1998）．クラスト，団塊の内部の微細構造・組成変化等と海洋環境パラメータとの対応関係が明らかになれば，逆に，海底堆積物におけると同様の手法で，長期レンジの環境変化をひもとくことができるに違いない．高解像度，高精度の微小スケールの生成年代測定が重要な課題となっている．詳しくは3章で述べる．

1.3 マンガンクラスト，団塊の分布概要

19世紀の後半，英国によるチャレンジャー号航海（Murray and Renard, 1891）において，マンガンクラスト，団塊が太平洋の深海盆で発見され，はじめて科学的に記載された．しかし当時は，きわめて限られた地域にだけ産出し，経済性をもたないものと考えられていた．広大な分布とその経済性が指摘されたのは1960年代以降であった（Mero, 1965；Horn et al., 1972）．その後1980年代にはコバルトに富むマンガンクラストが（Halbach et al., 1982），同時に東太平洋海膨などで熱水噴出に伴う硫化物鉱床が発見され（Rona, 1984），その後，世界各地からの報告が相次いだことから，次第に戦略物資としての潜在性が高まった．図1-2(a, b, c)にあるように，それぞれ特有の元素を濃集する金属鉱床であることが注目される所以であるが，地球科学的観点から最も重要なことは，これらの鉱床は現在も生成が進行中の「生きた鉱床」という点である．海は激しい物質循環の場であり，まさに鉱物，鉱床が生成し続ける現場である，というとらえ方が研究者を強く惹きつけた．

その後世界各国が競って深海底調査を実施した結果，世界の海洋底におけるマンガン団塊の広域分布パターンの概要がわかり，いくつかの分布図も出版された（Frazer and Fisk, 1977；Rawson and Ryan, 1978；Anikeeva et al.,

2000；臼井ほか，1994). また，限られた範囲ながらもマンガンクラスト，団塊にかかわるデータベース (NOAA, 1992；Manheim and Lane-Bostwick, 1989) も公開されている．臼井 (2010) がまとめた海底鉱物資源の世界広域分布図 (前見返し，図1-5) に見られるように，いずれの鉱物資源も世界の海底に一般的に分布する一方で，地質環境に伴った多種多様な地域特性が見られることも明らかになってきた．

21世紀になって，金属資源枯渇・不足を解消する候補として再評価されるようになり，商業開発を目指した資源探査や環境調査を急ぐべきとの意見が強まっている．公海での探査鉱業規則 (マイニングコード) が国連海洋法条約のもとで制定され，国際海底機構 (ISA；International Seabed Authority) のもとですでに探査鉱区の設定 (図1-6) がはじまっている．わが国のマンガン団塊の探査鉱区はハワイ南東方にあり，マンガンクラストの探査鉱区は南鳥島南東方向に設定された (ISA, 2013). 一方で，マンガン鉱床の起源，形成時期，プロセスにかかわる共有知識は不十分であり，分布様式や産状の把握のみならず，深海底環境そのものの物理，化学，生物，地質学的実態把握も十分とはいえない．われわれは，現状では開発シナリオを立案するに足る信頼性の高い観測・調査データを手に入れたとはいえず，その実像把握のための地球科学的研究を推進すべき段階にある．

具体的には，顕著な地域偏在性，分布の規則性，組成や物性の地域変動の

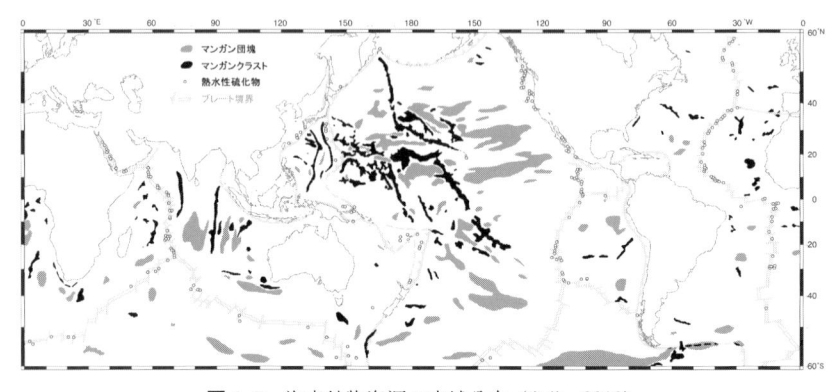

図1-5　海底鉱物資源の広域分布 (臼井, 2010)

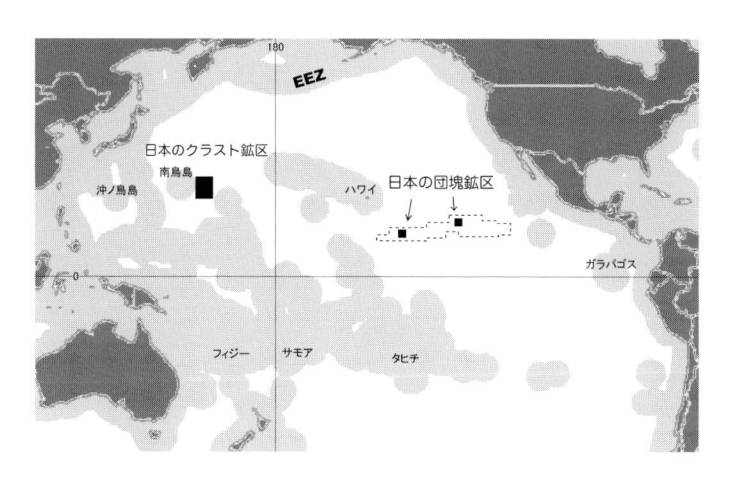

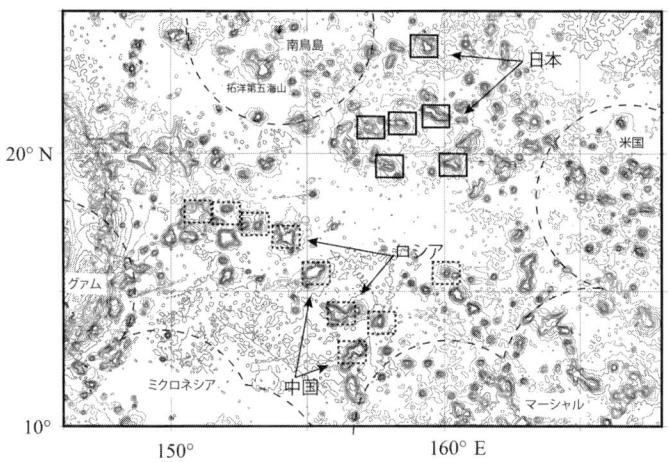

図 1-6 日本のマンガン団塊探査鉱区（上），コバルトリッチ・マンガンクラスト探査鉱区（下）（国際海底機構ウェブサイトより　http://www.isa.org.jm/）

様子，特異な成長プロセス，特定元素の選択的濃縮作用の実態を明らかにし，地質学的，海洋学的因子との関連など基礎的な事実，概念を整理しておく必要がある．後章で述べる通り，海底マンガン鉱床は長い地質時代の間に多様な海洋環境変化を経験して，現在の海底に分布しているものである．したがって，海底マンガン鉱床の性状を議論する場合には，それが長期の地質年代（数百万年またはそれ以上）にわたる継続的な期間を通じて積算された沈殿物

の集合（堆積岩と呼んでもよい）であることを念頭に置かなくてはならない．たとえば，マンガンクラスト，団塊の諸性状は多様な広域的変動パターンを示すが，それが現在の海水の物理化学条件，地質条件，堆積環境，微生物環境などと必ずしも直接対応しない．マンガンクラスト，団塊を，長い時間をかけて積層した微細スケールの堆積岩ととらえれば，それは当然である．当面の研究目標は，現世海洋での鉱床形成プロセスを理解して，過去に遡ってその結果を適用することである．

1.4 金属鉱床としての意義

　金属は，われわれの生活，生存を支える重要な資源物質であり，そのほとんどすべてを陸上の鉱山に頼っている．鉄，アルミニウム，鉛，銅などの主要金属（ベースメタルといわれる）は，需要に対して比較的埋蔵量が豊富である．一方，いわゆるレアメタルのなかには，今後10-40年以内の世界的な枯渇が危惧されている金属もあって，すでに枯渇・不足がはじまっているともいわれている（中村，2010）．なかでも，現状で代替が効かない金属元素（希土類元素，リチウムほか）や，鉱床タイプが限定されるため生産国が大きく偏っているもの（白金族元素，タングステンほか），近年需要が急増したもの（コバルト，ニッケル，金ほか）などはその枯渇・不足が現実問題となっている（図1-7）．そこで，供給不足が予想される陸上資源に対して，海底鉱物資源への期待が高まり，開発可能性（feasibility）の把握が求められている．

　枯渇の予測と海底鉱床への期待は20世紀半ばから指摘されていて，その後，Broadus（1987）は，7種の金属（マンガン，ニッケル，コバルト，銅，白金，金，銀）の海底鉱床の総資源量は，いずれも陸上の埋蔵量と同等，あるいは上まわっていて，2030年には陸上からは需要の半分程度しか供給できないと試算した（表1-2）．しかし，現状では新興工業国などにおいて，さらに予測を大きく上まわる需要が生じ，金属資源の不足が現実問題となっている（澤田，2011）．

　このような現状のなかで，海底マンガン鉱床は海底熱水鉱床と並んで，資

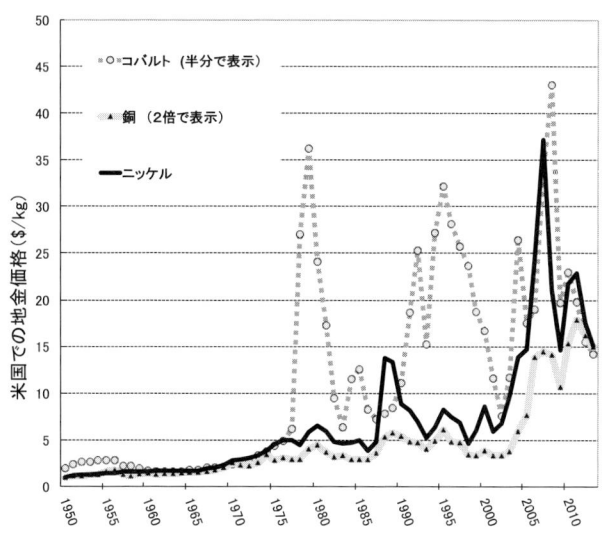

図 1-7 過去 60 年間の金属価格変動
（米国地質調査所 http://minerals.usgs.gov/minerals/pubs/）

表 1-2 海底鉱物資源の需給予測（Broadus, 1987）

海底資源の種類	対象	推定埋蔵量 海底（報告値）A (1000 トン)	推定埋蔵量 陸上 B (1000 トン)	海底/陸上 A/B (%)	陸上資源の余命 B/年間産出（年）	陸上資源枯渇度 2030 年の予想（対需要不足分）(%)
炭化水素	原油	>61,429,000	181,857,000	34	65	185
	天然ガス	>60,000,000	228,214,000	26	176	45
砂／砂利	砂／砂利	665,778,000	莫大	小	長期	—
硫黄	硫黄	27,125	5,000,000	<1	93	120
リン灰土	リン酸塩	7,939,000	129,500,000	6	814	12
漂砂鉱床	Sn	2,500	34,500	7	172	105
	Ti	13,060	181,440	7	510	—
	Zr	29,040	54,432	53	77	40
	Au	(<1)	72	<1	72	443
	Ag	—	743	—	62	295
団塊／クラスト	Pt	2–3	99	2–3	446	—
	Co	6,000–24,000	10,886	55–220	340	—
	Ni	35,000–131,000	129,730	27–101	174	77
	Mn	706,000–2,600,000	10,866,400	6–24	465	17
	Cu	29,000–108,000	1,600,000	2–7	205	86

源枯渇を救済する有力候補の一つと期待されている．陸上にくらべて算定の根拠となる探査や科学調査データが圧倒的に少ないため，現状では正確な経済評価は困難である．それでもなお，海底マンガン鉱床は依然として大きな潜在性を秘めている．期待される最大の理由は，間違いなく，その膨大な資源量である．正確な算定は困難であるが，マンガン団塊の総量は世界全体で最大約1–3兆トン（Hein et al., 2000）と見積もられている．北東太平洋のマンガン団塊濃集帯（Clarion-Clipperton Zone）では全体で210億トン（ISA, 2010）あるいは340億トン（Morgan, 2000），わが国の鉱区では総量61億トン（松本ほか，2006）と見積もられている（表1–3）．海山の露岩域に発達するマンガンクラストは，中部太平洋域で総量75億トン（Hein et al., 2013）といわれる．これらは陸上マンガン鉱床の推定総埋蔵量120億トン（Cairncross et al., 1997；世界国勢図会，2010）とくらべても莫大な量であることがわかる（表1–3）．後述の通り，偏在性はあるものの，熱水鉱床にくらべると，広い分布と普遍的産状を示す．

表1–3　海底マンガン鉱床の総資源量試算

海域	総資源量	コバルト	白金	銅	文献
日本のマンガン団塊鉱区（北東太平洋）	61億トン	—	—	7000万トン	松本ほか（2006）
米国排他的経済水域（EEZ）内のマンガンクラスト	40億トン	—	—	—	Hein et al.（2013）
マーシャル諸島海域の3海山（平頂部〜斜面中部）	3億トン	147万トン	155トン	—	JOGMEC（2006）
拓洋第5海山のマンガンクラスト（平頂部のみ）	4億トン	116万トン	58トン	—	臼井（未公表）
クック諸島域マンガン団塊	50億トン	1.1億トン	—	—	Cronan et al.（1991）
北東太平洋の団塊濃集帯総埋蔵量	340億トン	0.8億トン	—	2.7億トン	Morgan（2000）
わが国の年間消費量	—	14万トン	20トン	108万トン	
陸上マンガン鉱床の総埋蔵量（MnO_2）	120億トン				Cairncross et al.（1997）

上の試算では，持続可能性は考慮せず，最大値のみを示す．

表 1-4 起源の異なるマンガン酸化物の平均化学組成（白井ほか，1994 を改変）

	マンガンクラスト				マンガン団塊					熱水起源酸化物				
	平均値	最大値	最小値	標準偏差	n	平均値	最大値	最小値	標準偏差	n	平均値	最大値	最小値	標準偏差	n
Mn	151990	214920	117930	20396	84	270959	397000	132700	60941	29	426119	603000	77300	149919	36
Fe	137000	168000	99500	15951	84	51400	91300	22800	15318	29	17267	64700	100	20100	36
Ni	1990	5780	1870	767	84	10138	15500	4550	2491	29	391	2470	27	616	36
Co	4980	6730	1950	1027	84	1568	2420	423	528	29	32	179	1	43	36
Cu	388	1750	297	399	84	9527	15200	2830	3261	29	310	2470	1	534	36
Zn	392	669	378	67	84	1162	1890	628	328	29	268	1100	17	229	36
Cd	4	8	2	2	69	19	31	10	5	20	12	51	1	8	36
Pb	952	1200	622	139	69	390	608	184	105	26	45	122	2	17	36
Al	4400	20700	2620	4059	84	22733	32600	15620	3749	29	16761	73300	400	22268	36
Ti	9900	12100	6000	1531	84	3271	7250	1080	1168	26	1025	4400	100	1371	36
Li	63	110	16	66	76	172	510	50	112	13	377	1090	4	263	36
Na	11250	13480	6700	1403	84	18307	25240	14000	2632	29	21653	34700	9000	6419	36
K	3600	6600	3000	836	84	8607	11500	7200	1012	29	8861	16700	2000	3899	36
Mg	7950	10950	7550	743	84	15302	20920	10000	2767	29	21100	32900	9000	4673	36
Ca	14500	26240	13250	2141	84	13652	18900	10600	2150	29	25903	97600	6800	25269	36
Sr	1130	1370	846	115	84	513	683	417	55	29	531	1360	312	117	36
Ba	940	1880	832	241	84	2412	6670	758	1721	29	1565	7140	213	1414	36
V	515	622	419	54	84	403	767	237	119	26	223	959	2	214	36
Mo	333	665	214	75	84	474	810	170	164	29	299	1840	27	340	36
Y	154	205	110	24	84	71	92	57	10	20	14	34	1	8	36
Ce	983	1150	401	213	69	203	395	88	77	16	8	49	1	9	36
La	257	286	134	49	69	95	145	45	24	23	25	42	1	10	36
P	2430	3530	1860	376	84	1265	2100	470	421	26	1511	4700	900	671	36
As	191	262	135	26	84	34	36	33	2	3	18	128	3	21	36

1.4 金属鉱床としての意義——15

鉱床としての経済性の判定基準（Evans, 2003）は，第一に対象元素の濃度（品位ともいう）である．よく知られているように，海底マンガン鉱床の経済価値を高めているのはマンガンではなくて，コバルト，ニッケル，銅のほか白金や希土類元素などの副成分である．図 1-2(b) および図 1-2(c) に示した通り，海底マンガン鉱床には多くの金属元素が濃集するが，その濃度に桁違いの変動や極端な濃集は見られない．ニッケル，コバルト，銅で 1% 程度が上限であり，希土類元素で合計 0.2% 程度（表 1-4），白金で 1 ppm 程度が最大である．一方，陸上鉱床で採掘される鉱石の最低の金属濃度（可採品位）は，近年開発がはじまったラテライトニッケルで 0.4–0.5% 程度，世界の銅生産の半分以上を占めるポーフィリーカッパー鉱床の鉱石で 0.4% 前後，イオン吸着型希土類元素鉱床では計 0.2% 程度といわれている（広川，2011）．これらと比較すると，海底マンガン鉱床の品位は同程度あるいはやや上まわるものの，決して圧倒的に高品位とはいえない．しかし，第二の要件である鉱量は陸上のものを大きく上まわる（表 1-3）．つまり，海底マンガン鉱床はこれらの金属について，「低品位・大規模鉱床」として大きな価値をもつ．

　最後の要件は採掘の容易さ（accessibility）であるが，現状でその判断は難しい．たとえば，採鉱技術，処理技術，環境保全対策など，実操業での予測が困難な要因が多い．これは現地調査を重ね，金属の偏在性の規制要因を明らかにし，生成機構，成長プロセス，濃縮プロセスなどを解明することによって，はじめて正確な判断が可能となるものである．

1.5　研究と探査の歴史

　19 世紀にいたるまでには，先進諸国にとっても，海底は未知，不思議の世界であった．今では，誰でもがネットから詳細な地形図を手に入れることができるようになり，世界各国が海底資源獲得にしのぎを削る時代となった．ここでは，マンガン鉱床の研究・開発のフロンティアが深海へと急激に拡大してきた歴史を簡単にふりかえる．以下には，時代を追って海底マンガン鉱床の研究動機，資源としての優位性，開発への課題などについて，国際情勢，調査技術などに触れながら研究の動向を述べる．

1) 探検航海時代［19世紀から世界大戦まで］

　北欧のバルト海の浅い海底に，奇妙な形をしたマンガン酸化物の小さい塊が分布していることは中世以前から知られ，製錬用マンガン鉱石として採掘したという記録が残されている．しかし遠洋の深海底のマンガンクラスト，団塊について本格的な地質調査と科学的記載が行われたのは，19世紀後半である．太平洋や大西洋の深海底でマンガン団塊が詳しく記載され，地球科学の研究対象として初めて取り上げられた（Murrey and Renard, 1891）．その報告書には，マンガン団塊の主成分は酸化物であること，深海底に多いこと，成長構造を示すことなどが詳しく記載され，それらの観察結果に基づいて，成因として，岩石の風化，海洋からの沈殿などの地質現象が原因であろうという卓抜な推論が述べられている．しかし，団塊の奇妙な形態や産状から，当時，その起源は飛来隕石，大型動物などという推論もあった．また頻度や分布域を示す情報もなかったため，大英博物館には単なる珍しい深海の岩石として展示されていた．もちろん，当時は海底鉱物資源という発想はなかった．

　その後も米国，ロシア／ソ連，ヨーロッパ諸国は，新たな調査技術を手に，さまざまな調査航海を実施し，急激に深海底の実態が明らかになってきた．スウェーデンのアルバトロス号による紅海調査，ソ連のヴィチャージ号の地形・地質調査，米国のカーネギー号の地磁気観測などは，地形，海流，底質，構造などについて驚くような成果を挙げた．この時期は，大陸移動説の提唱，海底油田の発見，音響探査装置の発明など，海洋底地球科学の開花期ともいえる．しかし，当時の研究者は現場で試料を観察する機会が少ないため，海底あるいは海底下の物質や構造にかかわる知見は乏しかった．

2) フロンティア探査時代［世界大戦後から20世紀末まで］

　世界大戦を期に軍事目的の海洋調査技術が飛躍的に進歩し，結果的に海洋底地球科学の研究が大きく発展した．特に1960年代には，大規模な海洋調査船や有人潜水船の建造，マントルを目指した深海掘削計画などによって，プレートテクトニクス理論が開花した．ほぼ同じ時期に，海底マンガン鉱床の経済的価値が指摘され（Mero, 1965），海底鉱山（イストシン・コバレフ，

1970) という概念も提唱された．同時に国際政治の世界では，国家間の利害調整が必要となり，国連海洋法会議での議論が活発化し，1982 年には海洋法条約が採択された．その後，世界の海底において新たな鉱物資源の発見が相次ぐことになるのだが，この時期は米国とソ連がリードする，本格的海洋科学調査幕開けの時期でもある．潜水艇から見る海底熱水噴出の映像にわれわれは大きな衝撃を受けた．また，「黒い真珠」などとも呼ばれ，奇妙で珍しい岩石と考えられていたマンガン団塊，さらに一部の地域に分布すると思われていたマンガンクラストもまた大規模な深海底の金属鉱床と見なされるようになる．

　先進国が海洋開発を国策として推進した理由は，海底石油・天然ガス開発の成功を例として，「海洋は無尽蔵な資源の宝庫」という認識であった．おもに米国，ロシア／ソ連，フランスは率先して，中〜東部太平洋でのマンガン団塊資源調査を行った．ところが，科学的実態が解明される以前に，国家間の利害調整のため，国際海底機構（ISA）が設立され，国連海洋法条約の下で「人類共有財産として共同開発」との理念が掲げられた．そのような状況の下では，資源開発を進める少数の先発国 vs. 後発国という利害対立が発生した．米国は圧倒的な技術力と膨大な調査データを手に，国連海洋法条約を受け入れず，独自の鉱区を設定する状況にあり，国際的調整が頓挫した．日本，ドイツ，中国，韓国，インドなどの後発国は 1980 年頃から資源探査や技術開発に力を入れはじめた．海底マンガン鉱床の科学研究の一つのピークは 1990 年頃までであり，米国主導の国際コンソーシアムによる資源探査，全米大学間共同研究，DOMES（深海底資源採掘環境），MANOP（マンガン団塊開発研究），VERTEX（垂直物質循環研究）などのプロジェクトは，海底マンガン鉱床の実態解明，成因論に関して目覚ましい科学的成果が得られたにもかかわらず，冷戦体制崩壊と環境問題が原因ですべてが中断した．

　さらに，1990 年代になると，海底鉱物資源開発は非現実的との認識が広がり，科学研究や資源探査への投資・関心が激減した．欧米先進国は海底資源の組織的調査および大規模な科学調査をほぼ停止した．同時に，海洋資源開発にかかわる環境影響調査（米国 BIE，ドイツ DISCOL，日本 JET，インド INDEX）も低調となり，結果の総括がないまま縮小されていった．わが

国では，国連海洋法条約に基づく鉱区の維持，新たな資源（熱水性硫化物，マンガンクラスト）の予備調査などに移行した．世界的にも海底マンガン鉱床の研究活動は低調となった．

　海底資源開発への動機が薄れるなか，一方で深海環境の地球科学研究は大きく進展した．海洋リモートセンシング，底質サンプリング，深海掘削，有人・無人潜水調査船，自走式無索探査機，長期モニタリング，セディメントトラップなどの技術進歩によって，深海底の科学的実態が徐々に明らかになってきた．水深帯 2000–6000 m の地形，堆積物，地殻構造，資源分布，深層水循環，生物・微生物環境，物理化学条件やその変動などについて，深海環境の実態が徐々に明らかとなった．

3）環境調和型の資源開発へ［21世紀から現在まで］

　21世紀になると，新興工業国といわれる中国，インド，ブラジルなどの，金属・エネルギー資源の需要と消費が急増した．予想を大きく上まわる金属価格の高騰が続き，資源の枯渇・不足が現実となり，海底鉱物資源への期待が前倒しで急激に高まることとなった．特に ISA で，海底鉱業規則案が 2000 年（マンガン団塊），2010 年（海底熱水鉱床），および 2012 年（マンガンクラスト）に採択されたことは，探査や研究調査推進の大きな動機になっている．わが国でも，縮小傾向にあった海底鉱物資源の調査研究が急に注目されるようになった．21世紀に入って，世界では第2の「海のゴールドラッシュ」とたとえられている．そのなかで，低品位・大規模の平面鉱床とされる海底マンガン鉱床は，成因，分布様式，産状，形態が陸上のどのタイプとも異なっているため，陸上鉱床の地質学，鉱床学からの類推が成り立たない．資源評価の面からも，地球科学的成因論の立場からも，新たなアプローチが必要であると再認識されている．

　海底マンガン鉱床の資源評価は，現在，過剰な楽観的見積もりと冷静な過小評価（ないし疑問視）との間にあって，その認識には大きな変化がある．資源探査，鉱石採取と処理技術の手法の選定・開発に十分な現場の知見・経験が蓄積されているとはいい難い．急激な金属需要急増の予測と海洋資源への関心はあまりに楽観的との見方もあり，また環境影響への強い懸念が去った

とはいえない．Glasby（2000）は，過去のマンガン団塊開発計画は見通しが甘く失策だった，轍を踏んではならない，と警鐘を鳴らした．Rona（2003, 2008）はマンガンクラスト鉱床，熱水鉱床の開発は，いまだに予備的なステージにある，と指摘する．過去の研究を総括し，研究課題を整理して，海底マンガン鉱床とその環境の科学的実態を把握することこそが急務である．さらに，深海底調査のための新技術開発や，実態解明のための科学調査が私たちの差し迫った最重要課題である．

　現状を単純に言い換えると，将来，海底マンガン鉱床が「宝の山」となる可能性は十分あるものの，資源量推定・探査，環境影響評価，採鉱技術，処理技術に大きな障壁があり，現段階では，本格的な投資を決断するための十分な科学データが揃ったとはいえない．それと同時に「深海底には，量・質ともに陸上鉱床を上まわる海底マンガン鉱床が分布する」という事実が検証されつつある．将来の本格的商業開発に備えて，環境低負荷を必須とした賢明な探査・採掘・製錬・処理技術の開発が求められている．人類が過去に経験したことのない大事業に備えて，地球科学的知見を蓄積することの意義は大きい．

4）わが国の研究史

　先進国のなかで，わが国は海底マンガン鉱床の調査研究に着手したのは遅いが，一方で諸外国が中断したなかで40年近くの間継続してきたこと（図1-8）は評価すべきである．調査航海は科学技術庁主導の基礎研究（1971-1972）を皮切りに，1974年の地質調査船白嶺丸（金属鉱業事業団）の建造により通商産業省工業技術院特別研究「深海底鉱物資源に関する地質学的研究」（1974-1983）から本格的な研究航海がはじまった．中部太平洋において年間60日の航海を10年間実施し，「マンガン団塊の地質学」として大きな成果を挙げた（臼井ほか，1987；Usui and Moritani, 1992；臼井，2010；志賀，2003）．たとえば中央太平洋マンガン団塊分布図（臼井ほか，1983），北西太平洋海底鉱物資源分布図（臼井ほか，1994）などを出版している．しかし後継の研究プロジェクトは成立せず，組織的な地球科学的研究は1990年代にすべて中断した．その後は同特別研究「海底熱水性重金属資源の評価手法」の

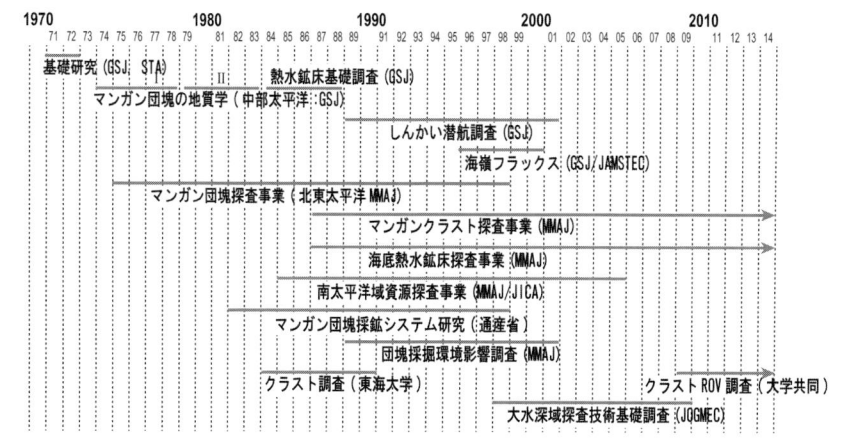

図 1-8　わが国における海底鉱物資源の研究や探査の実績

中で小規模のマンガンクラスト調査航海が実施され，一方で，しんかい2000（Usui *et al.*, 1993b；西村・臼井，1994；臼井ほか，1997）や望星丸（青木，1990）などを用いた個別の調査・研究が実施されて以降，大学を主体とする小規模な個別研究や探査活動だけが続けられてきた．

近年，大学と国立研究機関との共同研究チームが，海洋研究開発機構（JAMSTEC）の遠隔探査機（ハイパードルフィン）などを用いた海山域のマンガンクラストの研究航海を開始した（Usui *et al.*, 2011；Thornton *et al.*, 2013）．一方，金属鉱業事業団（現在の石油天然ガス・金属鉱物資源機構；JOGMEC）は第2白嶺丸を用いて，鉱区獲得を目的とした探査，大陸棚延伸調査，南太平洋資源探査などの実績を挙げてきたが，残念ながらその膨大な成果はごく一部しか公開されていない．

これらの地道な基礎研究の結果，たとえば，地質分野では，わが国周辺海域の分布，鉱物形態，生成時期，広域組成変動などの実態の把握など，地球化学分野では，同位体分析などを用いた分子レベルの沈殿・濃集の過程の理解，状態分析，精密年代測定の努力など，また資源探査分野では，鉱床・鉱石の量と質の地域変化のパターンの把握，生物分野では微生物による酸化物形成反応への寄与の理解など，多くの研究成果があげられている．最近では，産業技術総合研究所，海洋研究開発機構，石油天然ガス・金属鉱物資源機構

の関連部門，および全国の大学に分散して引き継がれている．その成果の一部は2章以降に述べる．

1.6 調査・分析技術の進歩

　科学研究の発展は調査技術，分析技術の進歩によるところが大きい．特に海洋科学分野の研究では，大きな時間・空間スケールの事象を対象とするため，大規模な装備・装置による，迅速，大量，卓抜な観測，解析手法が必要となり，その成果が飛躍的進歩（ブレークスルー）をもたらす例は多い．たとえば，1960年代には一つの仮説にすぎなかったプレートテクトニクスは，地球科学の画期的な統一理論として確立された．その証拠となる海洋地磁気縞模様の発見，ホットスポット上を移動するプレートの軌跡の復元，深海掘削コアにより得られた深海堆積物や海洋地殻の年代分布図は近代地球科学の粋であった．

　海底マンガン鉱床の調査・解析の進歩にも目を見張るものがある．底引き網型のドレッジサンプラーで瓦礫と化したサンプルを採取し，それらを選り分けながら観察・分析するのが標準手法であった過去の時代から，いまでは，船上にいながらにして，遠隔探査ロボット（ROV；remotely-operated vehicle）に装備された高解像度カメラの画像を見つつ，正確な位置と現場の物理化学データをモニタしながら，非攪乱の巨大なマンガンクラストを採取することが可能となった（Usui *et al.*, 2011ほか）．その結果，ルートに沿った地質踏査に近い現場データを得ることができる．そのほかにも，着座型簡易ボーリング機（Benthic Multi-coring System；JOGMEC）は海底下10m以上の連続した岩石／クラストのコアと基盤岩を採取することができる（図1-9）．また，海底上の曳航体やROVに装備する音響送受波機によって，クラストの厚さを非接触で測定する音響リモートセンシング技術も開発されようとしている（Thornton *et al.*, 2013）．これは基盤岩石の音響特性と，マンガン酸化物層のそれとが明瞭に異なることを利用して，境界の反射信号を得るものである．ドレッジやグラブ採泥などにのみ頼っていた手探りの時代にくらべると隔世の感がある（図1-9）．

分析技術の進歩も目覚ましく，数 mg のクラスト片のオスミウム（Os）同位体比から 2000 万年以前に遡る年代値が得られ（Klemm *et al.*, 2005），超伝導量子干渉素子（SQUID）顕微鏡によって数 cm 厚のクラスト中に 20 回以上の地磁気反転パターンが読み取られ（Oda *et al.*, 2011），放射光を使って，原子，分子のスケールで金属の価数や配置などの特徴づけも可能となっている（Takahashi *et al.*, 2000；Kashiwabara *et al.*, 2011）．化学組成分析の高精度化，微小部化も目を見張るものがある．原子の数を数える領域に迫る質量分析に加えて，同位体も化学状態もサブミクロンスケールの分析が可能となっている．これらの一つ一つの分析，測定結果が整理され，共通理解が得られるまでにはもう少し時間を要する．多様で複雑な海底マンガン鉱床の全容を解明するには探査事業と組織的な現地調査と室内での分析・解析が必要である．

　表 1-5 には海底マンガン鉱床の観察，サンプリングおよび分析・解析の手法を整理した．筆者らは海洋研究開発機構，産業技術総合研究所，石油天然ガス・金属鉱物資源機構，東京大学生産技術研究所，その他の大学などと協力しながら，フィールドでは最先端の遠隔探査ロボット（ROV），潜水調査船，さらには自走式ロボット（AUV：autonomous underwater vehicle）などを用い，物理学，化学，生物学などの分野における先端的分析手法を用いて，新たな挑戦を続けている．

　世界各国でも海底鉱物資源の研究・調査が復活しており，特にドイツ，ロ

図 1-9　海底資源のサンプリング手法の進歩
　　　　左：ドレッジ，右：遠隔探査ロボット（JAMSTEC）

表 1-5 海底鉱物資源の調査・分析法とその目標

現場調査	リモートセンシング	スワスマッピング 音響海底画像・海底構造 音響トモグラフィー	
	サンプリング	ドレッジ・グラブ・コア 潜水艇・ROV・AUV 海底掘削	
	産状観察	テレビ・カメラ	
	物理・化学・生物環境	CTD-DO-濁度センサー 海流モニター セディメントトラップ 微生物群集採取	
室内分析	成長構造	光学顕微鏡 走査型電子顕微鏡	
	鉱物・化学分析	XRD, XRF, ICP/AES, ICP/MS, EDS	
	微小部分析	X線マイクロアナライザ レーザーアブレーション SIMS, TEM	
	年代測定	放射性・安定同位体 残留磁化測定 微化石群集解析 基盤岩年代	

目標：
- 元素の起源，移動・固定
- 古海洋環境・地球変動の記録
- 元素濃集のメカニズム
- 資源探査，環境影響

シア，中国，韓国において関心が高い．そのなかでわが国の研究成果や技術開発に対する評価・期待度は高い．今後は世界的な連携・協力を進めつつ世界をリードしていくことが求められている．

第2章　海底マンガン鉱床の分布・性状

　マンガンクラストやマンガン団塊の科学研究への大きな動機は，将来資源としての潜在性であることを踏まえ，前章では，研究の意義，経緯，経済動向などを概説した．そこでわれわれは十分な科学的情報に基づいてこそ，真に恩恵をもたらす開発の方向性を示すことができることを理解した．鉱床の価値と開発可能性（feasibility）を正しく評価するためには，鉱床の分布・産状・形態・組成を把握すると同時に，その形成プロセス，金属の起源，濃縮メカニズム，近傍の動的環境条件などを理解することが不可欠である．つまり，科学的理解が開発への最短の道と考える．本章では，海洋において，鉄・マンガン酸化物がいつ，どこで，どのように生成・蓄積するのかという基本的問題を解決するための知見を整理する．著者らの現場調査や記載研究の研究結果も含めて，鉱床の科学的実態を浮き彫りにしたい．参考のため，まず鉱床の概要を表2-1に示す．

　この章ではマンガンクラスト，団塊を海底地殻の構成物質，つまり一種の岩石ととらえて，広域的スケールの地理的分布，次にその形態，産状などの詳細な物理的・化学的特徴，堆積物や基盤との関係，およびマクロからナノスケールまでの化学的・鉱物学的特徴，成長構造・組織の特徴などを整理する．これらの正確な観察データ，観測・分析結果は，鉱床の多様性，生成環境，成長プロセスを理解する上で最も重要な知見である．

2.1　多様性の概要

　海底マンガン鉱床の主成分元素である鉄とマンガンは，地殻を構成する岩石にも比較的多く含まれる（表2-2）．地殻存在度という地殻の平均化学組成を基準とすれば，鉄は4番目，マンガンは12番目，重金属元素の中では，マンガン（約0.1%）は，鉄（約4.7%），チタン（約0.5%）に次いで3番目の

表 2-1　海底マンガン鉱床の諸元

	マンガン団塊	マンガンクラスト
水深 (m)	1000–6000	800–6500
直径 (cm)	1 以下〜20	—
酸化物層厚 (cm)	約 10 まで	約 20 まで
賦存率 (kg/m^2)	50 まで	210 まで
形成速度 (mm/100 万年)	3–20	3–10
形成時期	第四紀〜古第三紀	第四紀〜古第三紀
核／基盤岩	玄武岩，泥岩，大型化石	玄武岩，石灰岩，凝灰岩
湿比重	1.8–2.0	1.7–2.1
乾比重	1.3–2.0	1.2–2.0
含水率	0.25–0.30	0.04–0.40
空隙率 (体積%)	22–35	8–62
比表面積 (m^2/g)	—	250–381
結晶サイズ (μm)	0.01–0.10	0.01–0.10
音波伝播速度 (km/s)	—	2.7–4.2
鉱物組成	バーナダイト ブーゼライト	バーナダイト
化学組成 (%)	Mn 15–25 Fe 5–20 Ni 0.3–1.4 Cu 0.2–1.2 Co 0.1–0.6 Si 5–10 Al 2–5	Mn 15–25 Fe 10–25 Ni 0.2–0.8 Cu 0.1–0.2 Co 0.3–1.1 Si 5–10 Al 1–3
生成プロセス	海水起源 続成起源	海水起源

表 2-2　岩石の組成

%	地殻	海洋島玄武岩	陸上の泥岩	赤粘土	深海粘土
Si	26.8	25.8	27.5	24.7	19.6
Al	8.41	8.10	8.84	8.68	7.50
Fe	7.10	6.49	4.83	6.15	7.70
Mn	**0.14**	**0.14**	**0.08**	**0.62**	**1.75**
Ca	5.29	6.29	1.57	2.29	3.34
Na	2.30	2.14	1.19	1.56	4.30
K	0.91	1.59	2.99	2.32	2.24
Mg	3.20	3.15	1.57	2.05	1.95
Ti	0.54	0.98	0.46	0.48	0.84
	Taylor and McLennan (1985)	理科年表 (2010)	理科年表 (2010)	理科年表 (2010)	Terashima *et al.* (2002)

表 2-3 地殻存在度（クラーク数）

元素	クラーク数	元素	クラーク数	元素	クラーク数	元素	クラーク数
O	49.5	V	0.015	Gd	6×10^{-4}	Bi	2×10^{-5}
Si	25.8	Ni	0.01	Br	6×10^{-4}	In	1×10^{-5}
Al	7.56	Cu	0.01	Be	6×10^{-4}	Ag	1×10^{-5}
Fe	4.7	W	6×10^{-3}	Pr	5×10^{-4}	Se	1×10^{-5}
Ca	3.39	Li	6×10^{-3}	As	5×10^{-4}	Pd	1×10^{-6}
Na	2.63	Ce	4.5×10^{-3}	Sc	5×10^{-4}	He	8×10^{-7}
K	2.4	Co	4×10^{-3}	Hf	4×10^{-4}	Ru	5×10^{-7}
Mg	1.93	Sn	4×10^{-3}	Dy	4×10^{-4}	Pt	5×10^{-7}
H	0.87	Zn	4×10^{-3}	U	4×10^{-4}	Au	5×10^{-7}
Ti	0.46	Y	3×10^{-3}	Ar	3.5×10^{-4}	Ne	5×10^{-7}
Cl	0.19	Nd	2.2×10^{-3}	Yb	2.5×10^{-4}	Os	3×10^{-7}
Mn	0.09	Nb	2×10^{-3}	Er	2×10^{-4}	Te	2×10^{-7}
P	0.08	La	1.8×10^{-3}	Ho	1×10^{-4}	Rh	1×10^{-7}
C	0.08	Pb	1.5×10^{-3}	Eu	1×10^{-4}	Ir	1×10^{-7}
S	0.03	Mo	1.3×10^{-3}	Tb	8×10^{-5}	Re	1×10^{-7}
N	0.03	Th	1.2×10^{-3}	Lu	7×10^{-5}	Kr	2×10^{-8}
F	0.03	Ga	1×10^{-3}	Sb	5×10^{-5}	Xe	3×10^{-9}
Rb	0.03	Ta	1×10^{-3}	Cd	5×10^{-5}	Ra	1.4×10^{-10}
Ba	0.023	B	1×10^{-3}	Tl	3×10^{-5}	Pa	9×10^{-11}
Zr	0.02	Cs	7×10^{-4}	I	3×10^{-5}	Ac	4×10^{-14}
Cr	0.02	Ge	6.5×10^{-4}	Hg	2×10^{-5}	Po	4×10^{-14}
Sr	0.02	Sm	6×10^{-4}	Tm	2×10^{-5}	Rn	1×10^{-15}

太字はマンガン鉱床のなかで最大値が1％を超える元素．（理科年表，2010）

含有率を示す（表2-3）．マンガンは鉄とともに，造岩鉱物の必須元素として，カンラン石，輝石，ザクロ石などのケイ酸塩鉱物や炭酸塩鉱物中に，+2価のFeやMgを同型置換して含まれている．一方で，海底マンガン鉱床や深海堆積物では，マンガンは+4価，鉄は+3価の酸化物または水酸化物として安定に存在する（Glasby, 2000）．一般的に現在の海底および海水は，全海洋，全水深帯を通じて，酸化的で中性～弱アルカリ性の条件下にあり，マンガンと鉄は十分に酸化物を形成する条件下にある（図3-4および4.2節参照）．安定な物理化学条件にある化合物は二酸化マンガン（Mn^{4+}）と予測されるが，単純なMnO_2鉱物は団塊やクラストには見られない（Usui and Someya, 1997）．マンガンと挙動をともにする鉄も，同様に酸化状態（Fe^{3+}）にある（Takahashi et al., 2007）ものの，Fe_2O_3鉱物は一般的には見られない．両元

素は表層堆積物などの弱還元的環境下では+2価の溶存態となることもあって，ともに水を媒体として移動しやすく，循環速度が速く，表層環境の変化に非常に敏感な元素ということができる．まれに，日本海盆やベンガル湾などの有機物を多く含む大陸周縁の堆積物深部では，続成作用に伴う炭酸マンガン（菱マンガン鉱）が産することもある（Matsumoto, 1992；Saunders and Swann, 1992）が，海底表層では例外なく酸化物である．

　鉄・マンガン酸化物は，現在の海洋底では，おおむね水深500 m よりも深い海底に普遍的に分布する（図2-1）．産状，形態，組成は変化に富み，海域スケールから試料中のナノスケールにいたる大きな多様性を示す．海底マンガン鉱床は，地質時代を通じて非常にゆっくりと成長することが，事実として認められるようになった．海水中に低濃度で存在する金属元素が，海底に少しずつ固定されることにより，広い海域，水深帯，海底環境に多様な産状・形態のクラスト，団塊が形成される．また，このプロセスは現世の海洋で進行中である．つまり，鉱床は広い時空的変動の積算として形成される堆積岩ととらえるのが正しい．このプロセスを「海水起源（hydrogenetic）」

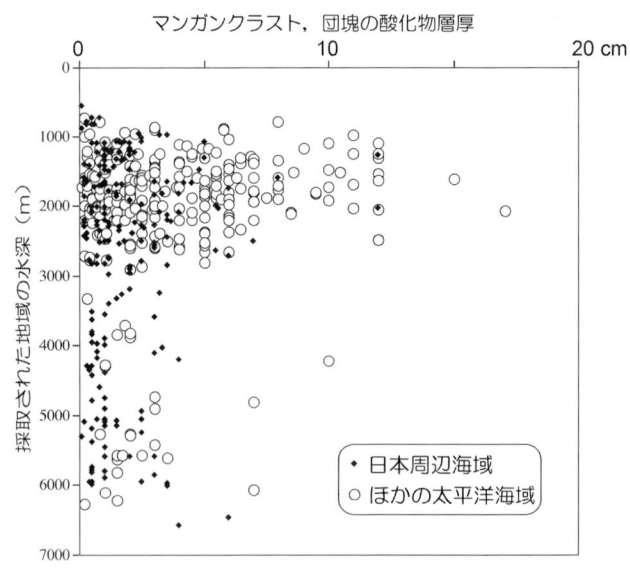

図2-1　マンガンクラスト，団塊の酸化物の層厚と水深の関係
（Usui and Someya, 1997）

という言葉で表している．この意味は海水の成分が金属の供給源になっているということではなく，酸化物として固定される直前に金属元素は海洋水に滞留し，分離・選別のプロセスを経るという意味である．

これらの鉄・マンガン酸化物は黒色〜黒褐色を示し，見かけの物性は石炭に似ている．ハンマーで叩けば壊れるが，ナイフで簡単に削れるわけではない．おもな化学成分は20-30％のマンガンのほか，例外なく5-20％程度の鉄を含有し，シリカとアルミナの合計は10％を超える．つまり，おもな化合物はマンガン酸化物，鉄酸化物，アルミノケイ酸塩と水である．副成分は多様であることが特徴で，0.01％を超える元素は30以上あり，その多くは鉄・マンガン酸化物に伴っている．これは両酸化物の強い吸着能の結果であるが，鉱物粒子はナノスケールであるため，一般に光学顕微鏡で個々の鉱物粒子を識別できない．一方，砕屑起源粒子，生物起源粒子（有孔虫，放散虫の殻や破片ほか）などは顕微鏡下で確認することができる．

地質年代を通じて酸化物が蓄積した結果，海底には，球状，塊状，平板状，被覆などのさまざまな形態の塊状物質が形成され，その表面は平滑，粗雑，突起状構造など変化に富む．一般的には，外形に基づいて，団塊，クラストと分類される．「団塊」とは，堆積物の表面もしくは堆積物内部に弱く支えられた状態の塊を指し，基盤岩と固着することはない．団塊（サイズは問わず）は普通含水率の高い未固結堆積物に伴っている．直径は普通10 cm 以下が多く，最大でも20-30 cm 程度である．また，表面には摩耗された構造は認められない．

一方「クラスト」は堆積物がほとんど堆積しない海底，つまり露岩（岩石露頭ともいう）の表面を板状に被覆するものを指す．地質学的に安定な露岩域の硬い岩盤を覆って，最大20 cm 程度の厚さの鉄・マンガン酸化物層が成長したものである（口絵2；断面）．これらマンガンクラスト，団塊は，海底マンガン鉱床の代表的形態であり，岩石として定義すると「海洋で生成するマンガンおよび鉄の酸化物を主成分とした化学堆積岩」の総称である．別名，マンガン塊，マンガンノジュール，コバルトリッチ・マンガンクラスト，鉄マンガンクラストなどともいわれるが同義である．わが国では「コバルトリッチクラスト」，「コバルトクラスト」という呼称も使われるが，主成分を除

いたこの呼称は適切ではない．

　これらの海底マンガン鉱床は，陸上の多様な堆積性マンガン鉱床とは産状が明らかに異なっていて，現在（あるいは過去）の陸上鉱床のなかに，成因的類型の鉱床タイプを見ることができない（Jenkyns, 1979 および 6 章を参照）ことは留意すべきである．

2.2 形態・構造・産状

　マンガン鉱床は一般に遠洋域（pelagic）の深海底に分布する．遠洋域とは，陸から離れた海域を指し，一般に大陸風化物質や火山物質の供給が少なく，地質学的にも静穏な堆積環境である．プレート境界域や生物の高生産帯は例外として，一般に深海底には非常に細かい粘土〜シルトが堆積している．堆積速度は 1000 年に数 mm 程度と非常に小さく，海底はときには侵食の場となることもある．そのような深海環境では，ほかの沈降粒子や生物遺骸とともに，鉄・マンガン酸化物もゆっくりと定常的に堆積する．遠洋性堆積物のなかには，一般的に，黒色不透明の鉄・マンガン酸化物の小さな塊（ときに鉱物粒子や微化石の被覆物）が顕微鏡下で観察される．これは堆積物表層で成長した微小なマンガン団塊，つまりマイクロノジュール（図 2-2）である．これらはそれ以上成長することなく堆積物に埋没される．特に暗褐色の深海粘土にはマンガンと鉄を合わせて 2% 以上含むこともある．深海粘土堆積物（red clay, brown clay とも呼ばれる）の濃い茶褐色はおもに鉄・マンガン酸化物の微粒子やマイクロノジュールが原因である（Halbach et al., 1979）．マイクロノジュールの産出頻度，化学・鉱物組成は堆積環境の指標ともなっている（澤田，1989；Pattan, 1993）．

　一方，堆積物に埋没することなく，常時海底面に維持されつつ，継続的に成長を続けたものがマンガン団塊である．直径数 cm 〜 10 cm 程度の円礫として，堆積物の表面に一面敷き詰められた見事な産状を示すこともある．このような産状をペーブメント（pavement）ともいう．団塊の湿比重は 1.9-2.0 前後である一方，堆積物は明らかにそれより小さい．これは軽い物質の上に重い物質が支えられるという不安定な状態にあるが，この事実について

図 2-2　南太平洋の深海底（水深 5900 m）の堆積物からふるい分けたマンガンマイクロノジュール（径<1 mm）
　　　透明鉱物（白色）はプランクトン遺骸や沸石など，不透明鉱物は鉄・マンガン酸化物，ほかにイクチオリスや宇宙塵など．

合理的な説明はされていない．団塊の形状は球・回転楕円体，癒着形，不規則などさまざまな形状となる．基本的に外形は核の形状によって決まるが，生成プロセスは本質的に共通である．

　一方，海山斜面などの岩石露頭では，鉄・マンガン酸化物濃集体が岩石を被覆して数 cm 厚の層状の殻（クラスト）を形成する．成長の初期には基盤岩や核の表面がごく薄く（厚さ 1 mm 未満）覆われて，全体が真黒〜暗褐色の露岩として観察される．厚さ 1 mm を超えれば岩石露頭は真っ黒に見えることがある．団塊やクラストの成長は降り積もるように成長するのではなく，固体表面に対して垂直方向に成長する．クラストが厚く発達すると，表面の形態は丸みが増して，基盤の形状とクラストの表面は見かけが大きく異なる．クラスト全体が瘤状，平板などの多様な形態を示す原因は，基盤岩の複雑な形状である場合が多い．表面は共通して黒色から茶褐色を呈し，表面の構造は微細成長構造の違いを反映して平滑なものから粗いものまでさまざまである．そして，内部にもしばしば表面構造に対応する成長構造が観察される．

組織の複雑さの原因は鉄・マンガン酸化物の種類や形態ではなく，鉄・マンガン酸化物と同時に取り込まれる種々の砕屑性粒子，生物起源粒子（プランクトンの遺骸，殻ほか）などの影響を大きく受けている．

1) 物性，濃集率

外観は石炭に類似し，表面は黒色〜黒褐色，不透明で，破断面にはしばしば光沢が見られる．クラストや団塊の物性は空隙率の高い半固結の泥岩に近い．体積空隙率は 40-50% に達することもまれではない．ミクロンスケールの空隙にはおそらく海水が満たされていて，湿潤状態の比重は 1.9-2.0, 乾燥すると 1.2-1.5 程度となる（Hein *et al.*, 2000）．酸化物層の物性値についての報告は少ないが，クラストの物性パラメータを表 2-4 に示した．

マンガンクラストが連続的に成長するためには堅固な安定した基盤岩が必要であり，また，団塊を海底表層に支えるには半固結堆積物が必要である．その基盤や核となる岩石は，岩石種を問わない．一般に，核や基盤岩の形状に合わせて酸化物層がほぼ同じ厚さに覆う平たい成長構造を示すことが多いが，ときに，成長の過程で破壊，反転などが生ずることによって，クラスト自身の破片を核や基盤として成長するなど複雑な形態を示すことも多い（口絵 2 参照）．

マンガン酸化物の量的指標としては酸化物層の厚さを用いることが多い．

表 2-4 マンガンクラスト物性値（Hein *et al.*, 2000）

	単位	マンガンクラスト（平均）	堆積岩系	玄武岩系
間隙率	%	20-66	7-69	7-67
湿比重	g/cm^3	1.90-2.44 (2.00)	1.59-2.68	2.06-2.66
乾比重	g/cm^3	1.18-1.48 (1.29)	1.44-2.38	0.78-2.74
比表面積	m^2/g	250-381 (323)	—	—
圧縮強度	Mpa	0.50-25.0 (8.36)	3.66-32.6	0.37-71.0
剪断強度	Mpa	1.26-25.0	—	—
内部摩擦角	°	76	61-77	76
ヤング率	GPa	3.11-4.25	0.62-4.76	51.3-63.7
P 波伝播速度	km/秒	2.70-4.19	1.76-5.86	3.02-5.14
S 波伝播速度	km/秒	1.35-1.83	1.15-1.67	3.46-3.85

図2-3には北西太平洋地域におけるクラスト，団塊の酸化物層厚の頻度分布（1 mm厚以上の酸化物層の試料が採取された無作為の約800地点）を示した．多様な地質環境を含む広い海域では厚さとともに頻度が減少する分布パターンを示す．

　マンガンクラスト，団塊鉱床の規模や資源量を算定するため，濃集率または賦存率（abundance）が使われる．これは海底の単位面積当たりに分布する湿重量（kg/m^2）で表す．この値に面積を乗じれば，その地域の鉱石の総重量が求まる．団塊では最大でも $40\ kg/m^2$ 程度（Usui and Moritani, 1992）であるのに対して，厚さ5 cmのクラストでは $100\ kg/m^2$ に達する（Friedrich and Schmitz-Wiechowski, 1980）．たとえば北東太平洋に認可されているマンガン団塊日本鉱区の平均濃集率は $9.75\ kg/m^2$（松本ほか，2006）である．米国の留保鉱区では団塊 $5\ kg/m^2$，Cu＋Ni 1.5％ が鉱床としての経済性の限界とされた（Menard and Frazer, 1978）．単位面積当たりの鉱石量だけ注目すれば，明らかに団塊よりもマンガンクラストが優位である．

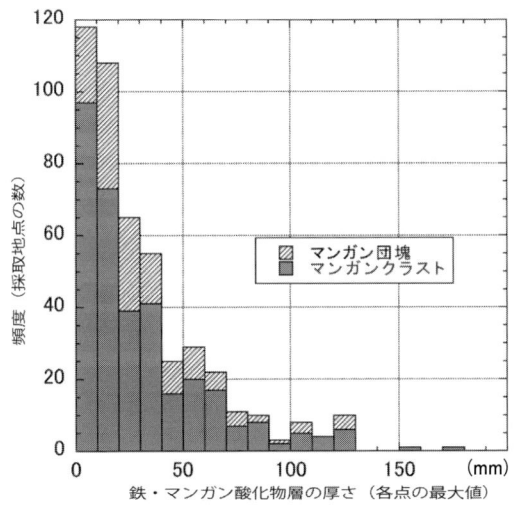

図2-3　北西太平洋域のクラスト，団塊の層厚ヒストグラム
　　　　厚さ1 cm未満が最も多く，最大厚は15 cm程度．

2) 微細構造

　マンガンクラスト，団塊の表面は黒色〜黒褐色を呈し，一見均質に見える．しかし，実は内部には肉眼から顕微鏡スケール以下にいたる複雑な成長構造や縞状構造をもつことが特徴である．鉄・マンガン酸化物は不透明に近いので，通常その微細構造は研磨片を反射顕微鏡下で観察する．鉱物組成は後述する粉末 X 線回折法などによって分析されるが，黒色の酸化物層は鉄・マンガン酸化物のほか，さまざまな粒度の砕屑起源，生物起源，地球外物質などの多起源（polygenetic）物質の集合体である．マンガンクラスト，団塊の内部構造として，縞々や年輪構造が顕著だと思われているが，実は周期的な構造変化や明瞭な互層はあまり見られない．肉眼で観察できる同心円状，縞状・層状の不均質性は，μm〜mm スケールの微細成長構造，鉄・マンガン以外の鉱物種，粒度などの違いが反映されたものである．特に成長方向に伸びた小さな突起（房）構造がしばしば認められる（図 2-4）．断面では顕著に層序が見られる試料でも，多くの場合は顕微鏡スケールのより細かな突起状構造が基本構造となっている．各突起のサイズ，高さなどは多様である．この突起はときに独立して長く伸び，ときにはそれらが集合して波打った組織にもなる．この微細成長構造は石灰岩などに見られるストロマトライトの成長構造に酷似している（図 2-5）．平行な板状（層状・縞状）構造はむしろまれである．

　この複雑な微細成長組織は，さまざまなプロファイル（組成変化カーブ）を解釈するにあたって，特に注意する必要がある．等時間面がほとんど平面ではないということは，現世のサンプル表面の凹凸（図 2-6；SEM）を観察しても一目瞭然である．これは断面において各縞を追ってみると，非常に凹凸が激しいことからも理解できる．内部には成長の各時期の表面構造に対応したさまざまな微細成長構造（生成当時のクラストや団塊の表層構造）が観察できる．

　主成分の鉄・マンガン鉱物は低結晶質の含水鉄，マンガン，または両方の酸化鉱物である．各鉱物の単結晶サイズはおそらく 0.01-0.1 μm（コロイドの領域）またはそれ以下のオーダーであり，光学顕微鏡や低倍率の走査型電子顕微鏡では，個々の結晶粒子を識別することは不可能である．単一の鉱物

I: 黒色緻密層　　　　II: 柱状成長層

マゼラン海山(水深1870m)

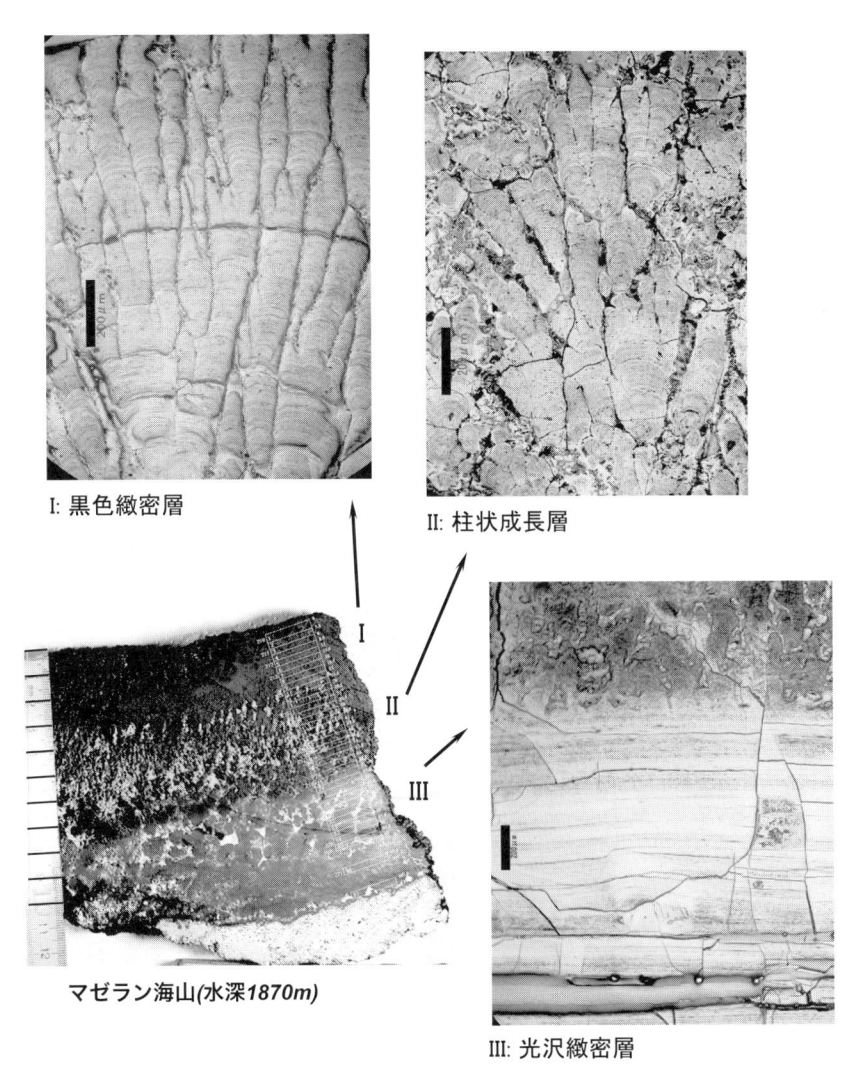

III: 光沢緻密層

図2-4 マンガンクラストの微細スケール層序の例（マゼラン海山群の海山，水深 1870 m）
　断面に見られる層構造を形作る顕微鏡スケールの縞状構造，成層（III），柱状構造（I, II），微化石，砕屑物など．クラスト厚 11 cm，顕微鏡写真中のバーは 0.2 mm.

2.2　形態・構造・産状——35

図 2-5　石灰岩ストロマトライトに見られる柱状構造（中国地質大学の所蔵標本）ペンの長さは 15 cm，柱状構造の幅は 5 cm 程度．

マンガンクラスト　　　　海底熱水　　　　マンガン団塊

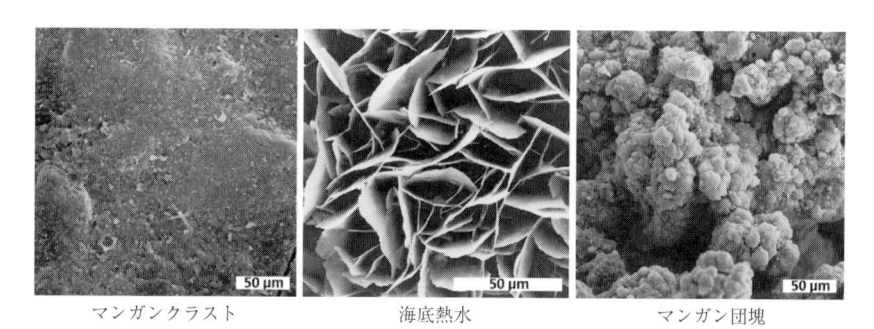

図 2-6　電子顕微鏡で見たマンガン酸化物の微細構造

が明瞭に観察されたことはまだないが，葉片状，紙片のような形態が推測されている．

　成長構造は特徴的であり，肉眼および顕微鏡スケールにおいて，層状，葉理状，柱状，樹枝状，塊状などのさまざまな微細構造を呈す．複雑な成長構造の間隙は海水，または細粒の砕屑物等で充填されている．全体としては高い体積空隙率を示す．一見，縞状もしくは成層構造を形作ることが多いが，顕微鏡下では必ずしも木の年輪のような直線上の境界が確認されることは少なく，より高次（微小スケール）の複雑な不均質性や成長構造を反映したも

のである．このような複雑な微細構造の原因はよくわかっていない．

　これらの，顕微鏡スケールから肉眼スケールの同心円状または縞状・層状の微細構造は，いかにも地層の重なりのように見える（Hein *et al.*, 1992）．古くは Sorem and Fewkes（1979），Usui（1979a）がマンガン団塊の試料間の微細層序の対比を試みたが，研究例が非常に少なく，成功したとはいい難い．とはいえ，海底マンガン鉱床の鉱石（クラスト片や団塊）から 1 万年〜1000 万年オーダーの海洋環境変化を解読する試みは重要な研究課題であり，海洋掘削コアに相当する古環境の解読が期待されている．環境を記録する堆積岩としての位置を獲得するためには，精密・高精度の年代軸を確立し，微細スケールの多様な成長構造の意味を把握する必要がある．具体的には，さまざまな微細構造のパターンを作っている原因を把握し，サンプル間での内部構造の対比，環境変動との対応，因果関係を明らかにすべきである（臼井，1995，1998）．また，離れた海域の試料間での正確な対比が今後の重要な課題となる．

3）成長速度と微細層序学

　クラスト，団塊の成長速度は堆積物にくらべ桁違いに遅い．深海堆積物が 1000 年に数 mm 程度で堆積するのに対して，海水起源のマンガンクラスト，団塊は 100 万年に数 mm（1000 年に数 μm）の平均速度で成長することが実証されている（詳しくは 2.6 節参照）．なかなか信じ難いが，数 cm 厚のサンプルが 100 万年オーダーの連続的な成長史をもつことになる．したがって，これら酸化物の地質年代スケールでの形成，成長の過程において，さまざまな化学平衡論的および反応速度論的な影響を受けてきたことが想像される．その要因として，海水あるいは海底近傍の物理化学的条件，海水の動き，堆積環境，堆積物との相互反応，地質イベント，生物・微生物活動等が挙げられる．その因果関係が明らかになれば，反対に，年代軸に合わせた試料の組成・組織の変化から過去の環境変化の推定が可能となる．臼井（1995）はこれを「マンガン団塊の微細層序学」と呼んだが，実はマンガン団塊はその目的に適切な試料ではない．後述するように，団塊は表層堆積物の初期続成作用に伴って，表層堆積物に保持された状態で成長するので，そこで形成され

る鉱物・沈殿物は海水の環境条件を直接に反映するとは考えにくい．対照的に，マンガンクラストは，堆積物を伴わない露岩域において，海水に懸濁する酸化物が凝集するか，または表面の酸化促進によって海底面において成長するわけであるから，海洋環境を記録する地質試料としての意義はより重要である．ここに「マンガンクラストの微細層序学」を提唱しておきたい．

2.3 空間分布概要

海底マンガン鉱床は，世界の七大洋すべてに分布している（前見返し，図1-5）．なかでも，太平洋に広い濃集域があることは1970年代から知られていた（Glasby, 1977；Cronan, 1980）．さらにその後，インド洋（Roonwal, 1986），北極海（Winter et al., 1997；Hein et al., 2013），南極海（Usui et al., 1989b；Ohta et al., 1999）などにも分布することが知られている．今後，大洋スケールの濃集域広域分布図が大きく書き換えられることはないであろう．太平洋にくらべて大西洋は巨大河川からの陸源物質の供給が多く，水深も浅いために団塊やクラストの分布域は狭い．ほかにも，半閉鎖性海域（日本海，バルト海など）の一部にも鉄・マンガン酸化物が認められており，海洋堆積物の一般的，普遍的な構成物と見なされるようになった．

1）広域分布の多様性

世界の海底におけるマンガン鉱床の広域的〜局地的分布の多様性は著しい．その要因は基盤の地質構造発達史，堆積環境，海洋循環，物理的・化学的環境の変動史と強く関係している．したがって，資源評価の際にはクラスト，団塊は長い地質時代にわたって積層した堆積岩の総体であることを踏まえる必要がある．

以下に，前出のクラスト，団塊の濃集率（kg/m^2），酸化物の厚さ（cm）または海底画像における面積占有率（＝海底被覆率％）に基づいて，分布・産状の特徴を整理する．北太平洋の深海盆域に産するマンガン団塊の分布概要は，1960年代以降の米国を中心とした先進諸国の探査・調査の結果から明らかになっており，世界の大洋における濃集率・組成の分布の様子は広域分

布図 (Rawson and Ryan, 1978；Piper *et al.*, 1985；Kamitani *et al.*, 1999；臼井ほか, 1994；Anikeeva *et al.*, 2000) や市販データベース (Manheim and Lane-Bostwick, 1989；NOAA, 1992) などで公表されている．それらを総合的に再構成した分布図 (前見返し, 図 1-5；臼井, 2010) によると，北東太平洋海盆域に "Clarion-Clipperton Zone (CCZ) Manganese Nodule Belt" と呼ばれる大きなマンガン団塊濃集域が認められ，多くの国の鉱区がすでに認定されている．これまで太平洋で最も多数の調査が行われており，数百 km 規模の大鉱床はすでに発見されたと考えてよい．ほかに中央太平洋海盆北部，南太平洋タヒチ島西方，南東太平洋ペルー海盆などに中規模の高濃集域がある．インド洋中部，南アフリカ南方にも濃集域が認められ，南極大陸の周辺の深海盆にも小規模の濃集域が確認されている．

　マンガン団塊の大半は海底表面に存在しており，海底下の堆積物中に大量に埋没している可能性は少ない (Usui and Ito, 1994；Ito *et al.*, 1998)．これは団塊の成長の過程で堆積物上に保持されるメカニズムが働いた結果と解釈されている (2-3 節 5) 参照)．

　マンガン団塊の濃集帯は堆積速度の小さい深海堆積盆とおおむね一致し，ときには，部分的に底層流の平均的な流軸・流路と一致する (Kennett and Watkins, 1975)．特に南太平洋では，南極底層水の北上に伴って，細長い海盆の西端，海盆を連結する鞍部などの無堆積または侵食の海底に，帯状のマンガン団塊濃集域が分布する例が見られる (Glasby, 1982；Carter, 1989)．サモア海路，アイツタキ海路，ニュージーランド南東方の深海盆などのマンガン団塊の帯状分布域がそれにあたる (図 2-7)．しかし，現世の底層流パターンと数百万年以上前のマンガン団塊生成時の環境が一定である保証はないから，現在の流路とマンガンクラスト，団塊の分布域は必ずしも一致するとは限らない．

　次にマンガンクラストの広域的分布であるが，これについては公表データが少なく，各大洋の全体像が描ける段階にはない．団塊にくらべて分布域が比較的狭く，ハワイ南西方からミクロネシア連邦海域にいたる広大な海山域に調査が集中している．北西太平洋鉱物資源分布 (臼井ほか, 1994) によると，この海域の海山などの地形的高まりには厚くマンガンクラストが発達する．特

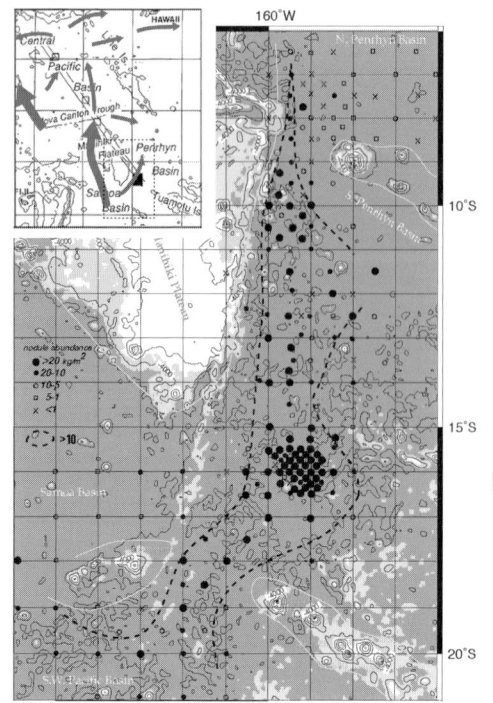

図 2-7 南北太平洋での底層流の流向推定図（Kennett and Watkins, 1975）
インデックスの拡大図（点線）にマンガン団塊の分布図を示した（タヒチ北西方海域）．おおむね流路に沿ってマンガン団塊の濃集帯が分布する．

に西太平洋から中部・南太平洋には，海山群，海山列，巨大海台が集中している．南はミクロネシア海域，マーシャル諸島，ギルバート諸島，マゼラン海山群，中央太平洋海山群，ジョンストン島海域など，世界の海洋で海山が最も密集する海域といえる．この海域の海山・海台の生成年代は古く，ジュラ紀後期〜白亜紀に遡る．海山，海台のほとんどが水没した火山島または環礁である．この地域はかつて Darwin Rise と呼ばれたが，いまでは白亜紀の巨大なマントルプルームの活動が原因だと解釈されている（Keating et al., 1987; Pringle et al., 1993; Winterer et al., 1993）．

　海山や海台域においては，山頂部の平坦面以外ほとんど堆積物が堆積しないことは，マンガンクラストの生成に好都合で，持続的成長に不可欠の条件である．

　現在の水深で 1000 m から 6000 m までの広い水深帯の海底露岩域からマ

ンガンクラストが発見されている（図2-1；Usui and Someya, 1997）．また太平洋プレートの西端から南太平洋にいたる海山，海嶺，海台域のすべての海山に分布するといってもよいほど普遍的な分布を示しているらしい．ただし各海山域での短いスケールでの分布，産状変化が激しいと予測されるものの，その実態はほとんど知られていない．

2) 産状と地質環境

　表2-1には海底マンガン鉱床の記載に用いられる基本的パラメータを列挙した．クラストや団塊は一般的に硬い岩石を基盤または核とするが，岩石の種類は問わない．玄武岩質溶岩，火山角礫岩，花崗岩，変成岩，石灰岩，リン酸塩岩，大型化石，凝灰岩，泥岩，粘土岩など多種多様である．基盤岩，核は地質年代スケールで化学的・機械的風化に抗して安定であることが不可欠である．したがって新しい時代のサンゴ，貝類や石灰岩，半固結の泥岩，火山ガラス，有機物を含む岩石など，風化，崩壊，変質が進みやすい岩石は核，基盤岩としては不適当である．また，堆積物，火山物質の供給量が多い環境，たとえば，大陸棚とその斜面，海溝域，縁辺の背弧海盆や，生物生産の盛んな赤道域や極域には発達しにくい．さらに，クラスト，団塊の成長中に，斜面崩壊，断層などの基盤変形，続成作用，流体移動，温度変化などが起こるところは生成場として不適当である．つまり，テクトニック，ノンテクトニックに限らず，変動の激しい地質環境は海底マンガン鉱床形成に不利である．逆にいえば，クラスト，団塊の成長に最適な場は，島弧，大陸，赤道，極域からの遠隔域であり，火山活動がなく，海洋表層での生物生産が低い環境ということができる．地質年代の古い海山や深海盆域が最適な環境である．閉鎖海域，島弧海溝系，海底火山活動域，大陸棚や水深1000m以浅の海底にはクラスト，団塊はほとんど認められない．

　酸化物が形成される重要な要件は，いうまでもなく，酸化的環境である．現世の海洋は普遍的に富酸素であるが，形成時のみならず生成後も酸化的環境が保たれなければならない．現世の海水は表層水から深層水まで一般に酸素に富むから酸化物の生成条件を満たしている．マンガンクラスト，団塊，深海粘土など形態はさまざまであるが，酸化的な海水を介して，海底に非常

にゆっくりと集積・固定されたものである．反対に酸素に乏しい環境としては，陸域沿岸や海底火山域の熱水活動域などが代表である．このような環境ではマンガンクラスト，団塊が生成されにくいだけではなく，一度形成した酸化物が再び溶解し消失する可能性もある．一般に大陸周辺の陸棚堆積物では鉄・マンガン酸化物が固定されず，陸棚堆積物や閉鎖的な海盆堆積物（日本海，黒海など）中の強い還元環境下では，鉄，マンガンが炭酸塩鉱物として固定される (Murray et al., 1991)．

生成する海底マンガン鉱床の性状に水深依存性があるだろうか？ 従来，マンガン団塊は水深 4000-6000 m くらいの海盆部に，マンガンクラストは水深 800-2500 m の海山斜面に分布する (Hein et al., 2000) とされてきたが，決して限られた水深帯だけで生成するわけではない．図 2-1 に西部～中部太平洋域のマンガンクラスト，団塊の産出水深を示した．Hein et al. (2000) 以前にも，水深 6000 m 近くの露岩域にもマンガンクラストが広く分布している例もあり (Usui, 1986；藤岡ほか，1994；中西ほか，2007)，海山山頂の約 1000 m の水深帯にマンガン団塊が分布する例もある．海水起源の海底マンガン鉱床はほとんどの水深帯で形成され得るという理解が実態にあっている．外形そのものに重要な意味はない．

3) 産状変化の例と地質環境

もう少し詳細なスケールでの海底マンガン鉱床の産状，濃集率について具体例を紹介する．局地的変化の実態把握は，海底におけるマンガン酸化物の形成環境，成長史の解明に不可欠であるだけではなく，鉱床の経済評価や有望域の探索にも貴重な知見となる．最近の海洋の現場調査ではその変化パターン（つまり産状の多様性）の把握とそれら諸パラメータを規制する要因を一般化する努力がなされている．近年，曳航テレビカメラ，カメラつきグラブ，有人潜水艇，遠隔探査ロボット (ROV)，着座式ボーリング機などによる精密調査などの先端調査機器が導入されるようになった．その結果，マンガンクラスト，団塊では，数百 m あるいはそれ以下のオーダーの，濃集率（厚さ・サイズ）や産状の局地変動が予想以上に頻繁であることがわかってきた．わが国では，フリーフォールグラブ（ブイとバラストを保持した自由落

下式表層試料採取装置）による深海底マンガン団塊の産状変化調査（Usui, 1994），しんかい2000による海山のマンガンクラストの調査（Usui and Nishimura, 1997），遠隔探査ロボットROV（ハイパードルフィン）によるマンガンクラスト調査（Usui et al., 2011 ; Thornton et al., 2013），着座式ボーリング機によるミクロネシア海域海山の地質調査とサンプリング（Usui et al., 2003）などが実施されてきた．総じて，海底マンガン鉱床は，多様な産状変化をするが，組成の地域変動は桁違いに大きいものではなく，主成分の鉄，マンガンは広い水深帯（800-6500 m）に酸化物として生成しつづけ，生成年代は現世から少なくとも始新世前期に遡る（Usui and Ito, 1994）といえる．

　さて，1970-1980年代には，工業技術院地質調査所が中部太平洋において本格的なマンガン団塊の研究航海を実施した．その結果，深海盆において詳細なスケールで，マンガン団塊の濃集率，形態，組成の地域変化と第四紀堆積層の厚さとの間に明瞭な関係が見出された．音波探査プロファイルと深海掘削コアの比較結果によれば，白亜紀の基盤火山岩上に新第三紀以降の半固結遠洋性堆積物が広く分布し，その上部には新第三紀～第四紀の未固結堆積物が大きな層厚変化を伴って分布する（Tamaki and Tanahashi, 1981）．この地域のマンガンクラスト，団塊の生成は，おおむね中新世から鮮新世にはじまり，深層流に起因した遅い堆積速度またはハイアタス（堆積間隙）に伴って成長を続け現在にいたっている（Usui and Moritani, 1992）．この地域では，一般に堆積速度が5 mm/1000年を超えると，マンガン団塊は埋没して成長を停止するか，あるいはマイクロノジュールとして分散して固定されることが多い（図2-8，図2-9）．

　つまり，堆積速度が大きい地域（赤道帯の生物高生産域）では，鉄，マンガンは堆積物に固定されているためマンガン団塊の形成が進まず，結果として堆積層厚と団塊分布量との間に逆の関係が認められる．太平洋のほかの海域でも同等の関係がさまざまな距離スケールで認められている（Calvert et al., 1978）．Usui et al. (1993a)は中央太平洋へ流入する南極底層流の消長，流路の変動に起因する無堆積や低堆積速度がマンガン団塊形成の局地的変化を大きく規制する実例を示した．たとえば，比高数百m程度の小さな海丘の存在が局地的な堆積環境を規制し，それに伴って団塊の分布様式に影響を与

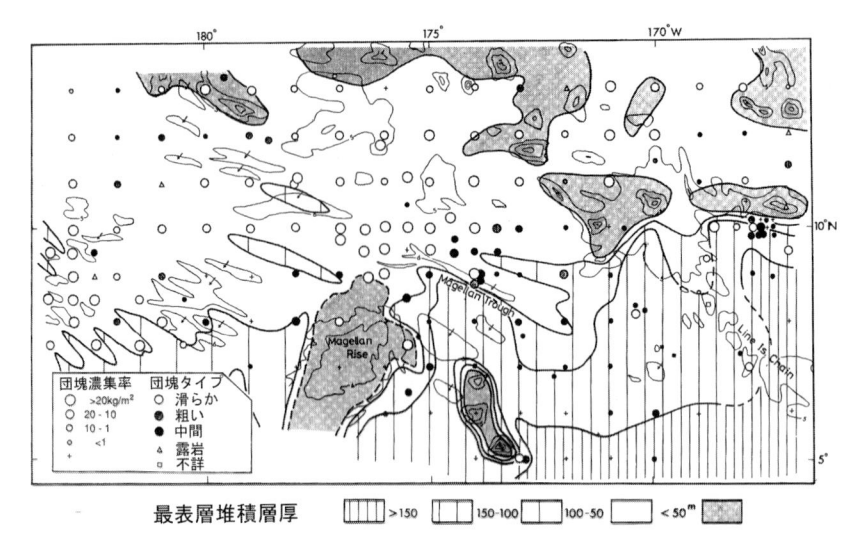

図 2-8 マンガン団塊分布量と新生代未固結堆積物の層厚との関連(中央太平洋海盆)(Usui and Moritani, 1992)
　広い海域を通じて,平均堆積速度が低い海域に多量のマンガン団塊が生成することを示している.

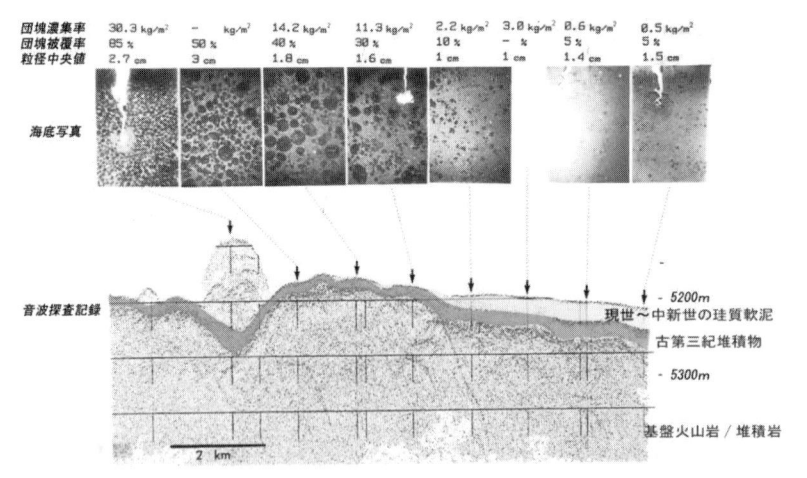

図 2-9 堆積層厚と団塊分布の負の相関(Usui and Moritani, 1992)
　図の左半分の海域では団塊濃集率が $10\ kg/m^2$ を超え,同時に中新世以降の堆積物は薄いか欠除している.平均堆積速度が約 $5\ mm/1000$ 年を超えると分布量が急減する.図 2-8 で広域的に認められる関連性が,短い距離スケールでも成り立つ.

44——第 2 章 海底マンガン鉱床の分布・性状

えている事実（Usui *et al.*, 1987）も明らかになっている．マンガン団塊のサイズ（酸化物層厚）は濃集率（単位面積当たり重量）と正相関を示し，つまりおおむね生成年代（年齢）に規制されている．

　マンガンクラストの酸化物層厚が資源量の目安として重要であることは前述した．クラスト層厚は，単純には，成長速度および基盤年代の関数である．基盤岩の年代とマンガンクラストの層厚との強い相関を図 2-10 に示した．海山域での詳細スケール調査の結果，マンガンクラストの成長速度は 4-6 mm/100 万年の狭い範囲に集中し（Usui *et al.*, 2007），かつ海底活火山列から背弧側に離れ，基盤岩の年代が古くなるに伴って，クラストが厚くなる傾向が認められる（図 2-11；Usui *et al.*, 1999）．クラスト層厚は形成開始年代が最も重要な要因ということができる．

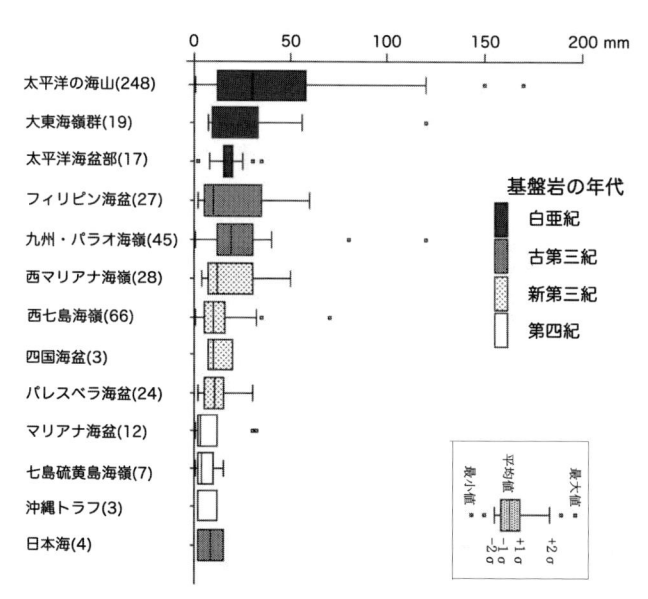

図 2-10 基盤岩の年代と酸化物層厚（おもにマンガンクラスト）の関連（Usui and Someya, 1997）
　　　古い基盤岩が厚いマンガンクラストが分布する必要条件であることがわかる．

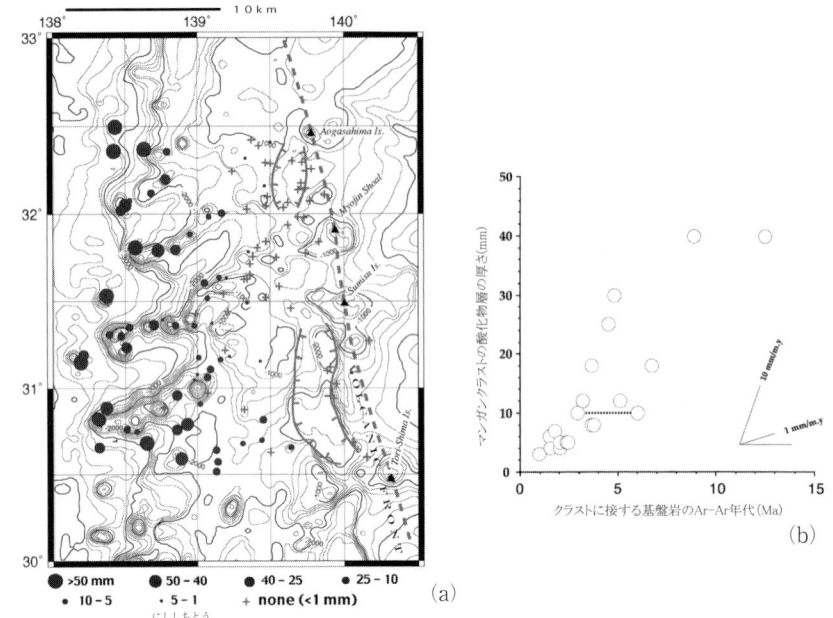

図 2-11　西七島海嶺の火山岩年代（放射年代）とマンガンクラストの酸化物層厚
　　　　火山フロント（点線）から西方に向かって基盤岩年代が古くなるにつれてクラスト層厚が増大する．a) 伊豆小笠原弧の海底活火山列（点線）の西方に位置する古い火山体に伴って厚いクラストが分布，各ドレッジ点での最大酸化物厚さを示す．b) 同海域のクラスト厚さと基盤岩放射年代（石塚治，未公表）の関係．

4) 基盤の地質構造と鉱床生成

　1990年代には，わが国周辺海域の8地点以上で潜水調査船（しんかい2000と6500；JAMSTEC）を用いた海底マンガン鉱床の潜航調査が実施された．いずれの潜航調査でも，底質・地質の変化とマンガン鉱床の産状観察を行っており，予想外に広い海域にクラストや団塊が分布することがわかり，同時に短いスケールでのマンガン酸化物層厚の地域的変化の実態が記載された．構造運動や火山活動の激しい島弧周辺海域であっても，安定な基盤さえ存在すれば，局地的に，鉄・マンガン酸化物の形成が続くことを発見した点は重要である．たとえば，伊豆小笠原海域の鮮新世の島弧火山（Usui *et al.*, 1993b），琉球海溝への沈み込みをはじめた平頂海山（Nakazawa *et al.*,

2008)である.まさに現在海溝への沈み込みプロセスにある海洋地殻(藤岡ほか,1994;沖野・藤岡,1994)など,マンガン酸化物の形成が期待し難い地質変動帯の海底にも,局所的にはクラスト,団塊が発見されている.

中新世の基盤岩年代を示す,非活動的火山弧の海山の一つ天保海山(図2-12)では,浅い水深域にもマンガン団塊が分布すること,基盤岩の変形や崩壊(非構造的な基盤の変形)によって,新たな岩石露頭が生成することにより,ときにマンガン鉱床の生成がリセットされること,クラストや団塊は,斜面に堆積する礫や土砂とともに,ときに斜面を滑落,移動するらしいこと,などの現象も認められた(Usui *et al.*, 1993b).マンガン酸化物は特定の海域にだけではなく,広い環境に分布する普遍的な化学堆積岩であることが示されたことの意義は大きい.近年,最新鋭の海底探査ロボット(ROV)を使った調査が進み,海底微地形や底質とマンガンクラストの産状との関係などが短いスケールで明らかになりつつある.図2-13に南鳥島近傍の巨大な平頂海山の斜面における調査の一部を示した.

海洋底の構造発達史,海山・海嶺の形成発達史と海底マンガン鉱床の形成

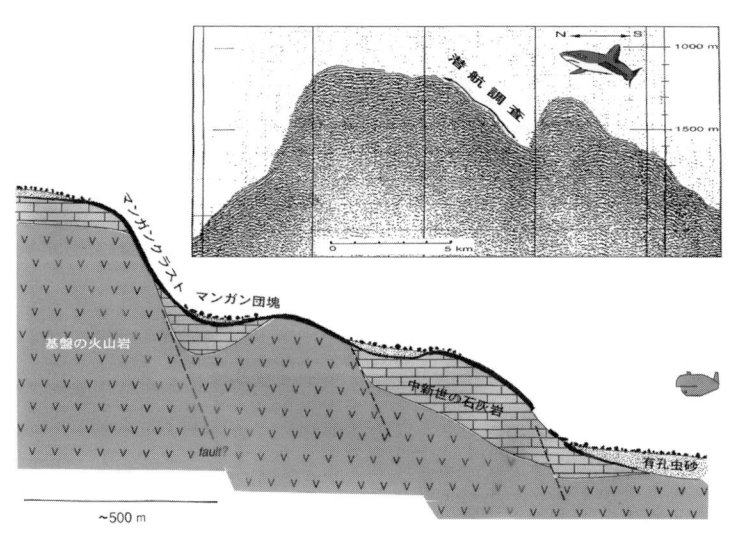

図 2-12 天保海山斜面の基盤岩形状,底質とクラスト,団塊の分布(有人潜水艇調査)
露岩／堆積物に対応して,クラスト／団塊が分布する(Usui *et al.*, 1993b).

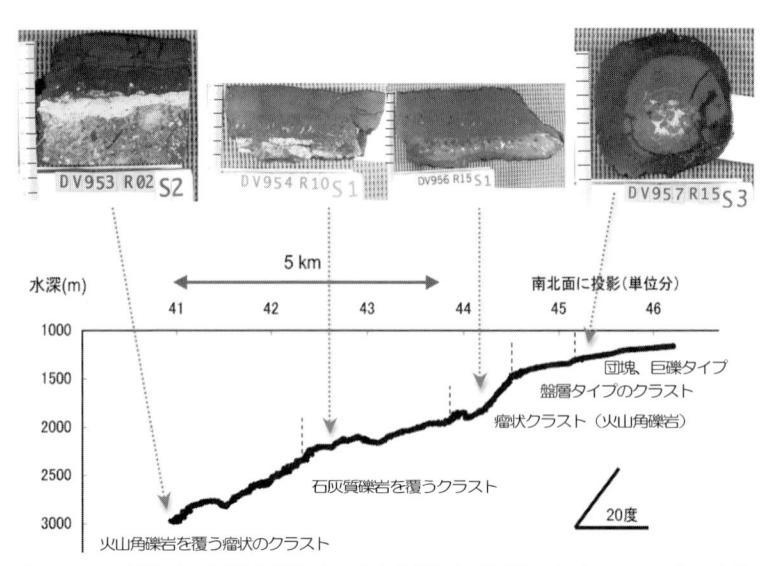

図 2-13　平頂海山（拓洋第 5 海山，南鳥島周辺）斜面域におけるクラストの産状変化（Usui *et al.*, 2011）
　　左から右へ山麓から山頂へ向かう．平均傾斜 20° 以上の斜面の岩石露頭を 4-9 cm 厚のクラストが覆う．

や地域的な変化との関連も具体的に議論されるようになった（Bogdanov *et al.*, 1997；Glasby *et al.*, 2010）ことも，成因論の大きな進歩である．北西太平洋の海山群を対象として，現在の地形・地質・底質分布を，大地形・構造発達史，海洋島の形成，礁形成，さらに沈降，水没，侵食，変形，崩壊などの海山の形成史を踏まえて解釈し，海底マンガン鉱床生成との関連を解読する試みがはじまった（図 2-14）．

　基礎科学研究とは別に，石油天然ガス・金属鉱業資源機構（旧金属鉱業事業団）は，海底ボーリングを使用したコバルトリッチ・マンガンクラストの資源探査を，南鳥島周辺海域やマーシャル諸島海域などで実施している．その目的はわが国の鉱区獲得を目指した資源探査であるが，学術的基礎研究と相補的な成果も得られている．たとえばミクロネシア諸島海山の海域では海山地形・基盤地質とマンガンクラスト層厚分布との関連（図 2-15）が見出され（Usui and Okamoto, 2010），地質学的背景を調査する意義が示された．

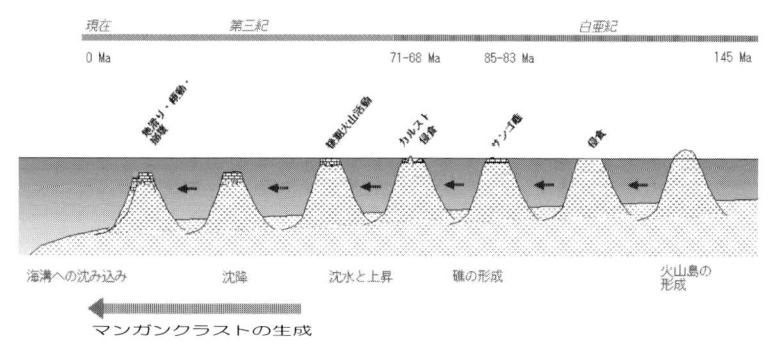

図 2-14 北西太平洋での平頂海山の形成発達史
(Pringle *et al.*, 1993；Smoot, 1983；Keating *et al.*, 1987；Winterer *et el.*, 1993；Nakanishi, 1993；Bergersen, 1993) とマンガンクラストの形成時期

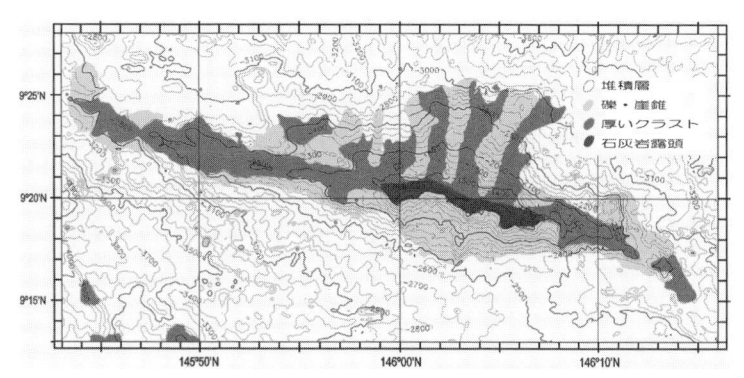

図 2-15 ミクロネシア連邦海域の海山の地形, 底質分布とマンガンクラストの産状 (Usui and Okamoto, 2010)
クラストは海山露頭の全面を被覆するわけではなく，斜面部の尾根に多い．

　マンガン鉱床の新しい調査法として，著者らは，遠隔探査ロボット（ROV）ハイパードルフィンを用いた総合的な詳細スケール調査を2009年から開始した．太平洋プレート上の巨大海山（拓洋第5海山）や九州南方の九州・パラオ海嶺の海山（流星海山）などにおいて，マッピングと現場調査と解析を行ってきた．その結果，酸化物の形成は北西太平洋全体の広い環境の1000-6000 mの水深帯において，少なくとも中期中新世から現在まで，長い期間，マンガンクラストが生成し続けていることが実証された（臼井，

2010；Usui et al., 2007)．これは資源探査，環境復元のためにも重要な事実として特筆すべきことである．ROVによるサンプリングとマッピングはマンガンクラスト研究の標準的調査手法となり得ることを示している．

5）堆積作用と団塊の埋没

　以上，マンガン鉱床の多様な産状の例として，海底面に分布するクラスト，団塊の地域変化などの例を挙げてきた．ところで，クラスト，団塊は海底面にだけ存在するのだろうか？　実は堆積物に埋没したクラスト，団塊がさまざまな堆積物コアに認められている．これは，過去の大洋底にもクラスト，団塊の生成に適した，つまり現世の海洋に近い環境が存在していたことを示している (Somayajulu et al., 1971；Glasby, 1978)．しかし，埋没したマンガンクラスト，団塊が発見される頻度はそれほど大きくはない．深海掘削コア中に見られるマンガンクラスト，団塊と堆積環境の関係を総括した結果によると (Usui and Ito, 1994；Ito et al., 1998；Ito and Komuro, 2006)，マンガン酸化物の形成は始新世前期（または白亜紀後期）にはすでにはじまっており，堆積の遅い環境，ないし堆積間隙の酸化的環境下でクラスト，団塊の形成が促進されたことがわかる（図2-16）．地質時代との関連は6章に詳しい．しかし，海底面において，クラスト，団塊が埋没されず継続的に成長する環境条件は必ずしも長期的に持続するとは限らず，プレートの移動，大陸の配置，火山活動，海洋循環，生物生産帯との位置関係，海水準変動などにより，団塊の生成が阻害され停止することもあり得る．特に堆積速度が急に増大するとそれ以降の堆積物によってクラスト，団塊が埋没してしまい，埋没したクラストや団塊は成長が停止する (Usui et al., 1993a；Usui and Ito, 1994)．

　さて，以上の観察事実に基づくと，奇妙な解釈が成り立つ．つまり，前述のように，湿比重が2.0前後のマンガン団塊が，より比重の小さな底質である未固結の堆積物の上に乗った状態で，海底表層で保持され持続的に成長を続けるということになる．この仮説は1970年代から提唱されてきた (Glasby, 1978；von Stackelberg, 1984) 大変奇妙な解釈であるが，最新の年代測定データを踏まえて再検討しても，この現象は事実として否定しがたい (Usui et al., 1993a；Nishimura and Saito, 1994)．埋没を妨げ団塊を海底に保持する原

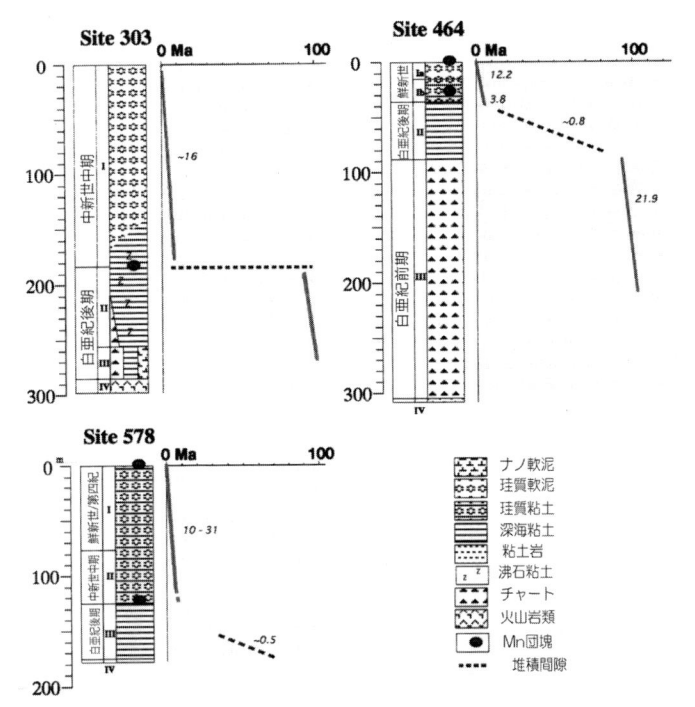

図2-16 深海堆積物中に埋没するマンガン団塊の一例（Usui and Ito, 1994）
堆積間隙や侵食の環境下で，団塊の成長が促進される．深海堆積物の遅い堆積または削剥（堆積間隙）に伴い，直後の速い堆積によって埋没される．

因として大型底棲生物の活動，強い底層流などが挙げられ，あるいは年代測定の誤認なども指摘されているが，メカニズムは説明されていない（図2-16）．地質時代の堆積物に埋没するクラスト，団塊は過去の海洋環境変遷史を背景として，さらに検討しなければならない．

　海底のクラスト，団塊の広域的分布概要が明らかになった現在，次の課題はその時間的・空間的偏在性の規制要因を，海洋環境変遷史と関連して統一的に把握することである．

2.3　空間分布概要——51

2.4 鉱物の多様性

陸上には30種を超えるマンガン酸化物・水酸化物が鉱物として記載されている一方で，海底マンガン鉱床では，以下に述べるように，実質的に2,3種の鉱物しか記載されていない．海洋で生成するマンガン鉱物の重要な共通の特徴は，小さな粒径と低い結晶性である．また，これらの鉱物は結晶中に弱く結合した水分子を含むこと，交換性陽イオンによって化学組成や結晶構造の安定性が変化する，という性質もあるため，鉱物記載や同定を面倒にしている（竹松，1998など）．構成する鉱物粒子のサイズは，高解像度の透過電子顕微鏡でようやく観察可能なスケール（コロイドサイズ以下，<0.1 μm）と推察され，光学顕微鏡下で個々の単体結晶が観察されることはごくまれである．一般的には鉱物粒子の集合として粉末X線回折法を用いて同定する．よく使われる鉱物名は4種（図2-17，表2-5）であり，基本的な記載に一般

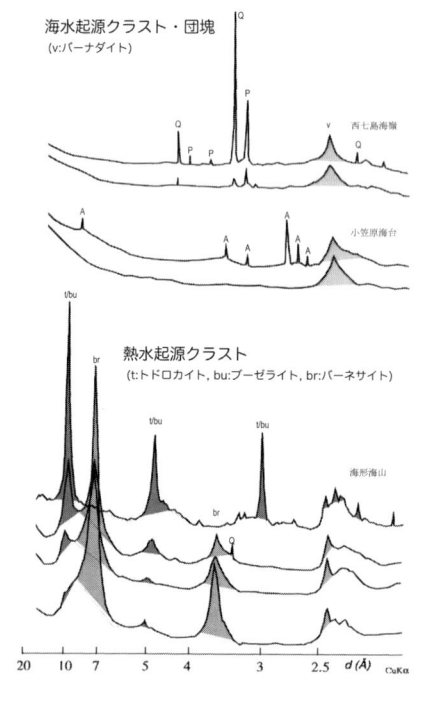

図2-17 クラスト，団塊を構成する典型的なマンガン酸化鉱物の粉末X線回折（XRD）パターン 10 Å，7 Å，2.4 Åの面間距離（d値）が鉱物判定の基準となる．Q，P，Aは石英，斜長石，リン灰石を示す．

表 2-5 海底マンガン鉱床の鉱物

鉱物名	鉱物分類	主成分	副成分	理想化学式	おもな産状	海底の産状	別名
ブーゼライト	フィロマンガネート	Mn 鉱物	Ni, Cu, Na, Mg	$RO \cdot 6MnO_2 \cdot nH_2O$	続成・低温熱水	埋没型団塊	10Å マンガナイト
バーネダイト	フィロマンガネート	Mn 鉱物	Co	$(Mn, Fe, Ca, Na)(O,OH)_2 \cdot nH_2O$	海水起源	露出型団塊, クラスト	δ-MnO_2
トドロカイト	テクトマンガネート	Mn 鉱物	Mg, Ba	$RO \cdot 6MnO_2$	低温熱水	低温熱水	10Å マンガナイト
バーネサイト	フィロマンガネート	Mn 鉱物	Mg, Ca, Na	$RO \cdot 6MnO_2 \cdot nH_2O$	低温熱水, 続成	低温熱水	7Å マンガナイト
針鉄鉱	水酸化鉄	Fe 鉱物		$FeOOH$	土壌, 風化帯	風化, 熱水	
フェリハイドライト	不定形含水酸化鉄	Fe 鉱物	As, REE?	$Fe_{10}O_{14}(OH)_2$	土壌, 風化帯	風化, 熱水	

ブーゼライト, バーネダイト以外は IMA で認定済み.

2.4 鉱物の多様性──53

的に使われる鉱物名は，ブーゼライト (buserite) とバーナダイト (verna-dite) である．双方とも常温の溶液反応によって合成された化合物 (Buser and Grütter, 1956 ; Chukhrov et al., 1979) に対して命名された鉱物名であって，国際鉱物学会 (IMA) 鉱物命名委員会で正式に登録されたものではない．どちらの鉱物も，天然では大きな結晶が得られず，かつ測定中に脱水による構造変化が起きるという難点があって (Giovanoli, 1985 ; Usui et al., 1989a)，結晶学的記載がいまだに曖昧である．したがって鉱物の特徴づけは，溶液反応で得られるより大きな合成物の結晶を対象として研究が進んだ．ブーゼライト，バーナダイトそれぞれについて，当初の合成産物名 10 Å マンガナイト (manganite, $\delta\text{-MnO}_2$) を使った記載もあるが，天然の鉱物に対しては不適当である．しかし，命名された既存の天然鉱物に相当するものがないので便宜的にこの鉱物名が使われている．1970 年代の鉱物命名の混乱がいまだに決着していないのが現実である (竹松, 1998)．

陸上の岩石や鉱床から記載・登録されている鉱物のなかで，粉末 X 線回折 (XRD ; powder X-ray diffraction) パターンが海底のマンガンクラスト，団塊に類似するものは，トドロカイト (todorokite)，バーネサイト (birnessite)，針鉄鉱 (goethite) であるが，熱的挙動や化学組成を考慮すると，海底マンガン鉱床の主構成鉱物と同定されたとはいえない．このあたりの混乱を総括した論文として，Burns 夫妻によるレビュー (Burns and Burns, 1977) と Giovanoli (1980) の構造分類 (図 2-18) が有名である．また，Essington (2004) が提唱した構造模型は理解しやすい．

以上を踏まえて，筆者は，現状では，海底マンガン鉱床の基本的な鉱物記載には以下のように整理した鉱物名を使うことを提案する．表 2-5 には研究論文で使われているおもな鉱物名とその組成などを示した．

1) ［ブーゼライト］buserite　明瞭な層状構造を有し，10 Å の層間に，2 枚の水分子層と交換性金属陽イオンのサイトを特徴とした含水マンガン酸化鉱物．二酸化マンガンと +2 価の金属イオン (Ni, Cu, Zn, Ca, Mg) の化合物．Fe は必須元素ではない．ケイ酸塩鉱物の分類に模してフィロマンガネート (phyllo-manganate) (Giovanoli, 1980 ; Manceau et al., 1997) に分類される．バーネサイトは，ブーゼライトが脱水し，面間距離が 7Å に収縮

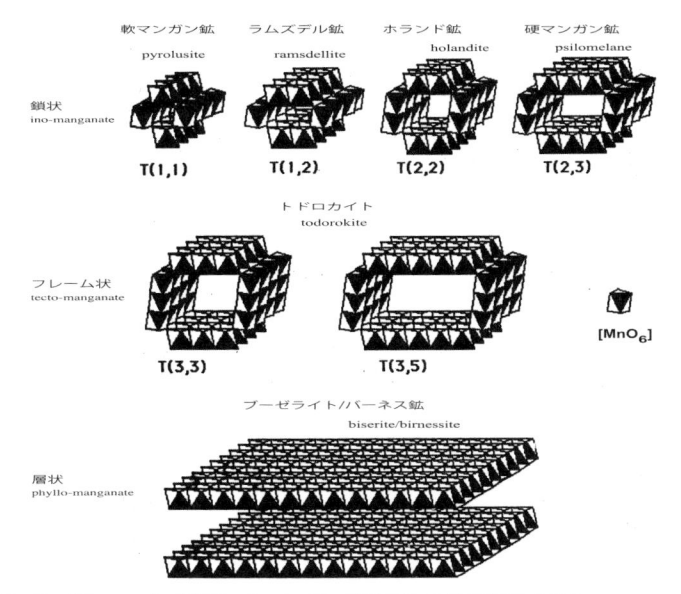

図 2-18 Giovanoli（1985）のマンガン酸化鉱物の結晶構造モデル
ケイ酸塩鉱物は正六面体構造を単位として結晶構造が分類されるのに対し，マンガン酸化物は正八面体を単位として，同様にイノ＝鎖状（単鎖と複鎖）構造，テクト（立体），フィロ（層状）の構造に分類される．

して生成する人工産物である．

2）［バーナダイト］vernadite　マンガンのほかに同程度の鉄を含有する非常に結晶度の低い鉄・マンガン酸化鉱物．構造的にはブーゼライトと，それに類似した水和鉄酸化物（フェリハイドライト，ferrihydrite）の積層（Golden et al., 1986）と推測されている．底面反射は見られない．

深海底のクラスト，団塊の記載にはこの２つを使うのが適切である．両者ともに，サブミクロンの層状または不定形扁平状粒子をなし，ある結晶方位をもって水分子層を含んだ積層構造と予測されている（Manceau et al., 2002, 2012）．これら二次元方向に選択的に成長した，いわば二次元結晶には，層間とは別に，規則的な空隙やイオン交換が可能な欠損も予測されている（Kuma et al., 1994）．フェリハイドライトとの結晶構造の共通性が注目される．

3）［トドロカイト］todorokite　結晶性が高く，含有する水分子が少なく，熱的にも（ときに300℃以上まで）安定である．海底低温（約100℃以下）

熱水噴出孔の周辺などに見られる温泉沈殿物である．Mg, Ba などを必須副成分として含有するといわれている．一例として RO・Mn$_6$O$_{11}$・3H$_2$O（R：Mg, Ba, Ca など）との理想式が推定されている．構造的には堅固なトンネル状のフレームを呈し，イノマンガネート（ino-manganate）（Giovanoli, 1980）と分類される．唯一陸上の鉱物と対比された鉱物名である．

　科学論文にはこの3種が使われていることが多いが，クラストや団塊の鉱物記載にいまだにブーゼライトに対してトドロカイトを使用するなどの混乱，誤用も見受けられる．Giovanoli（1980）らの構造分類を基に，さらに，Usui *et al.*（1989a）は海底のマンガン鉱物を2つの連続系列（トドロカイト–バーネサイト系列，およびブーゼライト系列）に分け，前者を構造的な多形，後者をイオン置換による同形と解釈した（図2-19）．

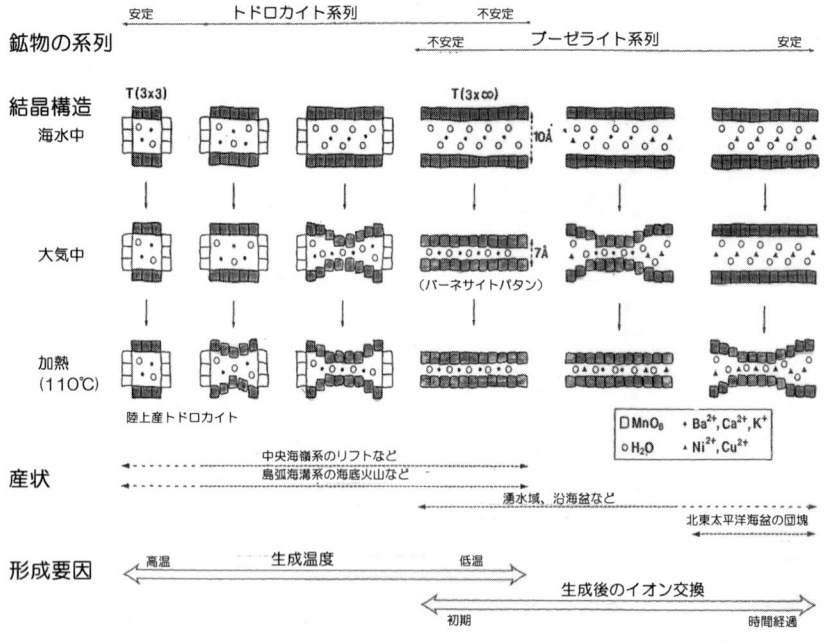

図2-19 海底マンガン鉱物の結晶構造と脱水による XRD パターン変化の多様性を説明する構造モデル（Usui *et al.*, 1989a）
　　右は水和された層間イオンにより保持される層構造の系列，左は立体的なマンガン酸化物フレームにより保持されるトンネル構造の系列．

図2-17には，鉱物の記載に用いる基本的なXRDパターンを示した．層間水分子層による底面反射の有無（10Åまたは7Å）とその安定さを加えて，同定の基準としている．2.4Åおよび1.4Åは上記モデルの6面体の酸素分子配列の面間距離であり，両者に共通である．

　ブーゼライトは層間に水和した陽イオンを含む層状鉱物とされる．溶液反応によって容易に合成できるため，その結晶化学的性質，イオン交換能がよく調べられている．マンガン酸化物の鉱物学的分類のなかでは層状マンガン酸塩鉱物に属し，10Åの面間距離を安定化する交換性層間イオン（Cu^{2+}，Ni^{2+}，Zn^{2+}，Ca^{2+}，Mg^{2+}，Mn^{2+}，$2Na^+$）を一定量（Mnに対する原子比で最大1/6まで）保持できる．理想化学式は$RO \cdot 6MnO_2 \cdot nH_2O$（Rは前述；$n=2-3$）(Usui, 1979b) または $2RO \cdot Mn_{14}O_{25} \cdot 9H_2O$ (Giovanoli, 1980) である．マンガン団塊に銅とニッケルが最大で合計2%まで達する理由はブーゼライトの強力なイオン交換能である（Usui, 1979b；Burns et al., 1983；Golden et al., 1986）．Giovanoli (1980, 1985) が提案した，ケイ酸塩分類を模したマンガネート総括モデル（図2-18）は大変わかりやすい．その分類のなかで，マンガンクラスト，団塊の主成分はフィロマンガネート（つまり層状マンガン酸塩鉱物）のグループに属し，ケイ酸塩鉱物のなかではスメクタイト属の粘土鉱物がこれに非常によく似た性質をもっている．層間イオンや水分子の出入りによる膨潤・収縮，イオン交換能が特徴的である．特にCuとNiはブーゼライトの10Å層間イオンとして強い選択性をもつことが確かめられている．

　一方，バーナダイトはさらに細粒かつ低結晶質の平面結晶をなし，鉄とマンガンをほぼ同量含む結晶性の低い含水酸化マンガン鉱物であり，鉄とマンガンの酸化物層がZ軸方向に無秩序に積層した一種の粘土鉱物に近い平面結晶構造をもつと推察されている．Chukhurov et al. (1979) はrandomly-stacked (turbo-stratic) birnessiteと解釈している．バーナダイトはしばしばCoに富むが，これはCoが+2価から+3価へ酸化される過程で，鉄・マンガンと同様，結晶中に濃集しやすいためという考えがある（Koschinsky and Hein, 2003）．

　次に，低温熱水活動域における熱水起源酸化物の生成過程では，鉄とマン

ガンの分離が顕著に進むため，海水起源マンガン鉱床とは大きく異なった産状を呈する．純粋で大きな（10 μm オーダー）結晶が塊状・脈状・膠結状の構造を形作る．構成鉱物はトドロカイト（トンネル構造）-ブーゼライト（層状構造）系列，および鉄の水和酸化物・針鉄鉱がときに認められる．ほかのマンガン鉱物としては，わが国近海でパイロルース鉱（Usui et al., 1986），菱マンガン鉱（Matsumoto, 1992）の記載があるが，それぞれ，陸上の風化作用，還元的な陸棚堆積物の中での続成作用という特殊な環境で生成したものと解釈される．

そのほか，マンガンクラスト，団塊には，海洋堆積物と同様に，陸源物質や生物片などの鉱物粒子（石英，長石，輝石，沸石，粘土鉱物，磁鉄鉱，リン灰石，非晶質シリカ，方解石，まれに宇宙塵など），微化石，岩片が一般的にあわせて10~20％程度は含まれていることを忘れてはならない．

鉱物学的記載の重要な意義は，副成分となる多数の元素の濃集作用と密接にかかわる点である．次節に挙げる全岩化学組成上の統計的特徴や地質産状との関連の多くは，鉱物組成の多様性に基づいて解釈できる．まず，バーナダイトは，海水を介して，鉄・マンガン酸化物が沈殿・集積した，いわば海水からの初生沈殿物であって，かつ海水起源マンガンクラストの主成分鉱物である．一方で，これらが海底堆積物表面の弱還元的環境において，鉄と分離した溶存態のマンガンから酸化されてブーゼライトが再沈殿することにより，二次的な濃集が生ずることが明らかにされている．このプロセスは海底堆積物の初期続成起源（early-diagenesis）の一過程である．このプロセスにおいては，合成・吸着実験で確かめられた通り，ブーゼライトは交換性陽イオンに対して非常に強い選択性をもつ．Ni>Cu>Zn>Mg>Ca>Mn（いずれも+2価）の順番である（Usui and Mita, 1995）．ほかにも Cs, Na, Li, K, Ba, Sr も結晶構造を保持したままイオン交換が起きることが実験的に確かめられている（Kuma et al., 1994）．この選択性には塩濃度，温度，圧力の影響は見られていない．初期続成起源のマンガン団塊にニッケル，銅，亜鉛，リチウムが濃集されていることは，このことによって基本的に理解されている．

最近では，放射光を用いた分子レベルの副成分金属元素の配位や価数など

が明らかになりつつある（Takahashi *et al.*, 1999, 2002 ; Kashiwabara *et al.*, 2013）．特にバーナダイトへの希土類元素（REE），W，Mo，Coなどの濃集過程を理解する上で重要な解釈となっている．その成果は4章で詳しく述べる．

2.5 化学組成と形態

海底マンガン鉱床は，別名，多金属塊状酸化物（polymetallic massive oxide）と呼ばれる通り，多種多様な金属元素を含有する（図2-20）．地殻（岩石）の平均濃度に対して桁違いに大きく濃集している金属元素は30を超える．なかでも，テルル，タリウム，銅，ニッケル，コバルトなどその濃度比は100倍を超えている（図1-2(b)，(c)）．同時に鉱床として見た場合，金

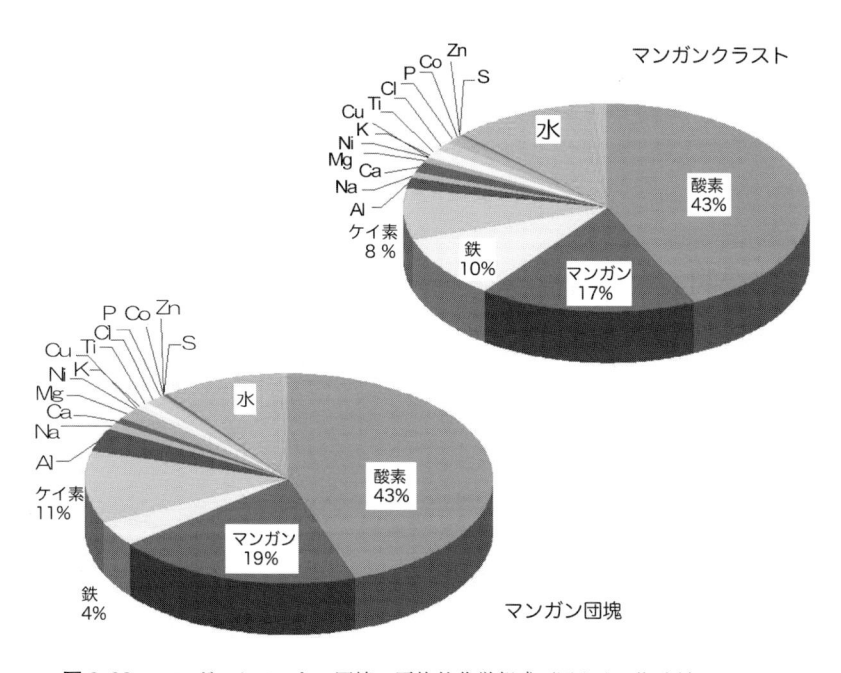

図 2-20 マンガンクラスト，団塊の平均的化学組成（図1-4に基づく）
　クラスト，団塊の主成分はMn，Fe，Si，Alの酸化物に水を加えるとしばしば60%を超える．Mn濃度は概して団塊のほうが高い．

属元素のいくつか，たとえば，銅，コバルト，ニッケル，白金，レアアースなどは，陸上鉱山の鉱石の最低の濃度（可採品位）と同等かあるいはそれを上まわることもあり，有望な将来資源と期待されている．しかし，その濃度は，海域により，また一試料内部でも大きく変動する．この変動要因には，酸化物が生成する地質，化学，物理学的環境やその後の続成作用などがかかわっていると予想できる．マンガンクラスト，団塊を，組式の異なる沈殿物が長期にわたって積層した堆積鉱床と見なせば，生成する沈殿物の時間的，空間的な変動の要因を解明することが非常に重要な課題であることがわかる．

　ここでは，最初に全岩組成とその変動の様子の概要を述べる．クラストや団塊は，元来サブミクロンスケールの多起源の鉱物が混在した不均質な岩石である．全岩分析値だけに基づく考察には限界があるが，統計的には重要な意味をもつ．海底マンガン鉱床の全岩分析値に共通の特徴は大きな組成変動と元素間の強い相関関係である（表2-6）．

1）組成変動と構成物質

　海底マンガン鉱床の主成分はマンガンと鉄の酸化物である．副成分元素が多種多様であることと，堆積起源の粒子（砕屑物，微化石など）も最大20％程度含まれることが特徴である．平均濃度がときに0.1％を超える元素は20以上ある（Mn, Fe, Ca, Mg, Na, K, Ti, Si, Al, Cu, Pb, Ni, Zn, Co, Ba, Sr, La, Ce, Mo, P, Sなど，図2-21）．主成分である鉄とマンガンの大半は，河川水，陸棚堆積物や海底火山を通じて岩石圏から海洋へ供給されたものである（図2-22）．陸棚や海底火山など供給源における鉄とマンガンは，＋2価の還元的な溶存態であるが（図1-1）．移動・輸送されて最終的には，酸化的で弱アルカリ性の一般的な海洋水中で固体の酸化物に変化して固定される．マンガンクラスト，団塊の中で鉄，マンガンはそれぞれすべてが＋3価，＋4価の酸化物として固定されている（Takahashi et al., 2000, 2002）．Ti^{4+}，Al^{3+}，Si^{4+}は砕屑性の粒子として，またCe^{4+}，La^{3+}，Co^{3+}，Ba^{2+}，Sr^{2+}，Cu^{2+}，Ni^{2+}，Zn^{2+}も一般的には堆積物と同様，酸化状態として，鉄（Fe^{3+}），マンガン酸化物（Mn^{4+}）に固定される．団塊やクラスト中に硫化物や有機炭素はほとんど検出されない．アルカリ金属，アルカリ土類

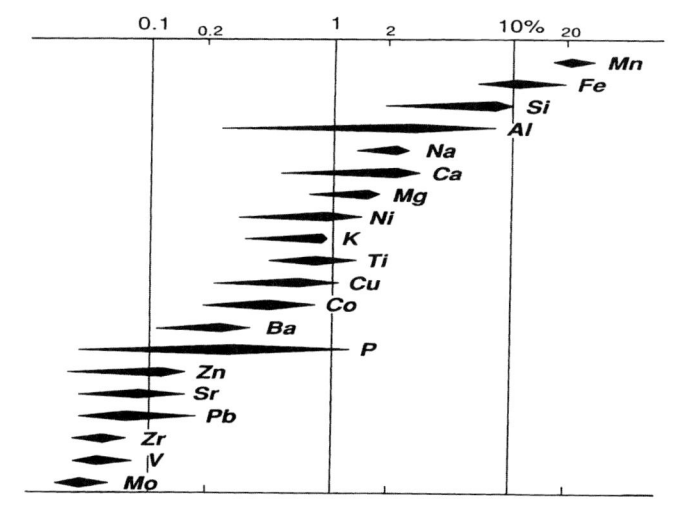

図 2-21 海底マンガン鉱床の主成分元素含有量の平均値とバラツキ
20 以上の金属元素が平均濃度 0.1% を超える．(表 1-4 に基づく)

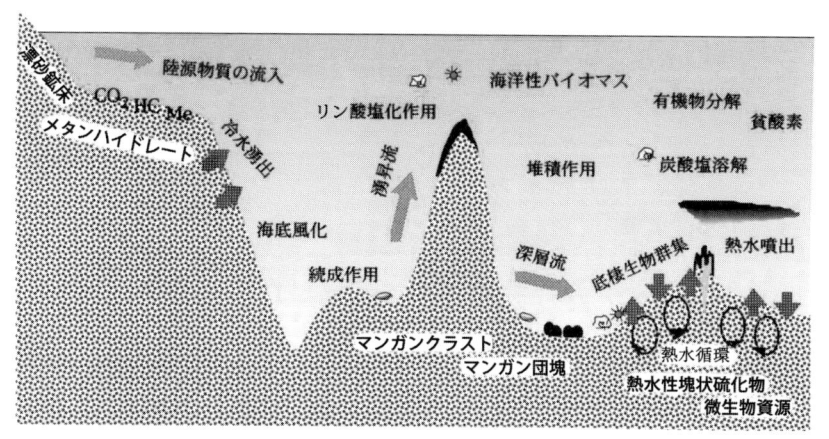

図 2-22 海底における物質循環のモデルと鉱床形成
海底鉱物資源の形成は表層物質循環の一場面である．

2.5 化学組成と形態

表 2-6 海底マンガン鉱床の全岩分析値に基づく元素間の相関係数マトリクス（表 1-4 に基づく）

	Mn	Fe	Al	Ba	Ca	Ce	Co	Cu	K	Mg	Na	Ni	P	Pb	Ti	Zn
Mn	1.00	−0.92	0.31	0.69	−0.46	0.71	0.05	0.83	0.66	0.65	0.66	0.88	0.10	0.57	−0.49	0.72
Fe		1.00	−0.43	−0.59	0.64	−0.66	0.21	−0.89	−0.63	−0.70	−0.58	−0.90	0.01	−0.56	0.70	−0.65
Al			1.00	0.28	−0.62	−0.03	−0.65	0.58	0.80	0.79	0.48	0.56	0.10	−0.01	−0.60	0.35
Ba				1.00	−0.37	0.91	0.26	0.79	0.74	0.60	0.53	0.81	0.62	0.91	−0.29	0.95
Ca					1.00	−0.55	0.50	−0.68	−0.60	−0.75	−0.40	−0.65	−0.03	−0.30	0.66	−0.52
Ce						1.00	0.48	0.68	0.61	0.48	0.52	0.74	0.65	0.96	−0.43	0.94
Co							1.00	−0.21	−0.20	−0.37	−0.02	−0.14	0.36	0.41	0.57	0.18
Cu								1.00	0.80	0.84	0.63	0.97	0.31	0.70	−0.61	0.84
K									1.00	0.87	0.70	0.83	0.40	0.52	−0.55	0.78
Mg										1.00	0.47	0.84	0.32	0.42	−0.57	0.69
Na											1.00	0.65	0.17	0.35	−0.57	0.60
Ni												1.00	0.30	0.70	−0.64	0.86
P													1.00	0.74	0.12	0.64
Pb														1.00	−0.20	0.93
Ti															1.00	−0.37
Zn																1.00

太字は強い相関（係数の絶対値 >0.60）を表す．元データは図 2-26 の因子分析と同じ（n=111）．

金属の大半は堆積物粒子のケイ酸塩鉱物に含まれ，ほかには硫酸塩，炭酸塩，リン酸塩鉱物としても共存する．これらは，上記の重金属酸化物だけではなく，堆積物の構成鉱物と同等の砕屑起源，生物起源などの粒子が重量比で全体の数%～数十%を占めている．

化学組成の非常に大きな変動幅と元素間の強い相関関係（表2-6）は，海底マンガン鉱床の重要な特徴である．組成変動の距離スケールは，数千kmの大洋全体におよぶ広域的海域スケール（図2-23），垂直方向の水深スケールなどの長いものから，鉱物間の分配，試料内部の成長縞に伴うサブミクロンスケールの変動まで，大変多様である．もう一つの重要な特徴は元素の間の強い相関関係である．広域的な全岩分析値データセット，あるいはたった

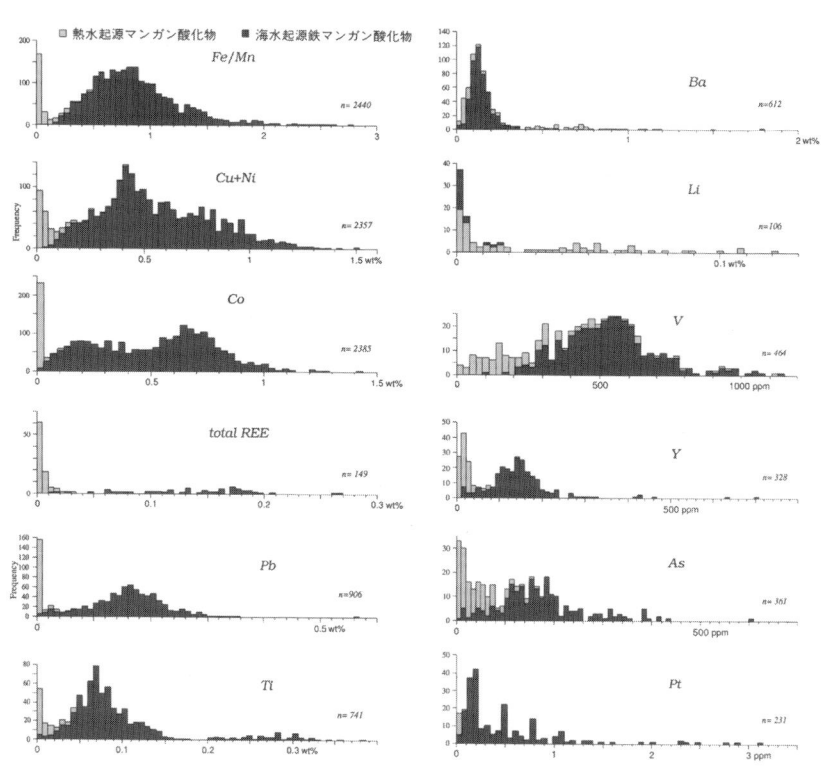

図 2-23 北西太平洋における海水起源および海底熱水起源のマンガン鉱床の成分元素の頻度分布（臼井ほか，1994）

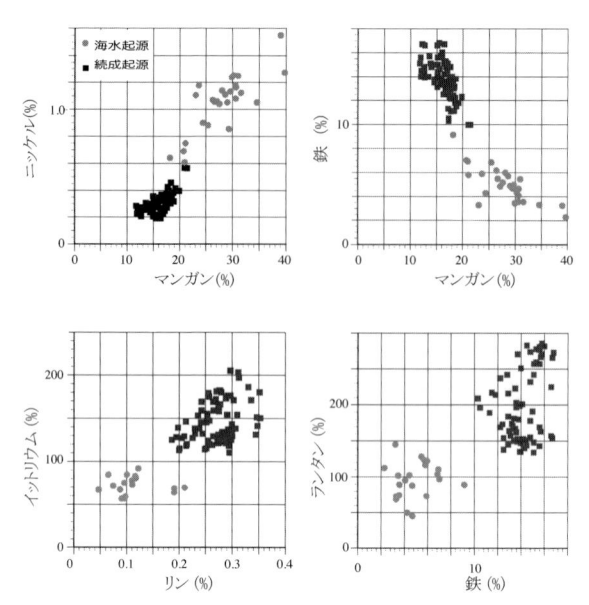

図 2-24　おもな元素間の相関関係（表 1-4 に基づく）
副成分はマンガン，鉄などの主成分に強く依存する．

1試料を顕微鏡スケールで細分化，薄層化したデータセット，いずれの場合も，相関関係を求めてみると，類似した傾向が現れることが多い，つまりスケールにかかわらず共通の相関関係が見られることは注目すべきである．一例を図 2-24 に示す．強い相関は鉱物の量比変動が第一義的原因であることを示す．

　図 2-25 は海底マンガン鉱床の特徴を表すためによく使われる三角図を示す．主成分の鉄とマンガンに対する副成分の従属性を検証することができる（図 2-25（a））．元素によって大きくその傾向が異なることが明らかである．つまり，鉄酸化物（海水起源バーナダイトの主成分），マンガン酸化物（おもに続成起源ブーゼライトの主成分），および通常の堆積物の3つの主成分のいずれかに選択的に濃集している（図 2-25（b））．一例として，北西〜中央太平洋の広域，広い水深帯から無作為に選んだ 100 個以上の起源の異なるマンガンクラスト，団塊の化学分析値を，クラスター分析により元素を分類した結果を示す（図 2-26）．マンガンに伴いやすい元素は Ni，Cu，Zn など，鉄

64——第 2 章　海底マンガン鉱床の分布・性状

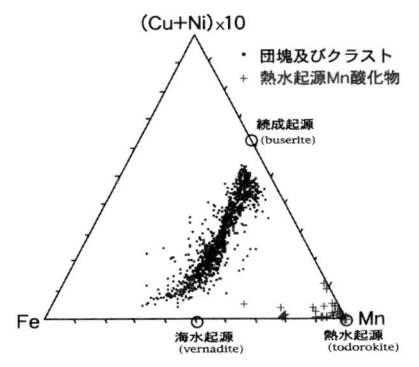

図 2-25(a) 鉄・マンガン酸化物の起源と鉄,マンガン,および銅＋ニッケルの相関 (Usui and Someya, 1997)

海底マンガン鉱床は,以下の 3 鉱物がおもな端成分である：1) 続成起源ブーゼライト (Cu, Ni が必須),2) 海水起源バーナダイト (鉄/マンガン比 = 1),3) Mn のみが主成分のトドロカイト.

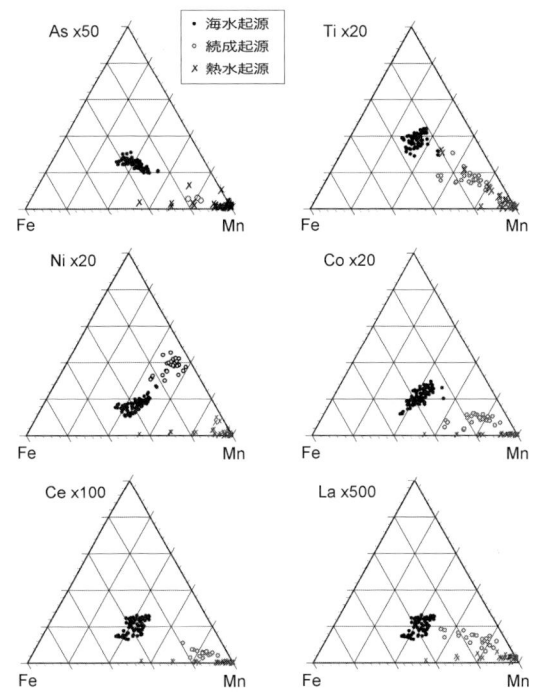

図 2-25(b) 鉄,マンガンに対する副成分の従属的変動の例 (表 1-4 に基づく)
副成分は,ホスト相が異なることが予想できる.

2.5 化学組成と形態——65

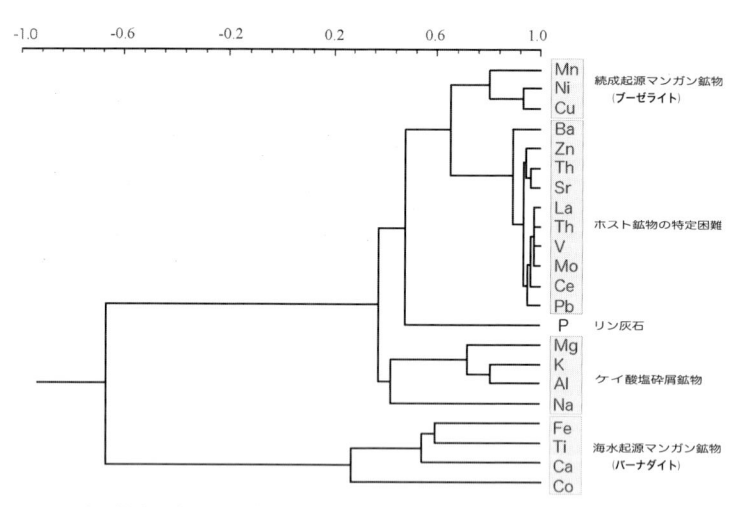

図 2-26 統計解析（因子分析）による元素変動の類似性に基づく元素の分類（表1-4に基づく）

マンガン酸化物，鉄酸化物，ケイ酸塩，リン酸塩，およびその他の5つのグループに分類できる．

に伴うものは Ti, Co, ほかに関連性が曖昧なものは REE, Th, V, Mo などである．そのほかにリン灰石がしばしばクラストの基盤に伴うが，強い選択性を示す元素は認められない．この大きな組成変動と元素間の強い相関関係は，主成分である鉄・マンガン酸化物や砕屑物への副成分元素の選択的濃集がおもな理由である．副成分を取り込む作用が強い鉄・マンガン酸化物によって，溶存する金属イオンが選択的に強く吸着されて海底に固定される．つまり，海水あるいは堆積物中の間隙水などを介してマンガンクラスト，団塊に副成分の金属元素が濃縮するプロセスでは，バーナダイトへの吸着，あるいはブーゼライトによるイオン交換が重要であり，これが強い選択性の原因である（Usui, 1979b；Giovanoli, 1985）．イオンによる強い選択性は実験的にも（表2-7），天然試料でも確認されている（Usui and Mita, 1995）．基本的には，いずれかに強い選択性をもつため，ほぼ一定の組成を示すこの2つの端成分鉱物の単純混合によって基本的な変動パターンが解釈できる．しかし，高次の化学組成変動（つまり各鉱物中の鉱物化学的変動）があることも確認されており，局地的環境要因により鉱物の化学組成も変化するらしい．

表2-7 温泉水から沈殿するマンガン鉱物ブーゼライトの陽イオン選択性（Golden *et al.*, 1986 ; Usui and Mita, 1995）

	温泉水（ppm）	ブーゼライト中（ppm）	平衡定数
Ca^{2+}	95	28100	34
Mg^{2+}	115	19200	19
Na^+	116	1000	1
Ni^{2+}	0.02	135	783
Cu^{2+}	0.11	423	446

平衡定数はナトリウムのそれに対する相対値として示した．

さらに海水中での各元素の化学状態（speciation）と物理化学的条件が濃集度の要因となっている可能性が高い．この変動を支配する環境要因を理解することは，有用金属を含む鉱物資源として，そして海洋・地球環境を記録する化学堆積岩として，2つの視点から重要で興味深い課題となっている．

2）生成環境と化学組成

前節で概説した通り，海底マンガン鉱床を構成する最小単位は鉄・マンガン酸化物であり，それらが元素濃度比や相互の変動パターンを支配している．海域，水深ごとの広域的スケールから，結晶内部の原子スケールにいたるまで，その鉱物学的特徴は元素濃縮のメカニズムとも関連する．団塊内部での化学組成変動，微細成長構造の特徴と化学組成の関係，化学組成の地域変動などの多様性は基本的に鉱物組成の変動によって解釈される（Halbach *et al.*, 1988 ; Usui and Moritani, 1992）．特に副成分元素は起源によって大きく異なる（図2-27）．図2-28に示した通り，海底マンガン鉱床中の金属元素の多くは，第一義的には，一定の化学組成をもつ上記2鉱物，海水起源バーナダイトと初期続成起源ブーゼライトのいずれかに強い選択性を示す．それぞれ，Co, Pb, REEに富む海山のマンガンクラスト，Cu, Ni, Znに富む深海底のマンガン団塊の主構成鉱物に対応する．前者は北西～南太平洋の海山群の露岩域に広域的に分布し，後者は中部～北東太平洋の深海盆に広く分布する．ブーゼライトへの選択的なイオン交換反応は，必ずしも鉱物生成と同時進行するわけではなく，不完全な交換反応が見られることもある．このような不完全なイオン交換平衡の現象は，低温熱水によって生成したブーゼライト

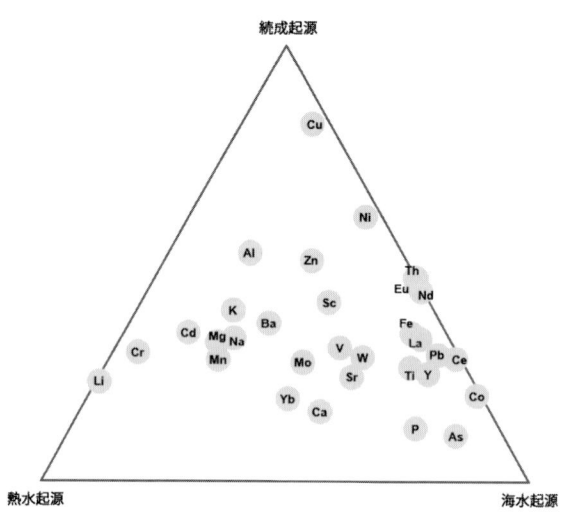

図2-27 鉄・マンガン酸化物の起源と元素組成の関連（150個のデータセットに基づいて，対地殻存在度により表現；表1-4に基づく）
　　　起源によって，副成分の濃度に特徴が認められる．濃集の傾向は以下の通り．
　　続成起源：Cu, Ni, Zn, 海水起源：Co, As, Y, 熱水起源：Li, Cd, Cr.

（Usui *et al.*, 1987；von Stackelberg, 2000）や堆積物に埋没した微小な団塊（マイクロノジュール）の表層などに認められる（Usui and Terashima, 1986）．
　一方，バーナダイトは海水から初生的に生じたナノスケールの鉄・マンガン酸化物の粒子が結晶的方位をもって結合したものと予測されており，光学顕微鏡では単独の粒子はまったく観察できない．海水中の溶存副成分との間に吸着平衡が成立している可能性がある．ただしサブミクロンかつナノスケールの不均質性があるらしいが，その実態はよくわかっていない．実験室で類似する鉱物の合成も成功していない．バーナダイトの生成場が，海水中か海底面か，という重要な課題は未解決で，いずれを仮定するかによって，組成変動の解釈が大きく変わる．
　ただし，現場の産状観察や内部微細構造記載の結果と化学組成のマクロな変動との関連は，構成鉱物の組成や成長構造を考慮することによってうまく説明されている．たとえば，マンガン団塊は表面構造（つまり微細な成長構造）によってs（平滑；smooth）型，r（粗；rough）型に分類された

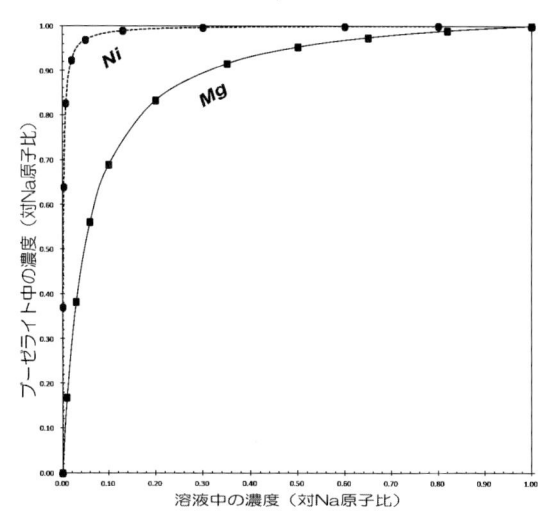

図 2-28 ブーゼライトのイオン交換特性に基づくニッケルの強い吸着能力（対 Na$^+$；Usui and Mita, 1995）
　合成，吸着実験およびさまざまな自然環境での実測値に基づくと，イオン交換平衡が成立しており，特に Ni^{2+} は Mg^{2+} や Na$^+$ にくらべて桁違いに優先的に取り込まれることが確かめられている．

(Glasby, 2000)．図2-6の典型的な成長構造を示すマンガンクラストはほぼ間違いなく s 型であり，また，マンガン団塊の上方（つまり海水と接する側）に s 型のバーナダイトが発達し，下方（堆積物と接する側）には r 型のブーゼライトが卓越するという顕著な傾向がある．前者は海水から初生的に沈殿した鉱物であり，後者は初期続成作用の過程で二次的に間隙水中から沈殿したと仮定できる．これらの鉱物には，重金属元素をほとんど含まない堆積物，微化石等が任意の割合で混合している．さらに各鉱物は形成過程，形成環境・プロセスと，微細成長構造とも関係するらしい．

　また，ほかの注目すべき元素（たとえば Fe, Ba, Sr, REE, Ti, Mo, V）がマンガン鉱物，ケイ酸塩鉱物その他の砕屑物の間にどのように分配しているか十分にはわかってはいない．特に，同位体比に基づいて年代あるいは形成環境を論ずる際には，いずれの鉱物に含まれるかという情報はきわめて重要である．たとえばバーナダイトは酸素に富む環境において，鉄・マンガン酸化物として生成し，一方ブーゼライトはそれよりもやや還元的な表層

2.5　化学組成と形態——69

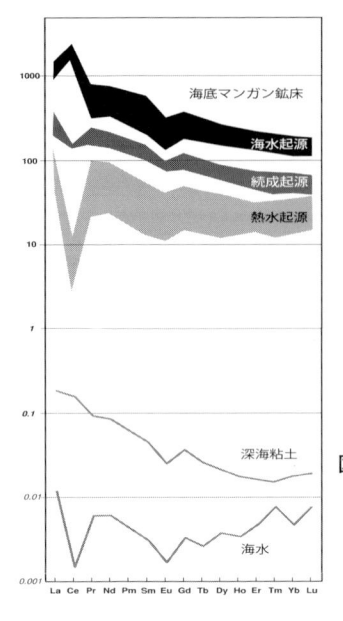

図 2-29 鉄・マンガン酸化物の起源と希土類元素パターンの特徴 (Usui and Someya, 1997)
起源別 REE パターン．コンドライトで規格した．

堆積物の初期続成過程で生成するマンガン酸化物であり，前者には Co，Y，Sr，Te，Pb，Ce，As，U が濃集し，反対に後者には Li，Na，Sc，Ni，Cu，Cd，Zn が濃集する（図 2-27）．また REE は一般に鉄・マンガン酸化鉱物のバーナダイトに濃集し，なかでも Ce が濃集する傾向がある．希土類元素パターン（頁岩または隕石に規格化）はバーナダイトでは正異常を示す．マンガン鉱物であるブーゼライトが主成分のマンガン団塊は，間隙水や堆積物に見られる海水のパターンに一致して Ce の負異常を示す傾向がある（図 2-29）．

最近では，このようなミクロからナノスケールでの鉱物化学的記載，およびその生成環境との関係が重視されるようになったが，それは，遠隔探査機（ROV），深海調査船，深海掘削装置などを使った詳細な現場調査と精緻なサンプリングが可能となったごく最近のことである．詳細な現場データと合わせて鉱床の実態と生成環境に関する調査研究に今後大きな進展が期待される．

2.6 生成年代, 成長速度, 成長史

　海底マンガン鉱床の年代測定は, 資源形成論および古環境解析の上で, 最も基本的かつ重要な課題である. マンガンクラスト, 団塊の年代学の信頼できるレビューは Ku (1977) に遡るが, 団塊の商業開発が現実問題ととらえられはじめた 1970 年代当時は, 正確な年代はまったく得られていなかった. マンガン団塊の成長は非常に遅いとの予測は, ウラン・トリウムの放射性同位体, 絶滅種の大型化石へのマンガン酸化物被覆の産状などが根拠であった. したがって, その平均成長速度のスケールが 100 万年に数 mm であることは, 興味深い「仮説」と見なされ続けてきた.

　しかし最近は高精度の質量分析計などの開発によってより正確な同位体組成が求められるようになり, 異なる年代測定法のクロスチェックも可能となった. 現在では, 年代測定法の間での検証などを行った結果,「遅い成長速

表 2-8　報告されている海底マンガン鉱床の年代測定法

分析法	対象	時間レンジ	コメント
放射性同位体	^{231}Pa, ^{230}Th	1-20 万年	化学分離と解釈に課題.
	^{26}Al	10-500 万年	成功例はまだなし.
	^{10}Be	100-1500 万年	壊変定数の修正が最近も行われるなど不確定性は残るが, 現状では信頼度の高い手法として実績あり.
安定同位体	^{87}Sr/^{86}Sr	100-2500 万年	測定の際の化学分離の困難さと生成後の海水の Sr の交換反応の問題があり, 年代決定に成功した例はない.
	^{187}Os/^{188}Os	100-8000 万年	古い時代の年代測定に特に有望. 実績はあるが, 測定例はまだ少ない.
微化石	浮遊性有孔虫	長レンジ	現地性, 保存に問題.
	石灰質ナノ化石	長レンジ	現地性, 保存に問題.
Co フラックス	Fe, Mn, Co 濃度	2000 万年以下	限定的な経験則. 信頼性に疑問あり.
古地磁気	残留磁化反転	未知	測定例は少ないが, ^{10}Be と整合的な年代値. 特殊な測定装置が必要.
核・基盤岩	火成岩, 石灰岩	長レンジ	参考値として重要. マンガン酸化物成長開始と基盤との年代関係は不明.

度」は仮説ではなく，事実と見なされている．表2-8にはこれまで報告された年代測定法を示した．マンガン酸化物の年代測定によって目指すところは，深海掘削コアで実施される多様な手法による高精度・高解像度の年代値による成長史の編年である．ここでは，筆者らによって得られた結果を交えて，年代測定法の意義と課題を述べる．

なお，本節ではクラスト，団塊だけを対象とし，海底熱水活動に伴って生成するマンガン酸化物は対象外とする．熱水起源鉄・マンガン酸化物は現世の海底活火山に多く認められていて，その成長速度は一般的に2-3桁ほど速いことが知られている．

1) 微化石や基盤岩に基づく相対年代

マンガンクラスト，団塊の断面には，肉眼的スケールの成長縞や模様がしばしば観察される．これは，樹木の年輪や堆積岩の層理面に似て，徐々に連続的に成長・堆積したことを示唆している．したがって，その起源や生成史を理解するためには年代測定が不可欠である．しかし，絶対年代の情報が得られない場合，基盤の火成岩や化石年代により最古の生成時期や相互との時代レンジなども，ときには年代に制約を与える重要な情報となることもある．例を挙げると白亜紀の大型化石（サンゴ，巻き貝，厚歯二枚貝など），新第三紀中新世に絶滅した板鰓類（サメ）の歯や鯨の耳石がクラストの基盤や団塊の核として認められる．また，石灰質ナノ化石による生層序データ（Cowen et al., 1993；Wen et al., 1997）によると，クラストの表面に鮮新世の，3cm下から始新世のナノ化石が同定された例もある．ただし，微化石は再移動の可能性を排除できず，高い信頼性が確保されるわけではない．

1980年代にドイツのグループによりクラストの簡便年代測定法として提案されたのが，コバルト（Co）濃度を利用したものである（Puteanus and Halbach, 1988）．中部太平洋の海山域のクラストについての化学分析値の統計的解釈とBe同位体年代値の逆相関に基づいて，Coのフラックスが成長期間を通して一定で，Co濃度変化は成長速度の変化に伴う主成分の鉄とマンガンに希釈されると仮定した．すなわち，成長速度が高いとCo濃度は低くなり，下がればCo濃度は高くなるとした．こうして得られた成長速度がク

ラストの Co 濃度との線形関係を利用してその地域内のサンプルに適用されている（Klemm et al., 2005；Ren et al., 2007）．拡大解釈してほかの海域や，ほかの深度のサンプルに機械的に適用した誤用も認められる．最近，仮定自体の信憑性に対する疑問が指摘され，Co 濃度年代測定法はごく限られた海域での経験則とみなされ，現在ではほとんど使われない．

2) 同位体に基づく絶対年代

マンガンクラスト，団塊の信頼できる年代測定法として最初に確立されたのは ^{10}Be 年代測定法である．^{10}Be 年代測定法は，大気中の窒素や酸素に高エネルギーの宇宙線が衝突して生成される ^{10}Be の放射壊変を利用した年代測定法である．大気中の ^{10}Be 濃度は宇宙線による生成率と，自身の壊変による壊変率とが等しくなって一定の値をとっているとの仮定に基づいて算定されている．大気中の ^{10}Be の滞留時間は 1 週間から 2 年程度，海水中では 1500 年以下と見積もられている．すなわち，^{10}Be の半減期 139 万年より十分に短い期間にマンガンクラストや堆積物中に取り込まれるため，マンガンクラスト，団塊の年代測定法として利用できる．さらにいったんクラストに取り込まれた ^{10}Be は酸化物中に固定されたのち，下の放射壊変の式に従って減っていくと仮定すれば，あるクラスト層の ^{10}Be を定量すれば，その層の年代 t が得られる．

$$N = N_0 \exp^{-\lambda t} \tag{2.1}$$

ここで，λ は ^{10}Be の壊変定数 λ：4.62×10^{-7}/年，N は時間 t における ^{10}Be の量，N_0 は分析したクラストの生成時の ^{10}Be の量で現在の海水中の値と同じと仮定する．この壊変定数は 2010 年に改訂され（Nishiizumi et al., 2007），それまで使用されてきた値より数％大きくなり（つまり，半減期は小さくなる）ので，以前に報告されている値を再計算すると約 10％若くなってしまう．この誤差を検証するには，正確な事例を積み上げて，研究事例を増やすことしかないであろう．

以前は極微量の ^{10}Be が ^{10}B にベータ壊変する際のベータ線を計測していたため，堆積物の年代決定に見合うほどの精度が得られなかったが，1980 年前

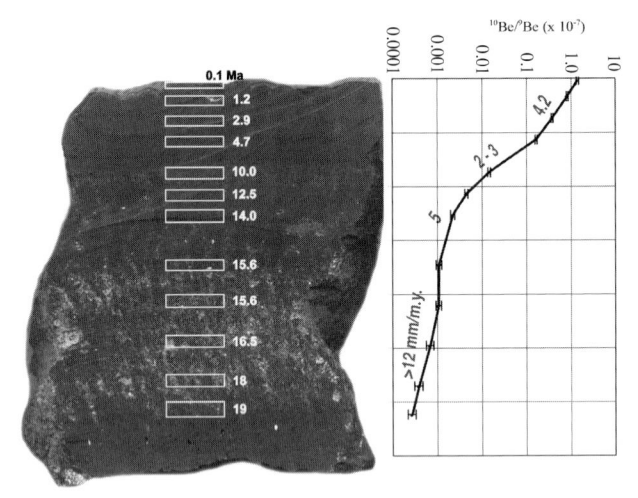

図 2-30 $^{10/9}$Be によるマンガンクラストの年代測定の例（Usui et al., 2007）明らかに成長速度の時間変化が認められる.

後に加速器質量分析計（AMS；accelerator mass spectrometry）による ^{10}Be の測定が可能になり，^{10}Be による精密絶対年代決定への道が開かれた．質量分析計を用いた測定では，同位体比を測定するため，実際の測定では安定同位体 ^{9}Be との比（^{10}Be/^{9}Be）を求める．著者らの研究グループは，ニュージーランド地質核科学研究所と共同で，^{10}Be を利用した北西太平洋域のクラストの年代測定を行っており，たとえば図 2-30 に示すようにクラスト表層から基盤まで，各層の年代を決定しさらに成長速度の変化も求めている．この結果では（Usui et al., 2007），クラストの平均成長速度は 3-10 mm/100 万年程度で，新第三紀に連続的に生成したことを支持しており，明らかに成長の過程において成長速度が変化すること（図 2-30），北西太平洋海盆域と日本周辺海域とをくらべると見かけ上，前者の成長速度が小さいこと（図 2-31）などが明らかになっている．われわれは，実用的に，年代誤差は最大 ± 100 万年，年代のレンジは 100 万年から 1500 万年程度と見積もって議論している．精密な絶対年代は得られないが，おおむねその成長速度や年代を得ることが可能である．たとえば，堆積物への埋没によって成長が停止することも間違いないと思われる．

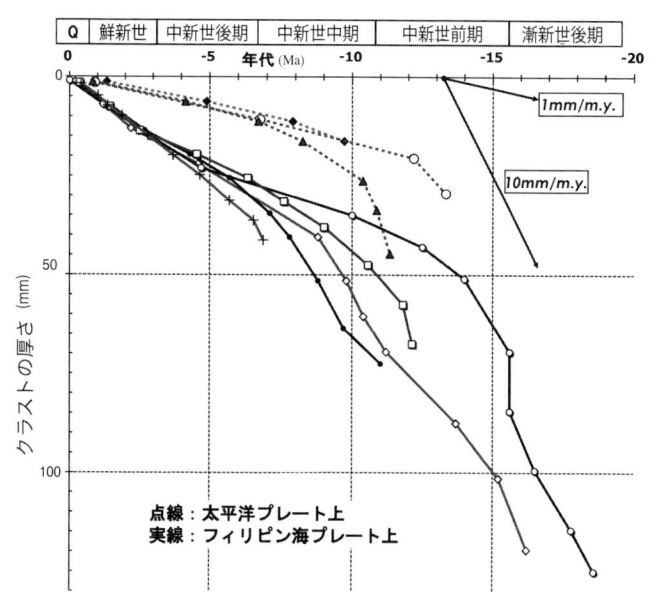

図 2-31 北西太平洋マンガンクラストの成長曲線パターンの地域変化（Usui et al., 2007）
太平洋プレート域とフィリピン海プレート域による成長速度の違いに注目．表層の年代値は，全試料とも現在成長中であることを示す．

^{10}Be 年代測定法は現在最も有効な方法ながらも，いくつかの課題も抱えている．年代計算には，^{10}Be の海水，および堆積物へのフラックスを過去にわたって一定と仮定しているが，^{10}Be のフラックスは降水量によって変化し，高層大気中での ^{10}Be の生成速度も宇宙線強度の影響を受ける（von Blanckenburg and O'Nions, 1999）．同様の原理を利用した ^{14}C 年代測定法は，考古学や現世の気候変動学の世界において用いられているが，過去の ^{14}C フラックスの時代変動を正確に決めた結果，試料の年代が大きく変わり，時代区分に見直しの機運が生じたこともあった．年代測定法としての ^{10}Be 年代の信頼性を高めるには，^{10}Be フラックスの時空変動の検証が必要となる．

その他の同位体分析法として，数十万年より若い時代に適用される ^{230}Th (Io)–^{231}Pa（Eisenhauer et al., 1992）がある．ここでは，^{230}Th の海水からマンガンクラストへの固定速度が数十万年前から現在まで一定との仮定に基づ

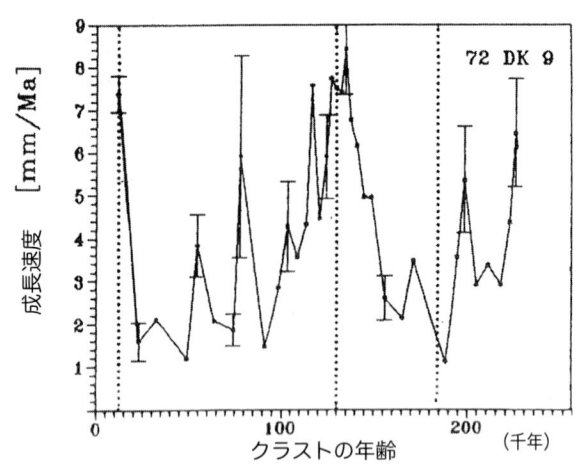

図 2-32 U-Th 法によるマンガンクラスト成長速度の時間変動推定の試み（Eisenhauer *et al.*, 1992）
成長速度は1万年スケールで明らかに変化していると解釈された．

いて，^{238}U が ^{206}Pb に放射壊変する壊変系列の中途に生成される ^{230}Th の濃度を表面から 0.02 mm 間隔で測定し，クラストの成長速度を推定した（図 2-32）．この方法を用いた氷期間氷期の海洋環境変動と成長史との関連づけなどが提案されている．

ほかに，マンガン酸化物から抽出した Sr の ^{87}Sr/^{86}Sr 同位体比と，海水 Sr 同位体比変動曲線とを対比することよって，クラスト成長年代を決定した例（Futa *et al.*, 1988）もある．これはいわゆる Sr 同位体層序学（たとえば，Elderfield, 1986；伊藤, 1993）的手法である．この手法は，炭酸塩堆積物など，生成時に取り込まれた Sr が置換されにくい堆積物については，大きな成果を収めている．しかし，マンガンクラストから海水起源の Sr だけを抽出することが難しいこと，また成長過程で新しい時代の海水 Sr と入れ替わる可能性があることなどから，その利用はごく限られたものとなっている．たとえば，Ito *et al.* (1998) は，深海掘削計画（DSDP）／国際深海掘削（ODP）コア中に埋没したマンガン団塊に本手法を適用し，埋没団塊が掘削時に埋没し取り込まれたものではなく，現地性であることを確認した（図 2-33）．

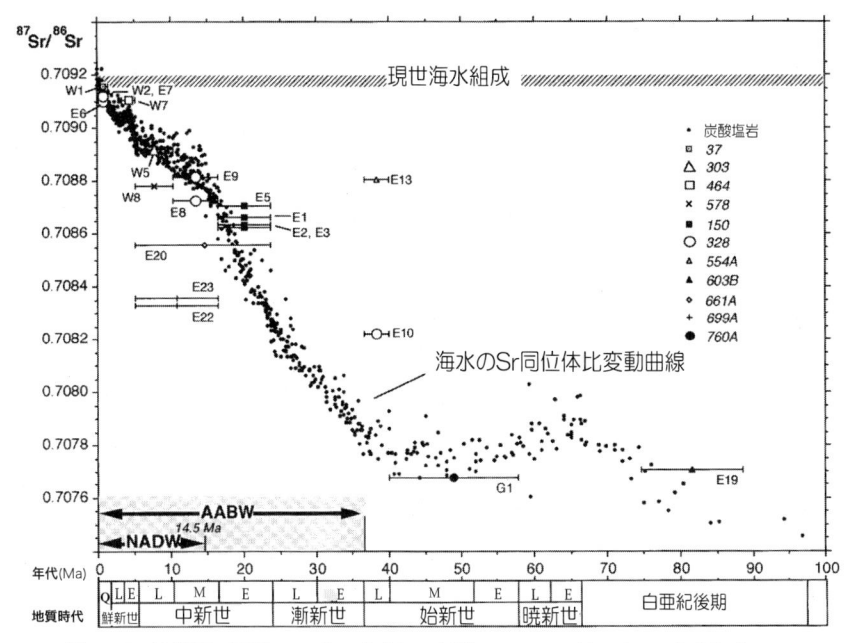

図 2-33 DSDP/ODP コア中に含まれる埋没マンガン団塊の Sr 同位体組成（Ito et al., 1998）
横軸が埋没層準の年代，縦軸が埋没マンガン団塊の Sr 同位体比．埋没時の同位体組成を記録する団塊もあるが，初生的な同位体比が上書きされる可能性がある．一般的な年代測定法としては課題が多い．

3) 新たな年代測定法

上に挙げた年代測定法は，およそ 1500 万年以前の古い年代については適用が困難といった弱点がある．一方，長期にわたる年代測定法として期待されているのが，クラスト中のオスミウム（Os）同位体比層序による年代測定法である．海水の Os 同位体比は，同位体比の高い大陸地殻（^{187}Os/^{188}Os = 1.0-1.4），同位体比の低い隕石などの地球外物質（^{187}Os/^{188}Os = 0.127），および同じく同位体比の低い海底熱水（^{187}Os/^{188}Os = 0.125）とのフラックスのバランスで変化する．クラストの成長方向に沿って Os 同位体比を測定すると，クラストの成長に伴って海水から取り込んだ Os の同位体比層序プロファイルを得ることができる．こうして得られたクラストの Os 同位体比層

序と海水のOs同位体比の変動を対比して，各薄層の年代を決めることが可能である（図2-34，図2-35）．これらの図は，このようにして年代を決めた例である（Klemm et al., 2005）．このとき，図2-34（下）において，Os同位体比層序分析を行った同じクラスト試料について，^{10}Be年代，Co濃度年代で得られた成長速度でOs同位体データをプロットすると，▲をつないだ線になり，一見これらの年代とOs同位体比層序年代がずれているように見える．これについてKlemm et al.（2008）では，横軸に接する黒い帯の3つの期間にクラストが成長を止めたと考えれば，◆をつないだ破線のように海水のOs同位体比の変動によく一致することから，成長中断仮説を唱えた．この成長中断仮説はその後，Ding et al.（2009）にも支持されたが，同じグループから成長中断はなかったとする論文が出され（Nielsen et al., 2009），まだ解決にいたっていない．筆者らの研究グループでも，北西太平洋域の海山

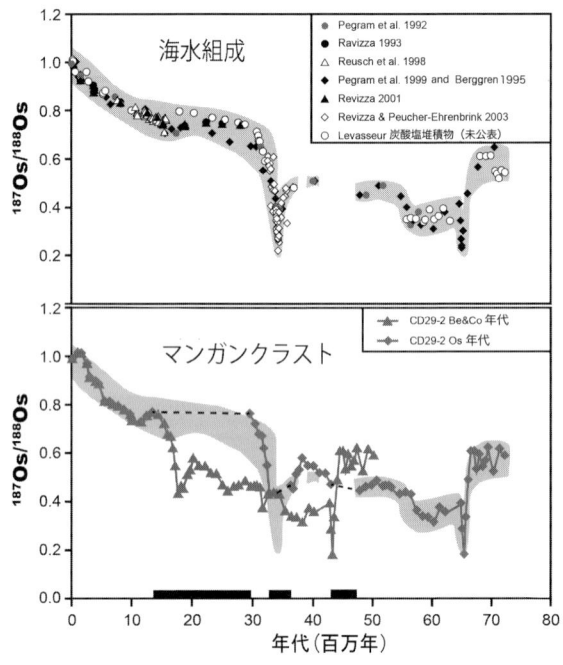

図2-34 海水のOs同位対比の経年変化曲線（上）との対比によるマンガンクラストの生成年代決定法の例（Klemm et al., 2005）

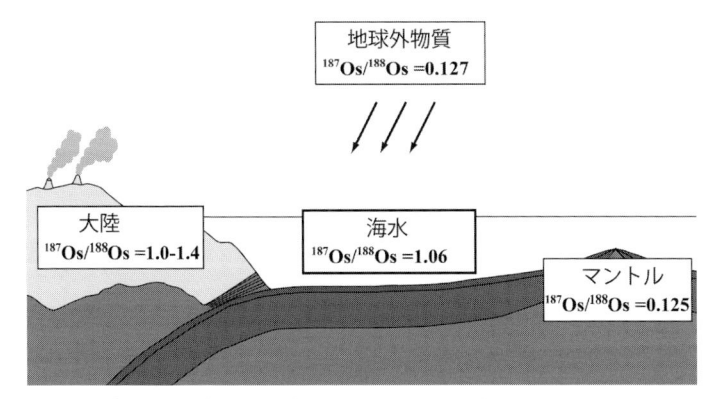

図 2-35 海水の Os 同位体比を変化させる 3 つのリザーバー（藤永公一郎博士論文を改変）
　海水の Os 同位体比は，大陸地殻（^{187}Os/^{188}Os＝1.0-1.4），地球外物質（0.127），および海底熱水（0.125）とのバランスで変化する．

で採取したクラストについて同様のデータが得られており（後藤ほか，未公表），この仮説を検証中である．

　最近になって，著者らは，クラストの残留磁化を読み取り，古地磁気層序を利用してクラストの年代，成長速度を求めた結果を報告した（Oda et al., 2011）．クラストに記録された残留磁化を決める試みは，以前から筆者らのグループによって行われてきた（Joshima and Usui, 1998）が，地球磁場逆転の縞模様を明確に同定することができず，より高い空間分解能をもった測定装置の開発が待たれていた．2000 年以降ヴァンダービルト大学の研究グループは超伝導量子干渉素子（SQUID）顕微鏡の開発を行い，それを応用したマサチューセッツ工科大学のグループによって，0.1 mm 程度の分解能で過去の地球磁場逆転の記録の復元が可能になった．Oda et al. (2011) はこの方法を利用し，詳細なクラストの古地磁気層序プロファイルを得て，標準地球磁場逆転年代軸との比較によって形成年代と成長速度を得た．その結果は，図 2-36 に示すように ^{10}Be 年代とほぼ一致している．正確な絶対年代を与える有用な方法として期待される．

　このように，クラストが少なくとも 1500 万年前以降，数 mm/100 万年という非常に遅い速度で成長していることは，さまざまな海域のクラスト試料

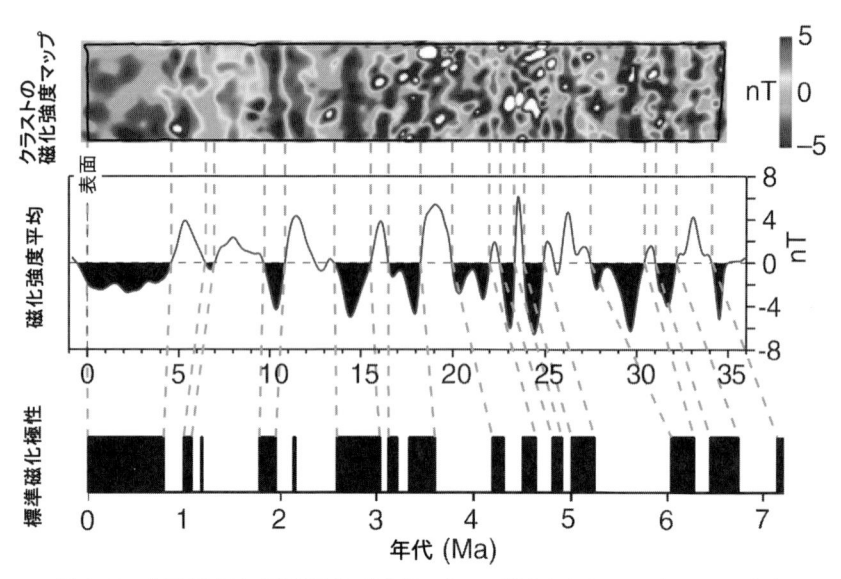

図2-36 超伝導素子 (SQUID) 磁力計によって観察されたマンガンクラスト中の地磁気反転縞模様 (Oda et al., 2011)

において，^{10}Be年代，古地磁気層序年代，Os同位体比層序年代といった複数の年代測定法で確認されているため，事実と考えてよいであろう．一方で，1500万年前以前のクラストの成長速度については，さらに多くの海域で採取したクラストのOs同位体比層序データなどを蓄積する必要がある．

今後は，海水起源マンガンクラスト，団塊について，さらに詳細スケールの高精度年代および成長速度の測定を目指し，基盤や成長構造との関連や成長速度変化や成長停止などとの関連を検証していかねばならない．

第3章 海底マンガン鉱床の生成環境

 前章では，鉱床の分布・性状，試料の組成・構造などに基づいて鉱床の実態を記述した．本章では，表層水圏環境の多様性と物質の挙動から見たマンガン酸化物の形成環境とプロセスを概観し，マクロな視点から研究課題を整理する．

 海洋は，地球表層環境のなかで最も激しい物質循環の場であり，特に多種多様なエネルギー資源，鉱物資源を創生するという意味で重要である．海底近傍に産する鉱物資源のなかで，マンガン鉱床は総量が最も巨大であり「大規模，低品位のレアメタル資源」と表すことができる．また，これらは下記の熱水性硫化物と同様，現世の海洋底で生成が続いていることが特徴であるが，その生成速度は非常に遅い．

 海底マンガン鉱床は，しばしば海底熱水性塊状硫化物鉱床（Seafloor VMS）と比較されるが，さまざまな点で違いがある．海底マンガン鉱床は，1）海水を起源として化学的プロセスで堆積したもの（化学堆積岩）である，2）循環の激しい海洋が形成場であるため，地域偏在性は比較的小さい，3）濃集する有用金属元素はVMSとほとんど重複しない．たとえば，海底マンガン鉱床ではNi，Co，Cu，Te，Mo，W，Mn，Pt，希土類元素が対地殻存在度で高濃集を示すが，VMSにはこれらのレアメタルはほとんど濃集せず，Cu，Au，Ag，Zn，Baに富む，4）鉱床の形態は大規模平面鉱床であり，大半が海底面に露出する，5）多くの元素は酸化物として存在し，表層環境ではほとんど溶出，変質することはなく，6）毒性を示す可能性のあるHg，As，S，Sbなどの元素をほとんど含まない，という特徴がある．

 また，VMSは陸上にも成因的に類型の鉱床があるため，成因解明，探査・採掘・処理技術の開発，環境問題について，たとえば黒鉱鉱床，別子型鉱床などモデルとして，相互に類推，応用が可能である．一方，陸上にはマンガンクラスト，団塊の明確な類型は認められておらず，陸上マンガン鉱床との

比較研究には未知な部分が多い（6章参照）．したがって今後の探査，開発，環境対策のため，十分な成因研究，分布・性状の把握が不可欠といえる．

3.1 海洋の物質循環が生み出すマンガン鉱床

　鉄とマンガンは地殻中に最も多い重金属元素であり，表層地球にありふれた元素といえる．また，表層環境での物理化学的条件の変動範囲内で移動しやすいため，容易に溶解・沈殿を繰り返すことも重要な特徴である．地殻を構成する岩石の風化や火山・熱水活動を通じて表層環境に供給された鉄，マンガンは，陸水を媒体として移動しながら，海水に供給される（4.3節）．海洋においても移動しつつ，最終的には酸素に富む深海底（最下流のシンク）に酸化物として固定されるというプロセスが，海底マンガン鉱床の基本的形成プロセスである．形状の違いによって，クラスト，団塊と区別して呼ばれているが，いずれも，マンガンと鉄の酸化物が海底に固定された化学堆積岩であって，形状そのものに本質的な成因的意味はない．そのなかには地殻平均濃度にくらべて10倍以上濃縮している元素が30近くあって，その資源的価値が強調されてきたが，各元素の濃集作用の時空変動，個別の濃縮プロセスが明解でない元素は多い．

　化学堆積岩ととらえると，海底マンガン鉱床はいくつもの不思議な性質をもっている．たとえば，数百万年に1 mmスケールという超スローな成長速度，超強力な重金属濃縮能力，生物の造形にも見えるμmスケールの不可思議な成長構造，比重の差に抗して海底面に留まる奇妙なメカニズムなど，未解明の課題は数多い．以下に研究の意義と課題を整理する．

　まず，マンガンと鉄は，海洋における存在状態とその循環のパターンにおいて，ほかの元素にくらべて，特異であることを指摘しておきたい．それは，表層環境における物理化学的変化のなかで，溶存態と固相を繰り返し，最終的には固体酸化物として除去されるという反応が表層環境においてしばしば起きるという特殊性である．つまり，マクロなスケールで移動しやすい（mobile, labile）ということである．各プロセスにおいては，表面吸着やイオン交換などを通じて，さまざまな元素を移動濃集させ，各サブシステムにおい

てその濃度や存在形態を支配する重大な機能ももっている．角皆（1985）は「マンガンは海のカメレオン」と，藤永ほか（2005）はマンガンは「表層水圏において最もアクティブな元素」と表現している．鉄とマンガン酸化物の形成とほかの金属元素の挙動との関連，表層環境での循環におけるマテリアルフローは4章でも述べられる．

1) 存在形態

　マンガンと鉄は表層環境において，海と陸の地殻から海水へ移動し，最終的に堆積物として固定される．その沈殿物が濃縮，固化したものが，鉄・マンガン酸化物の塊，つまりマンガンクラスト，団塊である．海洋（海底とその近傍も含む）におけるマンガンや鉄の挙動は，濃度の水深プロファイルに影響を与え，そのシンクとなる堆積物の化学組成変動の規制要因ともなっている．このようなマンガンの循環過程の研究は1970年代に欧米で展開されたが，わが国でも竹松（1998），河村・野崎（2005），藤永ほか（2005）などによるおもに地球化学分野の研究の歴史がある．鉄・マンガン酸化物の物理，化学，地質環境に応じた多様な形態変化，および多元素の高い除去（吸着，濃縮）プロセスがおもなテーマであり，従来から海水構造，環境変遷や堆積物の続成過程との関連が平衡論的に論じられてきた．しかし，これらは低温，超低濃度の反応であるため，化学平衡だけで論ずることはできず，反応時間，鉱物反応，続成作用，表面活性，生物・微生物の代謝などのさまざまな原因によって影響を受けることが予想される．反応は非常に遅くまた複雑であるため，多様性の解明，鉄・マンガンにかかわる元素挙動，資源形成のプロセス解明はいまだに海洋地球科学の大きな課題の一つである．

　海水中におけるマンガンと鉄の存在形態は基本的で重要な問題であるが，必ずしも共通認識があるわけではない．マンガンや鉄は，還元的な地殻流体（熱水，温泉水，地下水）では溶存態として存在するが，海水中でも一部は溶存していると考えられている．しかし，その溶解度は非常に低く，溶存態マンガンの濃度は1 kg中にナノ（10^{-9}）グラム（ppt）のオーダーであり（表3-1），鉄，ニッケル，銅，亜鉛，鉛，希土類元素などとともに非常に低い溶解度を示す微量元素に分類される．仮に水柱（ウォーターカラム）に存在す

表 3-1 海水と深海粘土の元素濃度 (Chester, 2003)

元素	海水 (μg/L)	深海粘土 (μg/g)	元素	海水 (μg/L)	深海粘土 (μg/g)
Ag	0.04	0.1	Mg	1.29×10^6	18000
Al	0.5	95000	Mn	0.2	6000
As	1.5	13	Mo	10	8
Au	0.004	0.003	Na	1.077×10^7	20000
B	4440	220	Nd	0.003	40
Ba	20	1500	Ni	0.2	200
Br	67000	100	P	60	1400
Ca	412000	10000	Pd	0.003	200
Cd	0.01	0.23	Pr	0.0006	9
Ce	0.001	100	Rb	120	110
Co	0.05	55	Sb	0.24	0.8
Cr	0.3	100	Sc	0.0006	20
Cs	0.4	5	Si	2000	283000
Cu	0.1	200	Sm	0.0005	7.0
Er	0.0008	2.7	Sr	8000	250
Eu	0.0001	1.5	Ta	0.002	1.0
Fe	2	60000	Tb	0.0001	1.0
Ga	0.03	20	Th	0.01	10
Gd	0.0007	7.8	Ti	1	5700
Hf	0.007	4.5	Tm	0.0002	0.4
Ho	0.0002	1	U	3.2	2.0
K	380000	28000	V	2.5	150
La	0.003	45	Y	0.0013	32
Li	180	45	Yb	0.0008	3
Lu	0.0002	0.5	Zn	0.1	120

る全 Fe, Mn をすべて海底に凝集させても, 酸化物層は紙1枚の厚さほどにしかならない. つまり海水は金属の貯留槽 (リザーバー) ではなくて, 分離・濃縮を促進する場である. これは, 鉄とマンガンの海水中の平均滞留時間 (海水中の総量/年間供給量) に基づいて海水との反応を考察する上で大変重要である (表3-2). 鉄は 1800 年, マンガンは 900 年程度で, 金属元素のなかでは銅, 亜鉛についで短いほうである (Chester, 2003 ; Millero, 2006). 見積もりにバラツキはあるものの, マンガンは地質年代スケールではきわめて速く海水から除去されていることになる一方で, 海洋大循環のスケール (1000-1500 年) と同程度なので, 海洋に供給されたマンガンは全海洋に十分拡散した後, 酸化物として効率的に除去されることを示している. 長い時

表 3-2　海洋での元素の滞留時間（Millero, 2006）

元素	滞留時間（年）	元素	滞留時間（年）
Li	5.5×10^5	Sc	5.5×10^3
B	0.9×10^7	Ti	3.7×10^3
F	4.8×10^5	V	9.2×10^4
Na	7.4×10^7	Cr	1.1×10^4
Mg	1.5×10^7	Mn	8.9×10^2
Al	3.7×10^2	Fe	1.8×10^3
Si	1.4×10^4	Co	9.2×10^3
P	1.9×10^4	Ni	1.4×10^4
Cl	1.1×10^8	Cu	2.4×10^3
K	9.2×10^6	Zn	1.2×10^2
Ca	1.1×10^6		

間スケールで酸化物の固定が継続した結果が，マンガンクラスト，団塊の形成である．

2）起源と移動経路

　鉄とマンガンは，大陸地殻と海洋地殻の岩石中の造岩鉱物に豊富に含まれていて，かつ表層環境で移動しやすい重金属元素であることはすでに述べた．地殻内部の高温・酸性・還元的環境下で生成された岩石に含まれるこれらの元素は，表層環境での風化作用，温泉活動，土壌化等のプロセスを経て，あるいは海底火山活動・熱水活動などによって海洋に供給される．海洋に達すると，低温・アルカリ性・酸化的環境下で酸化物として固定される．

　図 3-1 は Bender *et al.*（1977）が提唱した地球表層におけるマンガンの循環（自然界でのマテリアルフロー）を示した単純定量モデルであり，基本的な実態を表している．この図ではマンガンの供給源は大半が陸源とされている．まず，大陸での風化現象に伴って放出された鉄とマンガンは，河川や湧水を通じて浅海から陸棚の表層堆積物に一時的に保持されるが，陸棚堆積物に含まれる多量の有機物の分解に伴って，堆積物内部は鉄・マンガン酸化物が溶解する還元環境となる．このプロセスは「初期続成作用」と呼ばれ，水深にかかわらず海底堆積物の表層で一般的に生じる現象である．+2 価イオンとなった溶存態の鉄，マンガンは堆積物には固定されず海洋水へ放出され，

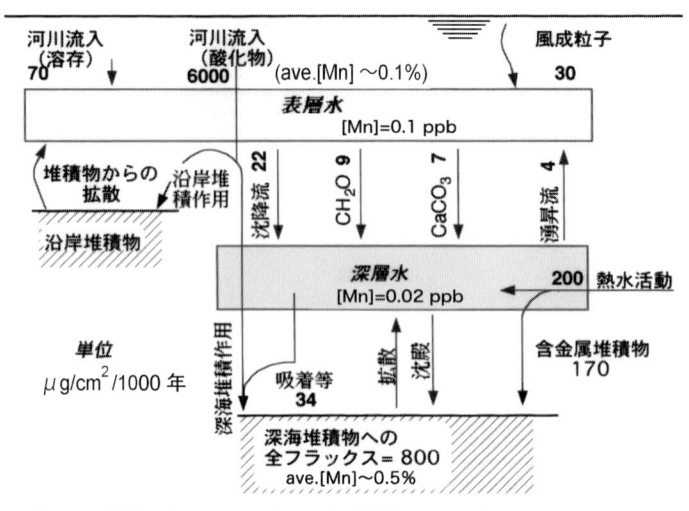

図 3-1　海洋におけるマンガンの物質循環モデル（Bender et al., 1977）

中層水および深層水深帯へ供給される．

　四国沖を例としてマンガンが移動する経路を図 3-2 に示した．この経路がどの程度，直接にマンガンクラスト，団塊の地域的組成変動に寄与しているか詳しくわかっていないが，北西太平洋の中層深層水へのマンガンの供給源となっていることは確かである．深海底堆積物の表面は，これら酸化物が十分に安定なほど酸化的である．また遠洋域に広がる酸素極小層（OMZ；oxygen minimum zone）でも，これら酸化物は安定に存在する可能性がある．このように，海洋水を通過する低濃度の鉄・マンガンは，元素のマテリアルフローのなかで最も重要なものの一つである．

　深海盆や中層の海山頂部などに，堆積物中の鉱物粒子やマンガンクラスト，団塊などとして固定された酸化物は，たとえ堆積物に埋没したとしても，そのまま酸化物として固定される．酸化物が堆積物中に埋没したのちに，再溶解・再移動する現象は，基盤の高温の火成岩類に近接する堆積物や陸源物質の多い陸棚堆積物などの特殊な環境に限られる（Usui et al., 1997）．このことは，通常の深海堆積物内部に埋没したマンガンクラスト，団塊が掘削コアのなかに認められる（Usui and Ito, 1994）ことからも明らかである．

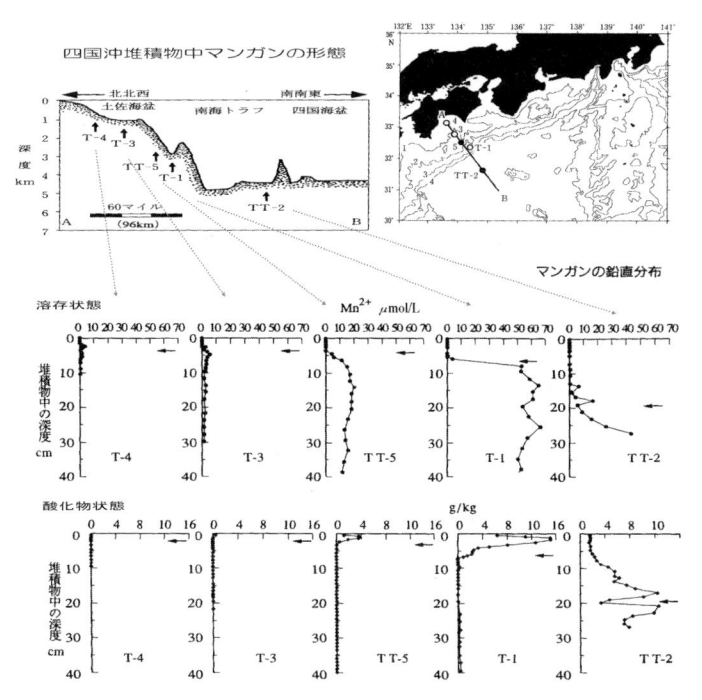

図 3-2 大陸棚周辺における陸から海へのマンガンの移動メカニズム(青木ほか,1999 を改変)
陸棚の還元的堆積物の続成過程でのマンガンの溶脱と海水への供給は明らか.

　鉄・マンガンの供給源として次に重要なものは,海底熱水活動である(表3-3;von Damm *et al.*, 1985).表層環境へ大量の物質を供給するプレート境界,たとえば島弧・海溝系,中央海嶺系,ホットスポット系の海底火山では,鉄・マンガンを含んだ熱水や温泉が湧出している.噴出する熱水中に溶存する鉄,マンガンの濃度は数 mM(数十 ppm)に達することもあり(von Damm, 1995;Okamura *et al.*, 2001),これは海水に対して 4-5 桁以上高い.このように,各熱水噴出域での鉄・マンガンの放出量は非常に大きいことがわかる.その一部は数百 km スケールで水平方向に酸化物の懸濁物のプルームとして広く拡散することも観測された.しかし,海洋全体としての物質収支が定量的に把握されているわけではない.

3.1　海洋の物質循環が生み出すマンガン鉱床——87

表 3-3　海洋への元素の移動量（単位は mol/年）(von Damm *et al.*, 1985)

	東太平洋 21°N 熱水域	ガラパゴス拡大軸熱水域	河川の供給
Li	$1.2 \sim 1.9 \times 10^{11}$	$9.5 \sim 16 \times 10^{10}$	1.4×10^{10}
Na	$-8.6 \sim 1.9 \times 10^{12}$	—	6.9×10^{12}
K	$1.9 \sim 2.3 \times 10^{12}$	1.3×10^{12}	1.9×10^{12}
Rb	$3.7 \sim 4.6 \times 10^{9}$	$1.7 \sim 2.8 \times 10^{9}$	5×10^{6}
Be	$1.4 \sim 5.3 \times 10^{6}$	$1.6 \sim 5.3 \times 10^{6}$	3.3×10^{7}
Mg	-7.5×10^{12}	-7.7×10^{12}	5.3×10^{12}
Ca	$2.4 \sim 15 \times 10^{11}$	$2.1 \sim 4.3 \times 10^{12}$	1.2×10^{13}
Sr	$-3.1 \sim 1.4 \times 10^{9}$	—	2.2×10^{10}
Ba	$1.1 \sim 2.3 \times 10^{9}$	$2.5 \sim 6.1 \times 10^{9}$	1.0×10^{10}
Cl	$0 \sim -1.2 \times 10^{13}$	$-31 \sim 7.8 \times 10^{12}$	6.9×10^{12}
SiO_2	$2.2 \sim 2.8 \times 10^{12}$	3.1×10^{12}	6.4×10^{12}
Al	$5.7 \sim 7.4 \times 10^{8}$	n.a.	6.0×10^{10}
SO_4	-4.0×10^{12}	-3.8×10^{12}	3.7×10^{12}
Mn	$1.0 \sim 1.4 \times 10^{11}$	$5.1 \sim 16 \times 10^{10}$	4.9×10^{9}
Fe	$1.1 \sim 3.5 \times 10^{11}$	—	2.3×10^{10}
Co	$3.1 \sim 32 \times 10^{6}$	n.a.	1.1×10^{8}
Cu	$0 \sim 6.3 \times 10^{9}$	—	5.0×10^{9}
Zn	$5.7 \sim 15 \times 10^{9}$	n.a.	1.4×10^{10}
Ag	$0 \sim 5.4 \times 10^{6}$	n.a.	8.8×10^{7}
Pd	$2.6 \sim 5.1 \times 10^{7}$	n.a.	1.5×10^{8}
As	$0 \sim 6.5 \times 10^{7}$	n.a.	7.2×10^{8}
Se	$0 \sim 1.0 \times 10^{7}$	n.a.	7.9×10^{7}

　また熱水噴出孔の周縁では，しばしば膨大な量の鉄・マンガン酸化物鉱床が形成されることも注目すべきである（Usui *et al.*, 1986；Hein *et al.*, 1996）．低温熱水活動起源の塊状マンガン酸化物は，大きな結晶，強い鉄・マンガンの分別，速い成長速度，低い副成分を特徴とし，クラスト，団塊の鉱物組織とは大きく異なっている．金属濃集速度（3.1節4）参照）から見ると海水起源よりも2-3桁大きく，海底火山域では，短時間に大量のマンガン酸化物が固定されている．図3-3に伊豆小笠原弧の海底活火山「海形海山」におけるマンガン酸化物の産状の一例を示した．この海域には厚さ数cmの熱水起源マンガン酸化物の盤層が幅2km，延長10kmほどの海底を一面覆っている．表層泥中には明らかな温度勾配が確認され，現世も沈殿が生成中と推測されている．類似した酸化物は，現世の活火山域，リフト系に限られる．ごくまれに，掘削コアやマンガン団塊の核など過去の低温熱水活動の記録もある

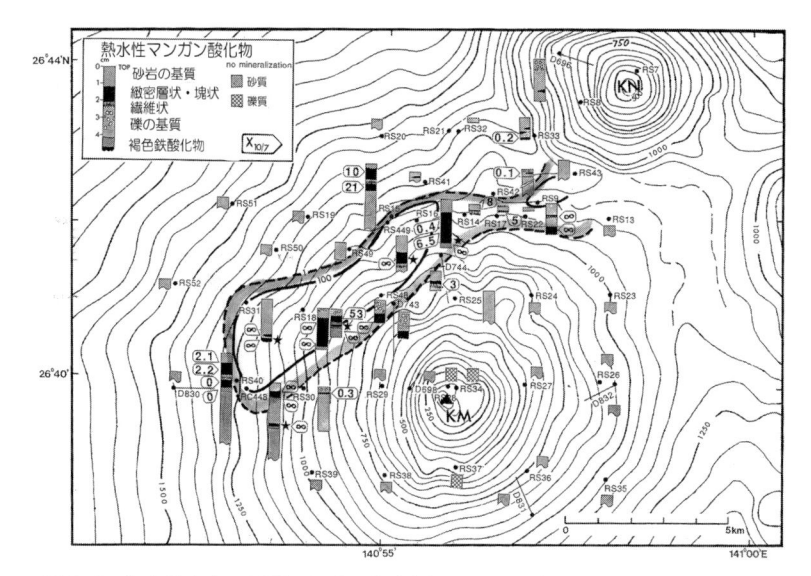

図 3-3 海底活火山の斜面における熱水起源マンガン酸化物の分布と鉱物組成の変動（Usui et al., 1989a）
幅 2 km，長さ 10 km の帯状地域の海底面に酸化物が広く分布．最大厚さ 6 cm.

(Chu et al., 2006；Usui et al., 1989a). クラストや団塊の組成や分布との間に明らかな関連は認められておらず，海水起源酸化物生成への寄与が大きいという証拠はいまだない．

次にマンガンクラスト，団塊に固定される多数の元素の起源が大きな課題である．つまり，海洋における物質循環において，元素の供給源は何かという問題である．地殻物質の風化，海底火山・熱水活動のほか，温泉，河川，地下水など地殻内流体の存在を考慮したマテリアルフローを再検討する必要がある．定性的な濃集のモデル（図 1-4）はあるものの，鉄・マンガンの移動経路や物質収支を定量的に解明することが今後の課題である．

3) 酸化物の形成

海洋の酸化的かつ弱アルカリ性の環境では，鉄・マンガンは酸化物を形成する．図 3-4 に示すように，鉄・マンガン酸化物は表層での酸・アルカリ条

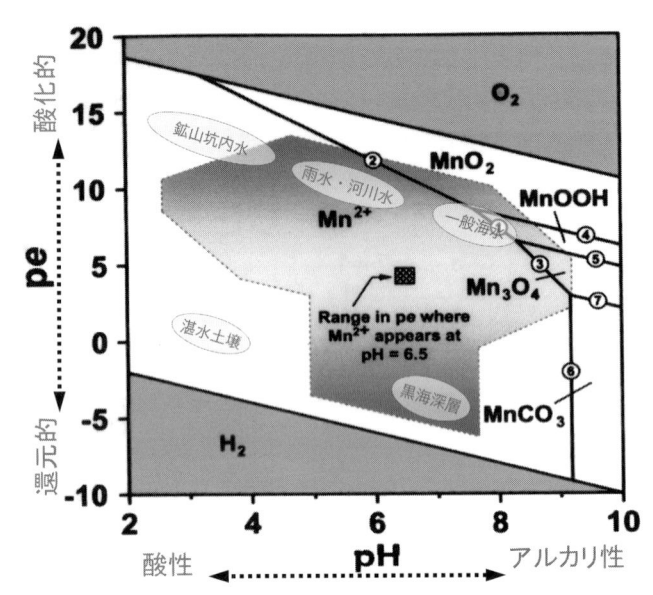

図3-4 地球表層環境におけるマンガン酸化物の安定条件（Essington, 2004に加筆）

表層環境は，マンガンの溶存態または固相の境界条件を含む（たとえば①〜③）．マンガンは酸化的かつアルカリ性において酸化物として固定される．点線で囲まれた領域はおよその表層環境の範囲．酸化還元条件を pe（電子活動度）で示した．

件（pH）および酸化・還元条件（pe または E_h）の変化に敏感に応答して沈殿を形成する．酸化物形成の反応は次のように表されるが，現実には，式中の単純な化合物，鉱物が生成しているわけではない．また，これは可逆反応であり，酸化物が溶解することもある．

$$2Mn^{2+} + 4OH^- + O_2 \Leftrightarrow 2MnO_2 \downarrow + 2H_2O$$

$$2Fe^{2+} + 4OH^- + \frac{1}{2}O_2 \Leftrightarrow Fe_2O_3 \downarrow + 2H_2O$$

これらの酸化物は海底に沈着して，クラストや団塊の表面で沈積し，あるいは堆積物中に分散した微細粒子という形態で固定される．特に深海域の遠洋性粘土には細粒（≦1 mm 径）の酸化物粒子（マイクロノジュール）として多くが固定される（図2-2）．ときに鉄・マンガンを2%以上濃集するような黒褐色の深海粘土の一部はレアアース泥と呼ばれて（Kato *et al.*, 2011；西

村, 2012), 成因や資源評価の議論がはじまった. 遠洋性堆積物にはほとんど有機物が含まれないため, 堆積物に埋没された後の続成作用の過程でも鉄・マンガン酸化物は基本的に変化しない. 同様にマンガン団塊内部, クラストの基部でも, 酸化状態が保たれるので, 組成・構造は一般に保存される. 事実, 深海掘削コア中のマンガン団塊を検索し, 分析・記載した結果 (Usui and Ito, 1994 ; Ito et al., 1998), 最深で海底下 120 m の始新世の深海粘土中に海水起源(バーナダイト) および続成起源のマンガン団塊が酸化物のまま保存されている. 深海堆積物の最表層では微量の有機物の存在によって, 数 cm 程度が未固結の弱還元環境となり, 鉄は還元されずマンガンだけが溶解・再移動する条件を形成することもある. この状態では鉄に乏しいマンガン酸化物 (ブーゼライト) が生成し, その結果, 銅・ニッケルに富むマンガン団塊が形成される. このプロセスは酸化的続成作用 (oxic diagenesis) または初期続成作用 (early diagenesis) と呼ばれる.

さらに有機物の供給が多い大陸棚縁辺の堆積環境 (3.1 節 2) 参照) ではアンモニアや硫化水素が発生するほどの強い還元的環境が生じる. 鉄・マンガン酸化物はともに溶解・再沈殿が生じる. これは亜酸化的 (あるいは亜酸素 suboxic) 続成作用とも呼ばれ (Halbach et al., 1979), 現世では, 陸棚堆積物 (日本海, ベンガル湾), 閉鎖的海盆 (バルト海, 黒海), 内陸の湖などにおいて, 規模は小さいものの鉄・マンガン酸化物が比較的速い速度で生成することもある. その環境では, 鉄・マンガンの炭酸塩・リン酸塩, 重晶石, リン灰石などを伴うことがある.

上に述べた通り, 溶存酸素は酸素極小層 (OMZ) では酸素飽和濃度より 1 桁近くまで低く変動するが, 酸素に富む (oxic) 条件下にある (図 3-5 参照). また, 炭酸塩とカルシウムの反応により, 深度を問わずほぼ pH 8 の弱アルカリ性が保たれている. したがって, 外洋の海洋水は酸化的かつアルカリ性環境にあって, 酸化反応と酸・アルカリ反応が同時に進行する結果, 酸化物が形成される環境にあることがわかる.

これまで, 海洋環境とその変動に関する理解は深まってきたが, 鉄・マンガン酸化物の生成, 沈殿過程に関する物質科学的理解は十分には進んでいない. たとえば, 海水中の懸濁態が沈積して成長するのか, あるいは, クラス

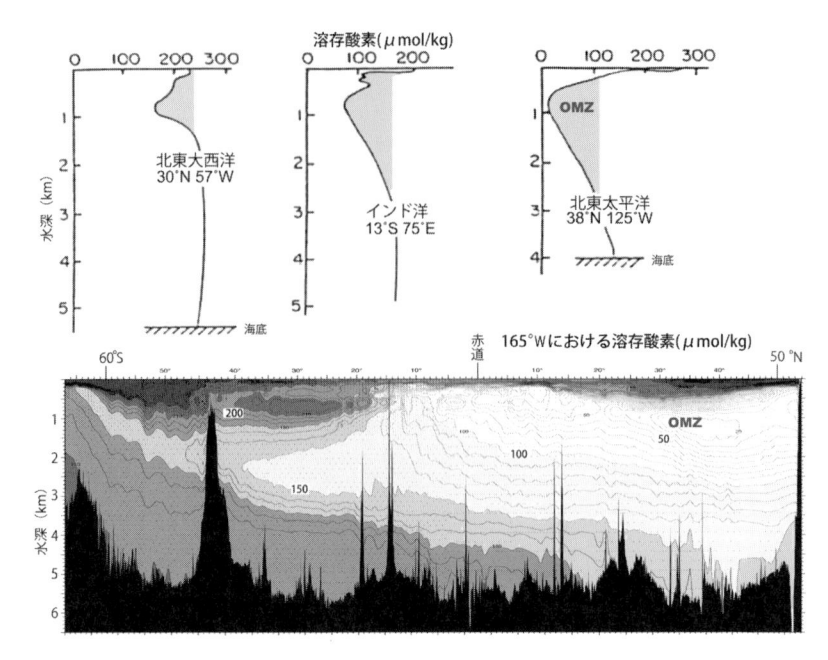

図 3-5 中層（水深 1000-2000 m）に広がる酸素極小層（OMZ）の例
OMZ は，両極域起源の富酸素・高塩分・低温の底層水と，大気に接する表層水との間に海洋大循環を反映して形成されたもの．鉄・マンガン酸化物はその環境に合わせて生成していると解釈される．上は Chester（2003），下は WOCE（世界海洋循環実験計画：http://www.nodc.noaa.gov/woce/wdiu/, 2014）に基づく，溶存酸素濃度の垂直変化を示したもの．

ト，団塊を構成する鉱物表面の活性，または微生物の代謝活動によって自己触媒的に酸化反応が進むのか，という海洋化学における重要な問題に明解な答えは見出されていない（Bruland et al., 1994）． 前者の懸濁粒子説は Hein et al.（1992）や Koschinsky et al.（1996）らが生成物の分析に基づいて支持している．筆者らは，1）OMZ では低酸素とはいえ過剰な溶存酸素が存在するためマンガン酸化は十分に進行する pH-E_h 条件（4.1 節参照）にある，2）マンガンクラストの成長速度は OMZ 中においても生成する，3）マンガンクラスト成長プロセスには顕著な水深規制が見られない，という理由から，鉄・マンガンは全水深帯にわたってすでに酸化物として懸濁しているという解釈が合理的と考える（図 3-4，図 3-5，図 4-2）．一方で，1）OMZ や大陸

縁辺の閉鎖海域や沿岸堆積物では Mn^{2+} が実測される，2) 分子レベルでは電子の授受によってマンガン鉱物の表層において酸化反応が促進され得る (Takahashi *et al.*, 2000, 2002)，という理由から，後者を支持する解釈もある (4.1節参照).

　探査ロボットを用いた最近の研究の結果，マンガンクラストの成長速度，鉄マンガンのフラックスに，特に水深規制は認められていない (Usui *et al.*, 2011). このことは現世の，深層に十分な酸素が供給される海洋においては，持続的に酸化物形成が継続していることを示す. 一方，副成分の組成には明らかな地域変動や水深規制が見られ，海水構造に応じて組成変動が生じるように見える. つまり，酸化物の組織変化を規制するのは金属の供給量よりも，物理化学的環境が重要であるという解釈が妥当である. さらに環境変動，生成物の空間的組成変化に加えて，試料内部での時系列の組成変動を把握することより，資源形成と海洋環境との対応についての統一的解釈が期待される.

　成長のプロセスという視点で見ると，マンガンクラスト，団塊は，いずれも決して均質な鉱物の集合体ではなく，多起源のサブミクロン粒子の集合体と見なせる. 海底堆積物にしばしば認められる，砕屑物，微化石，自生鉱物が重要な構成要素である. 顕微鏡下では，非常に複雑な成長構造を示し，それらは，無機的に生じる樹枝状構造や，微生物が形づくるストロマトライト様構造にも一見類似する. 層状，樹枝状，柱状，縞状などの微細構造の特徴はなんらかの生成環境を示しているに違いないが，明解な解釈は得られていない. 微細構造の意義を解き明かし，環境復元に結びつけることが望まれる.

4) 金属濃集速度（フラックス）

　マンガンクラスト，団塊の成長速度は，鉱床記載，成因研究のために不可欠の基本的パラメータである. これは海底堆積物の堆積速度と同等の意味であるが，実は，曖昧な数値である. 堆積物についてはときに堆積速度の代わりに，質量濃集速度（MAR；mass accumulation rate，元素や鉱物の単位時間・面積当たりの固定重量；$g/cm^2/$年）が用いられることがある. この値は，物性値，成長速度，元素濃度に基づいて算定され，特定物質のマテリアルフローや循環を定量的に表すことができる. ここでは，成長速度モデル

が明瞭なマンガンクラストについて同様のパラメータを金属フラックスと称して定義する．特定元素についての質量濃集速度（元素の単位時間・面積当たりの固定重量；$mg/cm^2/1000$ 年）の値は，乾比重，成長速度，（薄層別または連続）化学分析値に基づいて算出され，採取地域，水深，形成時期による変動を表すことができる．また堆積物にも海底マンガン鉱床にも共通して使うことができる．全フラックスの固定比率として表すことも可能である．

たとえば Mn について算定すると，北西太平洋の深海堆積物ではおよそ $1.0-2.0\ mg/cm^2/1000$ 年の範囲にある（図 3-6；Chester, 2003）一方で，付近のマンガンクラストでは $0.07-0.10\ mg/cm^2/1000$ 年と 1 桁以上低い値である（臼井，未公表）．つまり，海水から除去（沈殿）されてマンガンクラストへ固定される Mn は，堆積物のそれとくらべて 10% に満たないことがわかる（図 3-7）．深海底のマンガン団塊についてもほぼ同程度の値（図 3-7）を示している．

また，その時間変化，地域変化も重要な意味をもつ．過去 1000 万年間におけるマンガンクラストへのフラックスは，海域，水深の変化に対して，驚

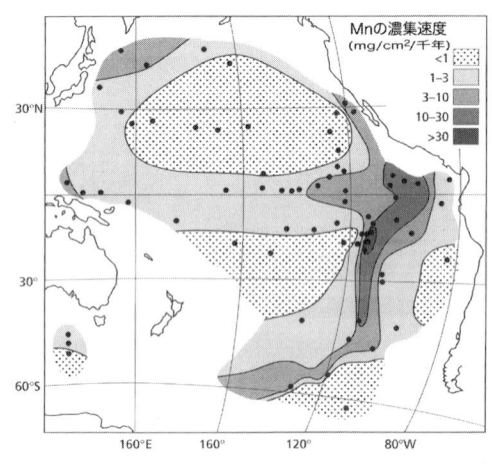

図 3-6 海水から海底堆積物への金属濃集速度（フラックス）の広域分布（Chester, 2003）
　　海底堆積物への鉄酸化物・マンガンの固定は，世界の遠洋域のいたるところで生じている．その供給源は中央海嶺系と大陸棚堆積物で，深海盆で最も低い．

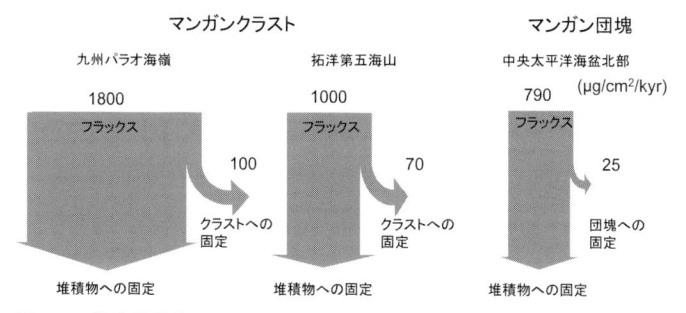

```
           マンガンクラスト              マンガン団塊
       九州パラオ海嶺   拓洋第五海山    中央太平洋海盆北部
         1800          1000          790    (μg/cm²/kyr)
         フラックス      フラックス       フラックス
                  ↓100         ↓70          ↓25
                 クラストへの    クラストへの    団塊への
                  固定          固定          固定
         堆積物への固定  堆積物への固定  堆積物への固定
```

図 3-7 海底堆積物およびマンガンクラストへのマンガンのフラックス比較（臼井朗・佐藤久晃，未公表）
海水を通じて供給されるマンガンのほとんどは堆積物として固定され，クラスト，団塊に固定されるのは全量の数％にすぎない．

くほど変化が小さいことがわかる（臼井・佐藤，未公表）．これは少なくとも新第三紀以降 1000 m 以深の海底の水深で継続的に鉄・マンガン酸化物が成長し続けていた，という重要な事実を裏付けるデータになる．また，これは鉄・マンガン酸化物の生成メカニズムの考察，資源探査や鉱量評価に大きく貢献することが期待される．

5）続成作用と金属濃集

一般に，鉄・マンガン酸化物の固定プロセスにおいて，酸化・還元条件の変化によって Fe, Mn が分離し得る場（環境）が 2 つあり，一つは酸素極小層（OMZ），もう一つは堆積物表層である．図 1-4 では，海水中でのマンガンの形態として，還元状態の +2 価溶存態が仮定されている．現世海洋の OMZ は水深 1000 m 付近に成層して広く実在し，赤道太平洋で顕著である．ただし，この水深帯において，鉄とマンガンが分離して形成された鉄・マンガン酸化物沈殿物（クラスト，団塊）の実例は報告されておらず，その存在状態やプロセスに決定的な結論を与えるのは難しい．

上に挙げた 2 つの生成場は酸化物生成のみならず，ほかの有用元素の濃集プロセスとも密接に関連しているはずである．過去にも，富酸素の冷たい深層水の供給，二酸化炭素の発生による炭酸塩補償深度（CCD）の変動などが鉄・マンガン酸化物の形成や副成分の濃集と関連をもつ（Cronan, 1997；

Glasby, 2000)という解釈があったが，実地調査，産状，実験と分析に基づく具体的な事例に乏しかった．最近の筆者らによる北西太平洋域での研究では，海底マンガン鉱床の多様性を引き起こす最も基本的な地球科学的要因は，新生代海洋における海洋水の深層大循環のパターンや消長であると予測している．

　上述のプロセスに対応し，それぞれ異なる鉱物が生成する可能性がある．マンガンクラストを形成する海水起源の鉄・マンガン鉱物バーナダイト（しばしばCo, Ni, Pt, REEに富む），深海底のマンガン団塊に特徴的な続成起源のマンガン鉱物ブーゼライト（しばしばCu, Ni, Znに富む）である（2章参照）．

　遠洋の酸化的な海水中では，鉄をおそらく必須元素として含むバーナダイトがナノスケール粒子として海水から初生の鉄・マンガン酸化物として生成し，その強い表面活性により，溶存態の陽イオンまたは陰イオンを吸着する（Takahashi *et al.*, 2007 ; Kashiwabara *et al.*, 2011 ; Koschinsky and Hein, 2003）．吸着される金属はその濃度だけではなく，存在状態が重要とされる．

　次に，深海底は低棲生物の活動による擾乱やマンガン団塊の転動も生じる活発な堆積作用の場である．その表層には含有機物堆積物が存在し，表層数cmに弱還元層が発生している．ここでは確かに鉄とマンガンの分離が起きて，その結果，マンガンを主成分とする層状マンガン鉱物ブーゼライトが再沈殿する．特に，イオン交換に選択性のある銅・ニッケル・亜鉛に富んだマンガン団塊の成因に関して，重要な発見である（Usui, 1979b）．ある種の粘土鉱物や沸石に類似して，結晶の空隙や層間に水和された金属イオンとして固定され（Giovanoli, 1980），そのイオン交換量は溶液と鉱物との間で平衡が成り立っている（Usui and Mita, 1995）．

　つまり副成分の金属元素の濃集は，鉄・マンガン鉱物の表面吸着反応とイオン交換反応という2つの固体-液体反応メカニズムによって支配されるという解釈が妥当である．生成時の海水または間隙水中の物理化学的環境として，金属元素の濃度はもちろん，その溶存形態，価数，酸化還元環境，pH，圧力，炭酸塩濃度などが重要なパラメータと思われる．4章では分子，原子スケールから吸着現象を詳細に考察する．

3.2 資源形成と地質構造

　世界の海洋底において大規模なマンガン鉱床は，以下の地球科学的条件が長期間保持される環境で形成が促進される．1) 堆積物の供給が少ないか，または無堆積（おおむね堆積速度 5 mm/1000 年以下），2) 溶存酸素に富む底層水の継続的供給，3) 基盤岩や底質が地質学的に安定なことである．例を挙げると，北西太平洋域に分布する白亜紀の巨大な海山・海台・海嶺の露岩域にはマンガンクラストが広く厚く分布し，反対に，大陸沿岸域や海洋島周縁，赤道高生物生産帯，中央海嶺などの火山活動域，地形的に閉鎖された縁辺海などに，鉱床はきわめて少ない．

　海底マンガン鉱床の広域的な分布は，深海掘削などによって明らかになった海底構造発達史，堆積史に関連づけて解釈されるようになった．観測・調査事実として，堆積が停止（ハイアタス，堆積間隙）または非常に遅い環境にマンガンクラスト，団塊が多く分布する．たとえば南大洋の大海盆が連結される鞍部などでは，南極底層流が強く無堆積か削剥の状態にあり，このような海域では例外なくマンガンクラスト，団塊が広く発達している（Kennett and Watkins, 1975；Glasby, 1986）．おおむね新第三紀以降に強化された南極深層水の北向きの流れは，サモア海盆，ペンリン海盆を通過し，中央太平洋海盆からマゼラン海盆，北東太平洋海盆まで，冷たく重い深層水が海底の物理・化学条件を規制し，さらにはマンガン団塊の分布パターンに影響を与えている（Kennett and Watkins, 1975；Watkins and Kennett, 1977；図2-7）．南極海から太平洋への水路となる海域には 40–50 kg/m^2 に及ぶ巨大な団塊濃集域が広がり（Cronan *et al.*, 1991），毎秒 10 cm に及ぶ強い底層流が定常的に流れている（Lonsdale *et el.*, 1980）．また日本南方，西七島海嶺の天保海山での「しんかい2000」潜航調査（図2-12）により，中新世の岩石が広く露出する海山頂部のクラスト，団塊分布域で毎秒 40 cm 以上の底層流が観測されていた（Usui *et al.*, 1993b）．

　一方短いスケールでの海山や海台安定性はマンガンクラストの成長に大きな影響を与える．たとえば，山体崩壊，地すべり，傾動，沈降，礁の発達，火山活動，侵食などによる基盤の変動などが成長阻害要因として挙げられる．

このようなノンテクトニックな地質現象は，マンガンクラストが発達する海山，海台に普遍的に認められる現象でもある（図1-4）．このような阻害要因が少ない海山域に，さまざまなスケールでマンガン鉱床が発達するわけである．したがって，資源探査や評価において，生成期間の海洋環境の変動が重要な要因となる．

多くの国がマンガンクラスト鉱区獲得のための調査を実施している北西太平洋域の海山群は，一般に複雑な地質環境変遷を経験している．結果的に，地形や地質，底質とマンガン鉱床の分布の間に明瞭な関係が認められる例もある．一例として，ミクロネシアの海山では，大規模な重力崩壊が発生した斜面と長期間に安定な斜面との間で，明らかにマンガンクラストの厚さが異なる例が認められた（Usui and Okamoto, 2010；図2-15）．またハワイ諸島北東側に広がる巨大な海底地すべり堆積物を覆ったマンガンクラストは，地すべりの発生時期により明らかに厚さが異なる（Moore and Clague, 2004）などの事例がある．日本近海・西七島海嶺での日米共同調査（Moana Wave MW96-07航海）においては，120点以上のドレッジ地点で得た基盤岩の年代測定の結果（Ishizuka *et al.*, 1998），マンガンクラストの厚さと火山フロントからの距離および岩石年代との間に明らかな正相関が認められた（Usui *et al.*, 1999；図2-11）．

このように，海底マンガン鉱床の発達には，金属の供給源となる海水の性質や環境のほかに，沈殿が安定して継続的に成長するための基盤岩の性質，構造発達史の両方の要因が強く関連する．そのため，鉱床の探査，経済性評価に際しても，海底の地質構造，堆積環境変遷などの知見が有用，不可欠であることが理解できる．

3.3　環境記録としてのマンガン鉱床

よく知られているように，海底堆積物コア研究のおもな目的は古海洋環境の復元である．一般に堆積物は複数の起源の粒子が沈降して海底に固定された結果であるから，そのさまざまな組成・物性や構造変化を，なんらかの環境変動の指標として読み取ることができる．その必要条件は，堆積当時の組

成や構造が現在まで保存されているという保証である．それが成り立つならば，全地球的スケールから局地的スケールの環境因子との変遷が解読できることになる．堆積物や堆積岩から読む環境変動については，『縞々学』（川上，1995），『地球と文明の周期』（小泉・安田編，1995）などに詳しい（図3-8，図3-9）．時間的にも数百〜数千万年の長い時間変化から数年数日の短いスケールに対応するものまでさまざまである．

堆積物コアは多様な環境で堆積したさまざまな粒子から構成されている．その物理的性質（色，含水率，密度，磁化率など）や鉱物組成（粒度，形態など），化学組成（主成分，副成分，微量成分，同位体比など）を可能な限り短い間隔で測定する．これらの記載を行ったのち，堆積物に年代スケール

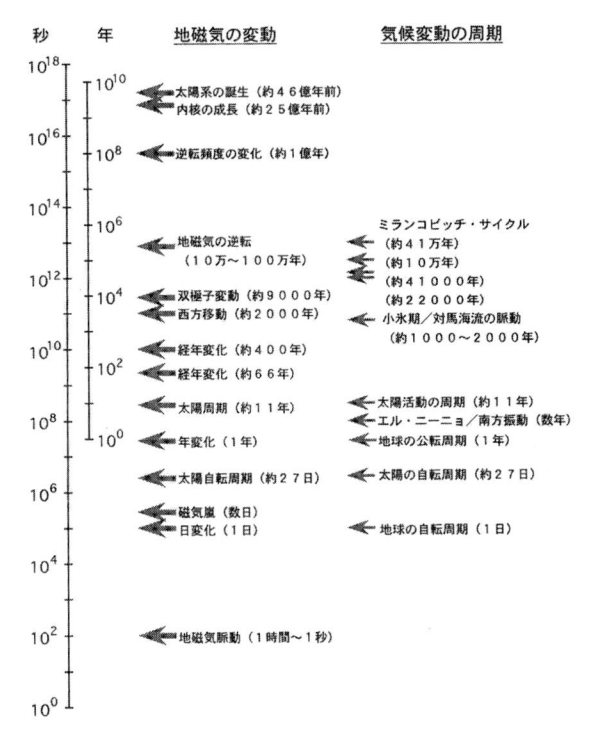

図3-8 地球環境変動の例と海底マンガン鉱床への記録が予想される周期・イベント（小泉・安田編，1995）
　　点線はマンガンクラストに記録される可能性のある環境変動を示す．ミランコビッチサイクル，地磁気の逆転など．

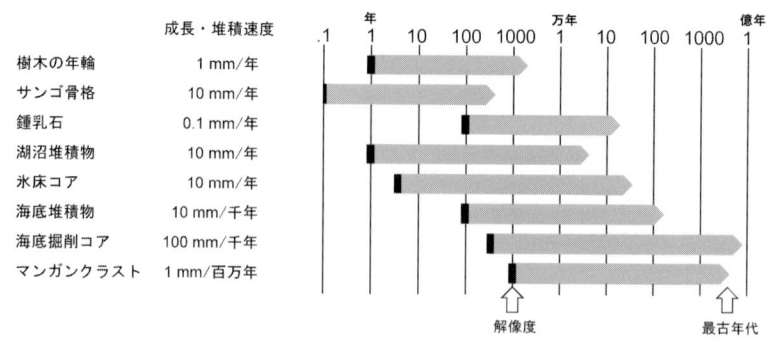

図3-9 堆積物・堆積岩から読み取れる環境変動（鈴木，2012を改変）
マンガンクラストは長レンジ，低解像度の環境記録として期待される．

（古地磁気，同位体比，古生物，有機物など）を入れる．これらの記載データは肉眼的に明らかなものから，外観ではまったく認知できず測定や処理によってはじめて発見されるものもある．これらの記載・測定データに基づいて，形成時の環境要因を解読するわけである．

この手法を，海底マンガン鉱床に適用したいというのはマンガン団塊発見当初からの長年の目標であった．しかし，その構成物質や成長速度は通常の堆積物とは大きく異なることから，解像度や解読できる環境因子は限られている．海洋において，鉄・マンガン酸化物の粒子は非常に希薄な海水から特定の金属元素を濃縮しながら，長い地質時代を経て非常にゆっくりとした速度（100万年に数mm）で成長する．平均すると1年当たり1枚の結晶面が成長する程度である．成長構造に見られる複雑な組織を考慮すれば，その時間解像度の限界は1000年オーダーであろう．重要なことは多数の金属元素を伴うこと，および多起源の元素や鉱物を含むことである．海底堆積物の堆積速度よりもさらに2-3桁遅いので，解像度は悪いが，長期変動を記録する堆積岩としても期待される．大きな利点は，生成速度は遅いものの，広範な深海域において，現在まで継続的に生成し続けている，という点である．おおむね新第三紀以降，すべての大洋で生成しており（図1-5），わが国周辺海域でも，少なくとも始新世頃から生成している（図2-31）．

マンガンクラスト，団塊の微細スケールの組成変動や微細構造から，具体

的な海洋環境の変遷や地質イベントを解読する試みは古くからあった（Sorem and Fewkes, 1979 ; Hein et al., 1992）が，必ずしも成功していない．わが国でも，工業技術院地質調査所の本格的なマンガンクラスト，団塊の調査以降，鉱床の微細層序の意義が指摘された（臼井，1995, 1998）．近年の堆積物や掘削コアにおける高解像度，高精度，高効率の記載手法や解析手法の適用が期待される．内部の微細構造・組成変化等と海洋環境の変遷との対応関係が明らかになれば，逆に，海底堆積物と同様の手法で，内部に記録された微細スケールの性状変化から環境変化をひもとくことが可能という発想である．

さて環境記録の解析のためには，堆積物コアと同様，正確，精密な年代目盛，および試料の保存性が不可欠である．詳細スケールの絶対年代測定は長年の課題であった．基盤や化石年代からの規制，微化石層序，Be, Sr, Os, U-Th 同位体比年代，古地磁気編年などの先駆的なアイデアは近年ようやく収束し，年代の信頼性が確立しつつある（2.6 節参照）．たとえば同位体比年代に対する懐疑や疑問は，Joshima and Usui (1998), Oda et al. (2011) の総合解析の結果によって払拭されたといってよい（口絵 5 参照）．さらに Os 同位体比による長レンジの年代測定法も開発されつつある．

今後，長い地質年代スケールの海洋環境解析への展開が期待されるため，詳しい物性的検討も必要である．マンガンクラスト，団塊は，非常に結晶性が低く，水を多く含むナノ～マイクロスケール粒子の集合体である．構成する酸化物粒子が沈殿後も組成や構造を保存しているかという疑問もある．沈殿後の変化として，物理的な削剥・破壊や，温度・圧力・化学条件による二次的な組成変化，分離・溶解・再沈殿など生じていないか，という検証が必要である．クラストや団塊が成長過程において，物理的に移動，転動する証拠は確かにあり（Usui, 1979a ; Usui et al., 1993b），その際，海底での破砕，再沈殿なども生じる．試料を注意深く観察してその影響を排除することが重要である．マンガンクラストはほとんど堆積物との接触がなく，二次的な化学変化がないため，堆積物コアとして団塊よりはるかに有利である．続成作用の証拠となるブーゼライトを含むマンガン団塊は，古環境解析用試料として不適当である．

次に，各々の成長時期に生成した沈殿物の組成や構造がどの範囲の海洋環

境を反映するか，という問題がある．たとえば，「海底に堆積したプランクトンの炭酸塩殻の酸素同位体やCa/Mg比は，その周辺海域の表層水温（SST；sea surface temperature）を反映する」という仮定は，理論的にも実験的にも検証されていて，十分に確からしい（川幡，2008）ため，海水温度の指標として広く認められている．このような明解な対応づけはクラストにとって今後の問題である．たとえばクラスト内部には対比可能な組成変動が認められることがあり，ときには微細な層序対比も可能である．砕屑物成分の時系列変動（Usui et al., 1993b；Chu et al., 2006）も認められる．しかしこれらの多様な時系列変動が生成時のどのような環境パラメータの関数か（何のプロキシか）という疑問には十分に答えられていない．一方で，マンガンクラスト，団塊の組成，構造は，海山規模などの局地的な環境ではなく，水塊の分布や地球規模の海洋大循環がもたらす海洋の成層構造など，広域的スケールの環境条件にも強く規制されるらしい．今後は長い地質年代スケール，広域スケールの海洋環境復元への展開が大きく期待される．

　マンガンクラスト（まれに団塊）中に見られる化学的，物理的な不均質性，組成変動，縞模様などと海域の環境条件との対応の試みをいくつか紹介しておく．いずれも予察的なステージにあるが，興味深いものが多い．たとえば新生代の表層地球の寒冷化（Zachos et al., 2001；図3-10）に伴う極冠の消長などが引き起こす大循環の変動がクラストの化学組成，同位体組成に与える変動（Hein et al., 1992；Koschinsky et al., 1996；Chistensen et al. 1997；Frank et al., 1999；Jeong et al., 2000），パナマ地峡の閉塞に伴う海洋大循環パターンの変化（O'Nions et al., 1998；Frank et al., 1999），大陸の気候変動に伴う風成塵の供給（David et al., 2001；Klemm et al., 2007），火山の活動度と海水組成の変動（Manheim et al., 1988），赤道収束帯の膨縮・移動による気候変動（Kim et al., 2006），世界規模の火成活動（Klemm et al., 2008），ヒマラヤの侵食（Banakar et al., 1997），氷期と間氷期の間のミランコビッチサイクルとの対応関係（Han et al., 2003）などが示唆されている．ただし，いずれも広域的対比に基づいた一般的認識にはいたっていないものが多い．

　上記の通り，海底表層および堆積物に埋没したマンガンクラスト，団塊の研究から，これらは生成時に獲得した組成や構造を，生成後も保持している，

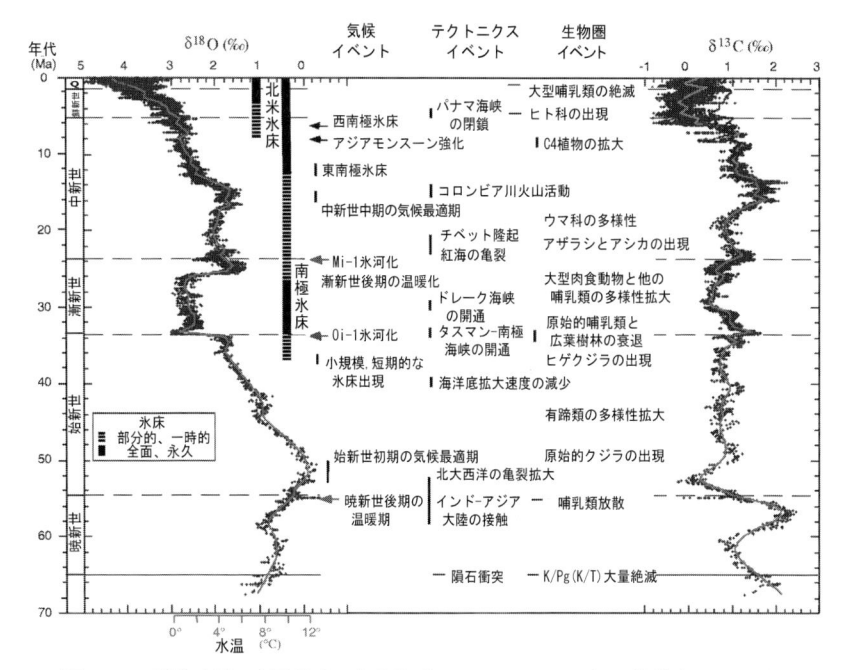

図 3-10 新第三紀の表層地球の寒冷化（Zachos et al., 2001）が促進するマンガンクラスト，団塊の形成
地球表層の寒冷化に伴って，海洋大循環，気候変動などが連動して酸化物が形成される．

と仮定することは合理的である．一例として，マンガンクラストの微細構造のなかには，残留磁化の縞模様が明瞭に確認され（Oda et al., 2011），Beという軽元素が当時の海水の同位体比を保持していることなどはこれを支持している．

表3-4には，起源の異なるマンガン酸化物の特徴をまとめ，図1-3には上述の変動スケールとの関連が予想される環境因子等を挙げた．概略の生成モデル（図1-4）も参照されたい．海底マンガン鉱床の一試料を海洋堆積物コアに見立てて，環境復元を試みる，というテーマは多くの研究者が目指すところであり，今後，大きな展開が期待されている．

最後に，研究の進展は，調査航海における観測，測定，試料採取技術の発達に負うところが大きい．近年，遠隔探査ロボット（ROV）や潜水調査船を

表 3-4 海底マンガン鉱床の 3 つのタイプ

タイプ	海水起源 (hydrogenetic)	続成起源 (diagenetic)	熱水起源 (hydrothermal)
起源	海水から直接沈殿	海底表層での溶解・再沈殿	熱水や温泉水から析出
形態	クラスト，団塊	団塊	細脈，均質層，盤層など
形成環境	深海盆・海山	深海盆	火山，リフト
鉱物名	バーナダイト	ブーゼライト	トドロカイトおよびブーゼライト
結晶構造	層構造	層構造	トンネル構造，層構造
化学組成（主成分）	Mn および Fe	Mn	Mn
化学組成（副成分）	Co	Ni, Cu	Mg, Ba, Ca
化学組成（希土類 Ce 異常）	正	負	負
結晶サイズ（μm）	0.01-0.001	0.01-0.001	0.1-100
色	黒褐色	黒色	灰黒色
光沢	なし	なし	亜金属

用いた海底観察とサンプリングが行われている．採取したサンプルは，産状や位置が明確なので，分析時の汚染や不確定性を排除することが可能である．詳細な研究に適した試料を現場で採取することが可能となった意味は大きい．

第4章 海洋の鉄・マンガン酸化物の地球化学

　鉄・マンガン酸化物（マンガンクラスト，団塊）は，炭酸カルシウムと並び，海洋における代表的な化学的沈殿物である．このような物質は，その生成プロセスや微量元素の濃縮が地球化学的関心を集める一方で，さまざまな元素の濃度や同位体比が沈殿生成時の周囲の環境の情報を保持していると考えられるため，古環境の復元にも役立つと見なされる．そのため，すでに本書で述べられた資源科学的な興味だけでなく，鉄・マンガン酸化物は地球化学的・地球史的にも多くの研究の対象となってきた．そこで本章では，金属資源としての興味が集まるマンガンクラスト，団塊への微量元素・有用元素の取り込みに限らず，主成分であるマンガンや鉄の海洋中での挙動や沈殿生成や種々の元素の取り込みについて議論する．また地球史の解明で特に重要となる鉄・マンガン酸化物中の元素の同位体比の変動についても説明を加える．

4.1　表層水圏におけるマンガンと鉄の挙動とクラスト・団塊の形成

1) マンガンと鉄がクラストや団塊を作る理由

　そもそもマンガンや鉄という元素が，マンガンクラスト，団塊という特徴的な沈殿物を形成するのは，これらの元素のどのような特徴によるのだろうか．なぜこのような沈殿物を形成する元素として，マンガンと鉄の2つの元素が選ばれたのだろうか．それは，これら2つの元素の存在度が比較的高く，酸化還元反応によりその溶解度が大きく変化するからである．

　地球の原材料を表す宇宙の元素存在度（図4-1；$Si = 10^6$ とした場合の原子数）では，水素・希ガスも含めると鉄とマンガンはそれぞれ7番目および17番目に多い元素である．特に遷移金属に限ると，鉄は最も多い元素であり，

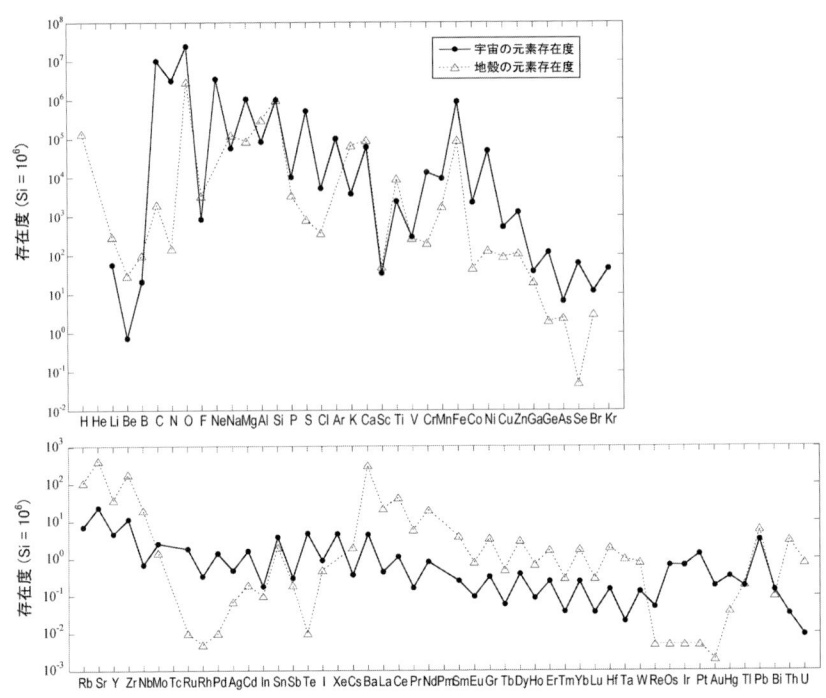

図 4-1 宇宙の元素存在度（Anders and Grevesse, 1989）および地殻の元素存在度（Clarke, 1924）

続いてニッケル，クロム，マンガンという順になっている．また地殻の元素存在度（図 4-1；揮発性元素は除く）では，鉄とマンガンはそれぞれ 3 番目および 10 番目に多い元素であり，遷移金属に限れば鉄，チタン，マンガンの順になっている．宇宙存在度と地殻存在度の違いは，核やマントルに取り込まれる量に依存しており，それらに取り込まれにくいチタンは地殻に多く，またマントルに分配されやすいクロムの地殻存在度はマンガンよりも小さくなっている．結果的に，地球の分化により地殻中でマンガンと鉄は，主成分元素の部類に入ることがわかる．

それでも鉄とマンガンは，遷移元素以外の元素も含めれば，地殻中に最も多い元素ではない．そのような元素が，鉄・マンガン酸化物として地球表層のいたるところで濃集する原因は，現在の地球の表層環境下でこれら 2 つの

元素が複数の酸化還元状態（価数）をとることができ，異なる価数間で水への溶解度が著しく異なるためである．この現象を理解するには，元素の酸化還元反応を理解する必要がある．詳細は巻末の補遺に譲るが，元素の化学種と水圏環境の状態を表す重要なパラメータである pH や E_h との関係を示した図を E_h–pH 図といい，元素の価数変化による挙動の違いを理解する上で有用である．このうち E_h（単位：V）は，水素電極を標準とした還元電位である（$p\varepsilon$ を用いる場合もある；$p\varepsilon = -\log[e^-] = FE_h/2.30RT$；$F$, R, T はそれぞれファラデー定数，気体定数，温度）．

図4-2に，Mn と Fe の E_h–pH 図の例を示した．水の存在を仮定すると，地球表層で E_h が取り得る範囲には制限があるが，マンガンと鉄はこの範囲内でそれぞれ Mn^{2+}，Mn^{3+}，Mn^{4+} および Fe^{2+}，Fe^{3+} のように複数の価数をとる．このうち，Mn^{2+} と Fe^{2+} は溶存しやすいが，それ以外の価数，つまり Mn^{3+}，Mn^{4+}，Fe^{3+} は沈殿物を形成しやすい．そのため，マンガンや鉄は Mn^{2+} や Fe^{2+} が安定な還元的な環境では水に溶けやすく，水が酸化的な環境に流入し，Mn^{3+}，Mn^{4+}，Fe^{3+} などに酸化された場合，鉄・マンガン酸化物のような沈殿物が生じることになる．

図4-2(a) に示したのはマンガンの E_h–pH 図の例であり，+3価を含む固相 Mn_3O_4（ハウスマンナイト（hausmannite））と，+4価のみで構成され

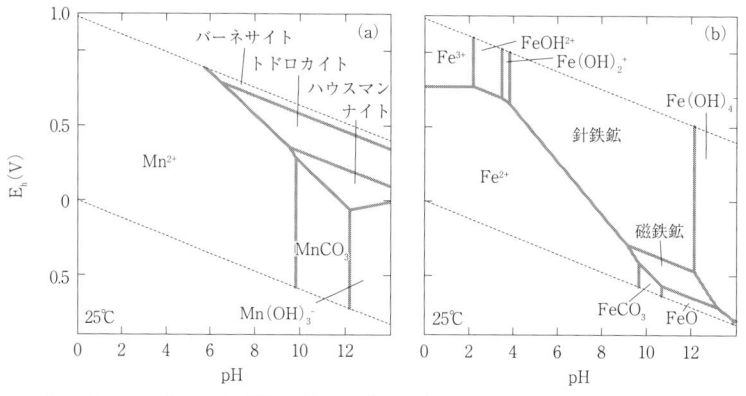

図4-2 マンガンおよび鉄の E_h–pH 図の例
Geochemical Workbench（Bethke and Yeakel, 2011）を用いて計算．

る固相 MnO_2（バーネサイト，トドロカイト）の存在を仮定した E_h–pH 図である．このうちバーネサイトやトドロカイトは，厳密には欠陥や一部の Mn^{4+} が Mn^{2+} や Mn^{3+} で置換されて生じる負電荷が，陽イオンの吸着あるいは置換により補われており，これらが鉄・マンガン酸化物中にさまざまな微量元素が多く含まれる理由となっている．また，この Mn の E_h–pH 図は，MnO_2 のみを固相として仮定した場合とは異なる図（巻末の補遺参照）となっている．図 4-2(b) は鉄の E_h–pH 図であり，Fe^{3+} の酸水酸化物として針鉄鉱（FeOOH）を仮定している．実際には水酸化物であるフェリハイドライトが生成する場合も多いと考えられるが，海水中の溶存鉄濃度を 10^{-9} M とし，Fe^{3+} 水酸化物の溶解度データを用いた場合には，フェリハイドライトは生成しない結果になる．補遺でも述べるように，E_h–pH 図は仮定する化学種に依存するので，想定する系によって（たとえば系に硫黄を含めるかどうかなど）大きく異なる図になる（2章参照）．しかしながら，E_h–pH 図は元素の挙動をおおまかに知る上で有用である．

以上から，地殻存在度が比較的高く，表層環境で複数の価数をとり，水への溶解性が異なる価数間で著しく変化することが，マンガンや鉄が地球表層で特徴的な沈殿物を作る原因であると理解できる．

2）海洋環境でのマンガンの挙動

それでは，このような特徴をもつマンガンや鉄は，海洋環境でどのような挙動を示すのだろうか．ここではまずマンガンについて述べてみる．海水中の溶存マンガンの濃度は 0.08–5 nmol/kg の範囲にあり，おもに Mn^{2+} および $MnCl^+$ として溶解していると推定されている（Byrne, 2002；Bruland and Lohan, 2004）．マンガンは，河川からの供給以外に，沿岸堆積物からの溶出，大気からの沈着，熱水からの寄与などにより海水にもたらされる（図 4-3）．海水中での化学反応性を反映する溶存態の濃度の鉛直分布（図 4-4，図 4-5）を見ると，マンガンは表層で高く下層で低いいわゆるスキャベンジ型を示すが，図 4-5 の例にあるように中層で高い濃度を示す場合がある．このうち表層で高いマンガン濃度が深度とともに減少するのは，酸化により不溶性のマンガン酸化物ができることと，鉱物粒子やプランクトンの死骸などの混合物

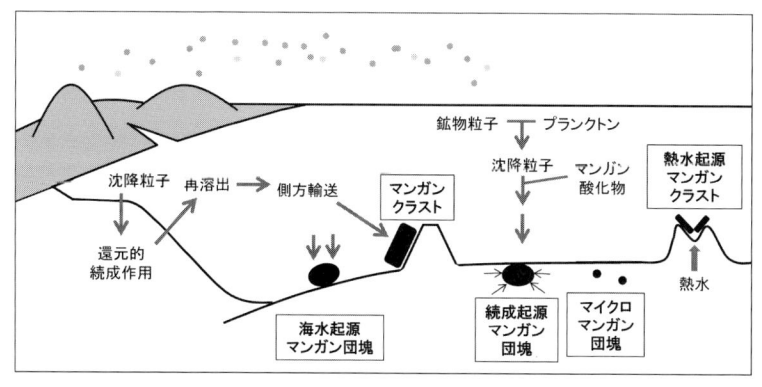

図 4-3　海洋における物質移行プロセス

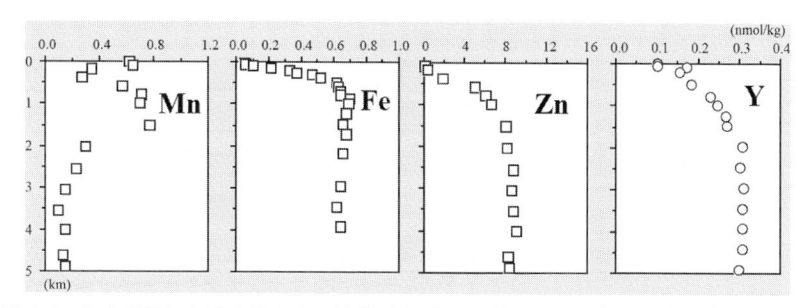

図 4-4　北太平洋における海水中の溶存元素（Mn, Fe, Zn, Y）の深度分布（Nozaki, 2001）

からなる沈降粒子に溶存マンガンが取り込まれることによる．このような粒子は，微量元素を吸着したまま沈降することで，微量元素を深層に運搬する役割を担っており，海洋の物質循環において重要である（図 4-3）．

表層でマンガンの溶存濃度が高いのは，大気由来の物質からマンガンが溶出することを示し，特に粒子上の MnO_2 が光還元により溶出する過程が重要である（Sunda and Huntsman, 1994）．この過程では，海水中の溶存有機炭素によって酸素分子が光還元されて生じる過酸化水素が MnO_2 を還元して，Mn^{2+} が生成される．そのため，表層海水（水深 0-100 m）では溶存マンガン濃度が高く，マンガンの 99％以上が溶存態として存在する．対照的に 500

4.1　表層水圏におけるマンガンと鉄の挙動とクラスト・団塊の形成——109

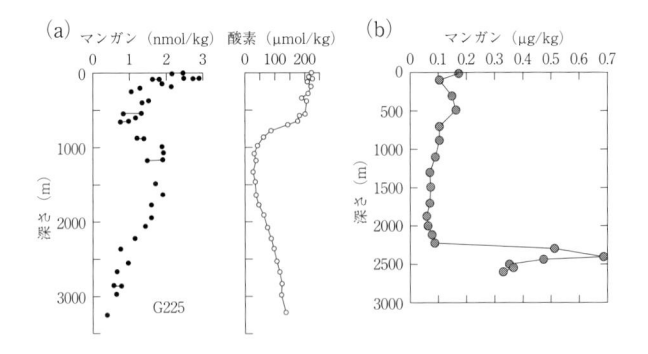

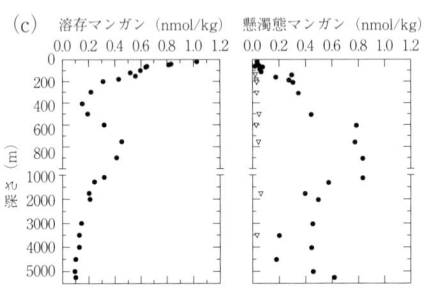

図 4-5 太平洋におけるマンガンおよび溶存酸素の鉛直分布
(a) 太平洋中央部の典型的な鉛直分布（Klinkhammer and Bender, 1980）. (b) 熱水の寄与を含む中央海嶺付近での溶存マンガンの鉛直分布（Millero, 2002）. (c) 北太平洋中央部における溶存マンガン（左）および懸濁態マンガン（右）の鉛直分布. 懸濁態マンガンは，酢酸で溶出する成分（●）と難分解性の成分（▽）（Bruland et al., 1994）.

m以深では溶存態は80%程度となり，懸濁態（粒子態）が相対的に増加する.
　海洋の中層域では，沈降粒子中の有機物の酸化分解で生じる酸素極小層が生じる. このような亜酸化的な環境（溶存酸素濃度が10 μM 程度以下；Nameroff et al., 2002）では，マンガン酸化物が還元されることで，溶存マンガン濃度の極大が生まれる. またこの極大には，特に沿岸および大陸棚の堆積物中の初期続成作用による還元反応で溶出した Mn^{2+} が，等密度面に沿って水平方向に輸送された成分も含まれると推定されている（図4-3）. 一方で，マンガン酸化物の生成は酸素極小層においても進むことを説明するモデルを検討する必要がある.

マンガンや鉄は，海底熱水に含まれる金属元素としても重要である．このうち鉄は，熱水中の濃度は高いが，熱水噴出孔の周辺では硫化物として，また少し離れたところでは酸化物として沈殿しやすい．一方マンガンは，鉄にくらべて酸化されにくいので，熱水噴出孔付近で酸化物として沈殿することはない．熱水起源のマンガンは，熱水とともに浮揚し，密度が等しくなって浮揚が止まった後は水平方向に広がり，供給場所から 1000 km 以上離れたところでも検出される．実際，こうした深層でのマンガン濃度は，海底熱水の湧出の探索にも用いられる（Gamo et al., 1996）．これにくらべて鉄は，酸化的な海洋に入ると速やかに酸化・除去されるため，マンガンの方が熱水の探索には適している．Glasby（2006）によれば，熱水起源マンガンのフラックスは 6.85×10^9 kg/年であり，これは河川からのフラックス 0.27×10^9 kg/年より大きく，海水中のマンガンの供給源として海底熱水の寄与が重要であることを示している．また Elderfield and Shultz（1996）は，熱水の熱流量や水量に基づいて，さまざまな元素について河川および熱水からの流入量を比較している（図4-6）．その結果，河川からのマンガンの流入量 0.49×10^{10} mol/年（$= 0.27 \times 10^9$ kg/年）に対して，熱水の寄与は 1.1–3.4×10^{10} mol/年（$= 0.60$–1.9×10^9 kg/年）であり，熱水の寄与が大きいことを指摘している．

　以上のように，海水中のマンガンには多くの供給源があり，その挙動は複雑である．そのため，その収支や循環に関してはさまざまな場所での多くの研究があるが，Bender et al.（1977）では，通常の遠洋性の堆積物へのマンガンの供給としては，熱水よりも沈降粒子や溶存マンガンの下方への輸送の方が重要と述べられている（3.1節参照）．

3）海洋環境での鉄の挙動

　一方鉄の海水中の溶存濃度は 0.02–2 nmol/kg とされ，通常の酸化的な海洋ではほぼ+3価で存在する．酸素極小層ほどの酸化還元環境では還元されないので，溶存濃度の深度プロファイルにおいて溶存マンガンのような極大は見られない．海水中で鉄は有機錯体か水酸化物（$Fe(OH)_2^+$，$Fe(OH)_3^0$，$Fe(OH)_4^-$ など）として溶存していると推定されているが（Byrne, 2002；

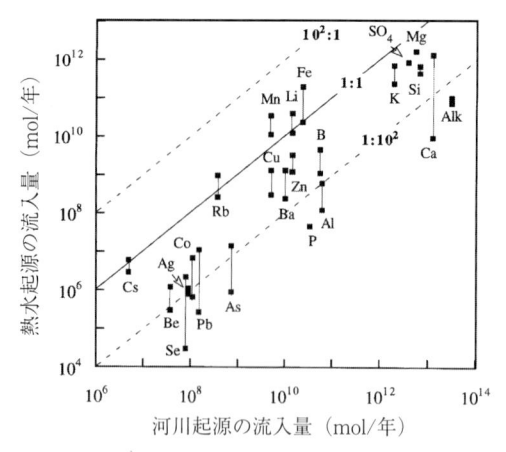

図 4-6 海水への河川および熱水起源の流入量の比較（Elderfield and Schultz, 1996）

Bruland and Lohan, 2004）．このうち水酸化物は容易に沈殿を形成し，水相から除去される．イオンの価数 z をイオン半径 r でわったイオンポテンシャル（z/r）は，各イオンのもつ静電ポテンシャルの強さを表す．価数が +3 価でイオン半径の小さな Fe^{3+} は，イオンポテンシャルが大きく反応性が高い．そのため一般に水酸化物や溶存有機物ばかりでなく，固相表面の水酸基と表面錯体を作りやすいので，Fe^{3+} は固相表面にも強く吸着される．

　これら海洋中の鉄の供給源としては，河川からの流入以外に大気からエアロゾルとして運搬され，海洋に沈着する成分の寄与が重要である（Mahowald et al., 2005）．Glasby（2006）によれば，海水中の溶存鉄の供給源のフラックスとしては，大気由来が約 3×10^{12} g/年で，河川起源が約 1×10^{12} g/年と推定されている．また懸濁粒子としての鉄は，大気由来が約 29×10^{12} g/年で，河川起源が約 110×10^{12} g/年と推定されている．このように，溶存鉄の供給源としては，大気を介したエアロゾル起源が最も多い．実際，世界の海洋において，窒素・リン・ケイ素の栄養塩と呼ばれる成分が十分な濃度で存在しているのに，溶存鉄が不足しているため，植物プランクトンの量が少なく，クロロフィル濃度が低い海域（high nutrient low chlorophyll を略して HNLC 海域と呼ばれる）があることが指摘されている（Martin, 1990 ; Mahowald et al., 2005).そのため,黄砂のような鉱物粒子などの天然起源や人為起源の鉄の供給について,多くの研究がなされている(Takahashi et al., 2011, 2013).一方で,エアロゾルや降水中のFe^{3+}が海水表面で光還元などを受けて溶けるプロセスについても多くの研究がある(Mahowald et al., 2005).

これら大気由来の鉄にくらべて,河川由来の鉄は,河口域での塩析効果などで凝集し,ほとんどが沿岸域で海水から除去されてしまうため,外洋での溶存鉄成分への河川からの寄与は小さい.また熱水起源の鉄は,海洋へのフラックスとして河川のそれより大きいが(図4-6),酸化を受けて熱水噴出孔近傍で沈殿し,海水中から除去されやすく,海洋全体への影響は大きくない.ただし,この点については最近多くの研究がなされ,有機配位子との錯生成により比較的安定にFe^{3+}が海水中に存在し,長距離運ばれることも指摘されている(Boyd and Ellwood, 2010 ; Sander and Koschinsky, 2011).

4) 元素の鉛直分布と平均滞留時間

こうして供給された溶存鉄の鉛直分布は,いわゆる栄養塩型の分布を示す(図4-7).栄養塩型は,栄養塩である窒素(N),ケイ素(Si),リン(P)に見られる分布であり(図4-4),表層で低く中層になるに従い増加し,深層まで一定かやや減少する傾向を示す.このプロファイルは,表層で沈降粒子に含まれる生物起源粒子(N, Si, Pを含む)が,下層に運搬される過程で分解し溶解するために生じる.この場合,沈降粒子との親和性が強い微量元素(たとえば亜鉛や希土類元素など)も栄養塩型の鉛直分布を示し,鉄も表層で吸着され深層で粒子から一部脱着して溶存態になるために,栄養塩型のパターンを示す.

これとは対照的に,懸濁態鉄は表層で沈降フラックスが高く,1000 m以深では表層の半分以下の$2-3\ \mu mol/m^2/$日程度のフラックスとなる(Boyd and Ellwood, 2010).これは,1) 250–1000 mの水深の範囲で懸濁態鉄の再結晶化が有機物の分解とともに起こり,結果的に溶存鉄の濃度が増えること,2) 1000 m以下では懸濁態鉄は有機物の少ない粒子となり,溶存鉄の一部を吸着して沈降すること,などを示す.一方で,粒子との反応性が低いアルカリ

金属イオンやハロゲン化物イオンなどは，保存型と呼ばれる直線的な鉛直分布を示す．

このような海水中での元素の鉛直分布は，同じように元素の反応性を反映する平均滞留時間と関連づけられる．比較として，+2価で溶存し価数が変化しない金属イオンである亜鉛と海水中の主成分であるナトリウムの例を示す（図4-4）．ある元素 M の平均滞留時間（τ_M（年））は，海水中の濃度が定常状態にあると仮定できる場合（つまり以下の式で $F_R = F_S$）に，

$$\tau_M = W/F_R = W/F_S$$

と表される（角皆・乗木，1983）．このうち，W は元素 M の海水中の総量，F_R は M の1年当たりの河川からの流入量，F_S は M の1年当たりの海水からの除去量である．

海水中の主成分であるナトリウムは，海水中ではモンモリロナイトなどの粘土鉱物に対するイオン交換反応に支配された平衡状態にあると考えられる．その平均滞留時間は8億年程度であり，これは海洋深層循環に要する時間（1000-2000年）より十分に長い．そのためナトリウムは海水中で均一に分布し，鉛直分布も直線となる．これに対して鉄およびマンガンは，平均滞留時間はいずれも100年程度（角皆・乗木，1983；Minakawa et al., 1998）と大

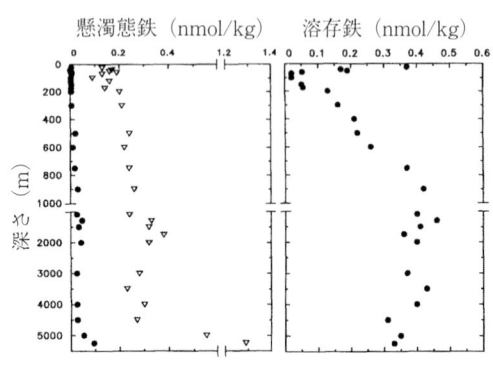

図4-7 北太平洋中央部における懸濁態鉄（左）および溶存鉄（右）の鉛直分布 (Bruland et al., 1994)
懸濁態鉄は，酢酸で溶出する成分（●）と難分解性の成分（▽）．

表 4-1 ダストや有機物コロイドとして海洋に供給される遷移金属元素のフラックスと，海水から堆積する赤色粘土のフラックス（$\mu g/cm^2/1000$ 年）(Glasby, 2006)

	ダスト起源	有機物コロイド	赤色粘土
Mn	20–70	1570	1020–1230
Fe	3000–5800	16200	1560–3500
Co	2.7–4	12	4–14
Ni	14–20	15	20
Cu	20–30	490	28–34

変短い．一方，微量元素である亜鉛は，表層で沈降粒子に吸着し深層に運ばれながら溶出するため，鉄と同様の栄養塩型の分布を示すが，その平均滞留時間は 2000 年程度である．このように，鉄やマンガンの短い平均滞留時間は，海洋に入った鉄やマンガンが速やかに海水中から除去されることを反映している．

除去された鉄やマンガンは堆積物に取り込まれるが，この過程において鉄とマンガンで大きく異なるのは，堆積物への供給プロセスである．つまり，マンガンでは沈降粒子中の有機物コロイドへの吸着態が重要であるが，鉄ではむしろ無機鉱物中の鉄の割合が高い．太平洋に広く見られ，遠洋性の粘土鉱物を主体とする堆積物（赤色粘土；red clay）は，有機物の供給が少なく堆積速度も遅い（<40 mm/1000 年）ため，酸素の供給が多く，酸化的な環境で堆積している．このような環境では，初期続成作用（4.1 節 6）参照）に伴う還元反応によるマンガン酸化物の溶解は生じにくく，マイクロマンガン団塊（径 1 mm 以下）といわれる微細なマンガン酸化物やより大きなマンガン団塊が安定に存在できる傾向が強い（2.2 節，3.1 節も参照）．表 4-1 に示した例（Glasby, 2006）では，赤色粘土へ供給される鉄の形態として，ダスト（大気経由の砕屑物と考えられる）の割合が高いが，マンガンでは有機物のコロイド成分の寄与が大きい．一方，赤色粘土中の濃度は，鉄では平均的な頁岩と大きく変わらないが，マンガンでは赤色粘土の方が高い．これは赤色粘土に供給されたコロイド状のマンガンが一度溶解した後で，マンガン団塊やマイクロマンガン団塊などの自生の鉱物として堆積物中に生成するためであ

る．赤色粘土などの堆積物にコバルト，ニッケル，銅などの濃度が高いのは，こうした（マイクロ）マンガン団塊への吸着が重要な役割を果たしていると考えられる．

5) マンガンおよび鉄の酸化過程

ではここで，マンガンや鉄の挙動を大きく支配するこれらの元素の酸化過程を詳しく考えてみよう．鉄にくらべるとマンガンはより酸化的な環境でないと酸化されない．海水中で Mn^{2+} が酸化して生成する（水）酸化物がどのような鉱物であるかは，明確ではない．考えられる鉱物として，マンガナイト（γ-MnOOH），ビクスバイト（bixbyite, Mn_2O_3），ハウスマンナイト（Mn_3O_4），種々の Mn^{4+} の酸化物（ブーゼライト，トドロカイト，バーネサイト，バーナダイト（vernadite, δ-MnO_2），パイロルーサイト（pyrolusite, β-MnO_2），エヌスタイト（nsutite, γ-MnO_2））などがある．どの鉱物を仮定するかで E_h-pH 図は微妙に変化するが，明らかなことは pH=8 の条件で E_h が 0.6-0.7 V 付近程度というかなり酸化的な条件でなければマンガンの沈殿は生成しないことである．酸化的な海水では E_h が 0.4-0.7 V 程度の環境にあり，Mn^{2+} が Mn^{4+} にぎりぎり酸化されるかどうかという環境にある．

また，溶存マンガンが溶存酸素によって水相中で酸化される速度は大変遅い．そのため，実際の環境での酸化は，固相表面が触媒となって進行すると考えられている．この反応は，室内実験系で調べられており，Murray and Brewer (1977) では3段階に記述されている（Murray and Brewer, 1977 ; Glasby, 2006）．

$$Mn^{2+} + O_2 \rightarrow MnO_2$$

$$Mn^{2+} + MnO_2 \rightarrow (Mn^{2+}\text{-}MnO_2)_S$$

$$Mn^{2+}\text{-}MnO_2 + O_2 \rightarrow (2MnO_2)_S \tag{4-1}$$

これを速度定数で表すと以下のようになる．

$$-\mathrm{d}[\mathrm{Mn}^{2+}]/\mathrm{d}t = k_0[\mathrm{Mn}^{2+}] + k_1[\mathrm{Mn}^{2+}][\mathrm{MnO}_2][\mathrm{O}_2][\mathrm{OH}^-]^2 \quad (4\text{-}2)$$

このうち第1項は溶液内での酸化反応であるが,第2項はすでに存在している MnO_2 に Mn^{2+} が吸着した後で O_2 による酸化を受ける反応が重要であることを示している.また Mn^{2+} が酸化して生成する MnO_2 は pH が高いほど安定(E_h–pH 図,図 4-2)であるが,反応速度にも[OH^-]の寄与が見てとれる.

ここで触媒となり得る固相としては,マンガン酸化物以外の固相(酸化鉄など)も同様の働きができる.マンガン団塊の成長の核としてサメの歯などがしばしば見つかるが,こうした核の表面を覆う酸化鉄の被膜がマンガン酸化物の析出を促進する(Burns and Brown, 1972).この核の表面でのマンガン酸化物の生成速度を上の式から計算すると,マンガン酸化物の成長は100万年で0.1 mm程度である(Hem, 1981).このことは,100万年で数mm(2.5節3))というマンガンクラストの成長速度とある程度整合的といえる.一方で,微生物が関与した場合,マンガンの酸化反応はずっと速いと考えられ,多くの研究がなされている(5章参照).

上記で示したマンガンにくらべると,鉄では微生物の関与がない無機的な酸化も十分に速く,その速度式は中性領域では以下のように書ける(Stumm and Morgan, 1996).

$$-\mathrm{d}[\mathrm{Fe}^{2+}]/\mathrm{d}t = k[\mathrm{Fe}^{2+}][\mathrm{O}_2][\mathrm{OH}^-]^2 \quad (4\text{-}3)$$

結果的に,鉄は速やかに酸化され,水相から除かれる.微生物が関与した場合には,さらに酸化速度は速く,10^6 倍も促進されることが指摘されている(Langmuir, 1997).

6) 堆積物の初期続成過程におけるマンガンや鉄の挙動

酸化的な海洋の中で還元反応が起きる場は,有機物が存在する環境である.有機物中の炭素が分解して生成する炭素化合物のうち最も安定な化学形は,H_2 濃度が高いような強還元的な環境でない限り,二酸化炭素である.そのため,ほとんどの環境で有機炭素は遅かれ早かれ酸化を受けて CO_2 に変化する

運命にあり，エネルギーを放出し，自由エネルギー（ΔG）が低下する．したがって，有機物は適当な酸化剤がありさえすればCO_2に変化する．

一方微生物は，こうした「環境中で自由エネルギーを放出されやすい場（あるいは自発的な化学反応が起きやすい場）」を決して見逃さず，その自由エネルギーを利用して生きる．その結果，個々の微生物が，それぞれ得意な酸化剤を用いて有機物を酸化的に分解する能力を備えている．もちろんこの微生物による反応は触媒的に働き，有機物と二酸化炭素の自由エネルギー差を変えるわけではない．しかし，微生物が起こす反応が速度論的に無機的反応よりも速いため，個々の環境で微生物による反応が優先して起きるのである（5章参照）．

有機物を分解することで生きる微生物（従属栄養生物）は，その環境に存在するより強い酸化剤から順番に利用して有機物を分解することで，生きるために必要なエネルギーを得ている．そのため，有機物を分解する酸化剤が利用される順序は決まっており，図4-8に示す通り，酸素＞硝酸イオン≒マンガン酸化物＞酸化鉄＞硫酸イオンの順となっている．そして，酸化剤の還

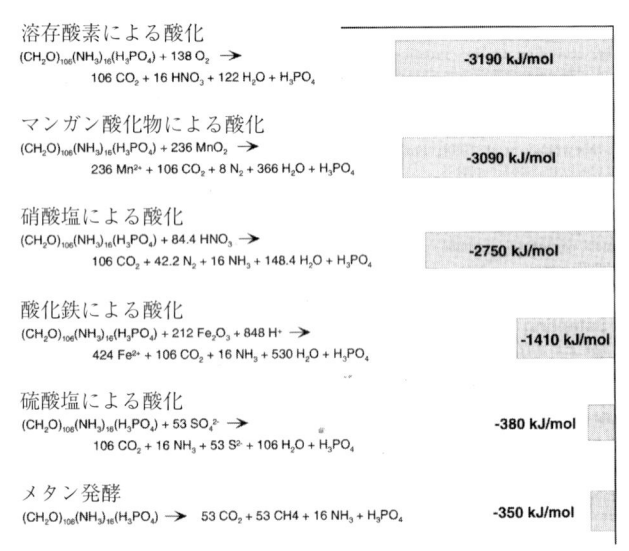

溶存酸素による酸化
$(CH_2O)_{106}(NH_3)_{16}(H_3PO_4) + 138\ O_2 \rightarrow$
$106\ CO_2 + 16\ HNO_3 + 122\ H_2O + H_3PO_4$
−3190 kJ/mol

マンガン酸化物による酸化
$(CH_2O)_{106}(NH_3)_{16}(H_3PO_4) + 236\ MnO_2 \rightarrow$
$236\ Mn^{2+} + 106\ CO_2 + 8\ N_2 + 366\ H_2O + H_3PO_4$
−3090 kJ/mol

硝酸塩による酸化
$(CH_2O)_{106}(NH_3)_{16}(H_3PO_4) + 84.4\ HNO_3 \rightarrow$
$106\ CO_2 + 42.2\ N_2 + 16\ NH_3 + 148.4\ H_2O + H_3PO_4$
−2750 kJ/mol

酸化鉄による酸化
$(CH_2O)_{106}(NH_3)_{16}(H_3PO_4) + 212\ Fe_2O_3 + 848\ H^+ \rightarrow$
$424\ Fe^{2+} + 106\ CO_2 + 16\ NH_3 + 530\ H_2O + H_3PO_4$
−1410 kJ/mol

硫酸塩による酸化
$(CH_2O)_{106}(NH_3)_{16}(H_3PO_4) + 53\ SO_4^{2-} \rightarrow$
$106\ CO_2 + 16\ NH_3 + 53\ S^{2-} + 106\ H_2O + H_3PO_4$
−380 kJ/mol

メタン発酵
$(CH_2O)_{106}(NH_3)_{16}(H_3PO_4) \rightarrow 53\ CO_2 + 53\ CH_4 + 16\ NH_3 + H_3PO_4$
−350 kJ/mol

図4-8 さまざまな酸化剤による有機物の酸化や発酵による二酸化炭素やメタンの生成と，その反応で得られるエネルギー（Froelich *et al*., 1979）

元反応を含む有機物分解で得られるエネルギーもこの順番に小さくなっている．海洋の中で有機物を最も豊富に含む環境は，堆積物中である．そのため堆積物中では図 4.8 のような反応が進行する．こうして有機物分解が駆動力になって起きる堆積物内の化学的な変化を初期続成作用という．

初期続成作用の結果，Mn^{4+} と Fe^{3+} をくらべると，Mn^{4+} は容易に還元される一方で，Fe^{3+} はより強還元な環境でないと還元されない．また Mn^{2+} は，$MnCO_3$（菱マンガン鉱）として除去される以外は溶解性が高く，堆積物中を移動しやすい．一方 Mn^{2+} にくらべて Fe^{2+} は，強還元下で硫化物として沈殿しやすい．その結果，Mn^{2+} は通常の酸化的な海洋底での堆積物では，表層で MnO_2 として濃縮する一方，数 cm 以下で溶存酸素や硝酸イオンが少なくなると，容易に Mn^{2+} に還元され，間隙水中の Mn^{2+} 濃度が上昇する．

ここでは，例として，北緯 41.4° N，東経 159.57° E，水深 5565 m の地点で採取した堆積物コア試料の分析結果を示そう（Fukukawa et al., 2004）．この堆積物はおもに生物起源ケイ質堆積物からなり，有機炭素濃度は 0.4–0.5 % であり，堆積速度は 3–4 cm/100 年である（Bailey, 1993）．図 4-9 には，太平洋深海底堆積物および間隙水中の鉄，マンガン，硝酸イオンの濃度と，X線吸収微細構造（XAFS；X-ray absorption fine structure）スペクトルで求めた鉄およびマンガンの平均価数を示した．XAFS は，エネルギー領域によって X 線吸収端近傍構造（XANES；X-ray absorption near-edge structure）と広域 X 線吸収微細構造（EXAFS；extended X-ray absorption fine structure）の 2 つに分けられる．前者からは対象元素の価数・対称性が得られ，後者からは対象元素に隣接した原子への結合距離や配位数の情報が得られる．ここでは XANES から鉄やマンガンの平均価数を得ている（佐野・髙橋，2013）．

まず硝酸イオンは，堆積物表層の間隙水中に高濃度に存在するが，その深度での有機物分解に使われて，その濃度は深度とともに急激に減少する．それにとって替わるように，堆積物中のマンガン濃度（価数はほぼ +4 価で MnO_2 である）は極大を示すが，より深部では有機物分解に利用されて，堆積物のマンガン濃度は再び減少し，その価数はおもに +2 価となる．その結果マンガンは溶解しやすくなり，間隙水中のマンガン濃度は深度とともに増

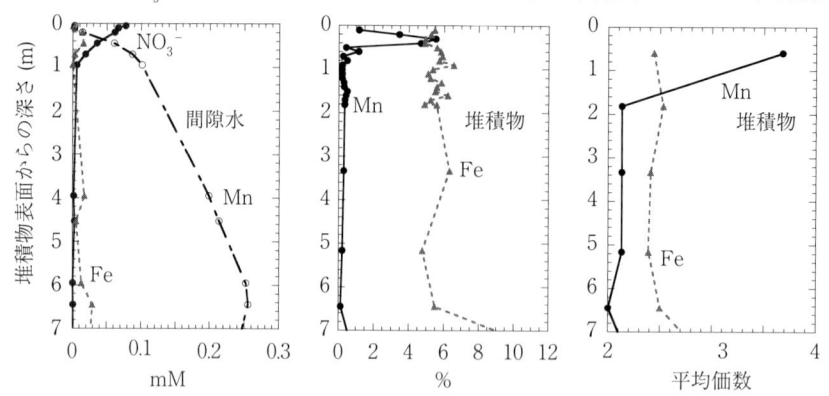

図 4-9 海洋堆積物の表層で起きる初期続成作用が反映されたさまざまな化学種の深度プロファイル（Fukukawa et al., 2004）

加する．この濃度勾配を駆動力とする拡散により，溶存マンガンは間隙水中を上方に移動し，硝酸イオンや酸素に酸化された結果，堆積物中で沈殿・濃縮する．このように，堆積物中での酸化還元反応を介して，堆積物表層では活発なマンガンの循環が生じ，表層付近での堆積物中のマンガン濃度が増加していく．一方，鉄はマンガンにくらべて還元されにくいため，図4-9において堆積物中の鉄の濃度や価数は大きくは変化していない．さらに還元的になった環境で，酸化剤としてFe^{3+}が使い果たされると，硫酸イオンが次の還元剤として利用され，硫化物を生成する．このような環境では鉄は硫化物を形成し，再び堆積物中に固定される．

　以上のように，有機物を含む堆積物中での初期続成過程により，Mn^{4+}が還元しMn^{2+}が溶解することがわかる．このような溶出過程のため，特に沿岸域や大陸棚の堆積物は，海洋への溶存マンガンの供給源となっている（図4-3）．一方，より酸化的な堆積物（赤色粘土など：4.1節4) 参照）では，上記のような初期続成作用による還元反応は卓越せず，堆積物表層で生成した鉄・マンガン酸化物は，埋没後も残留することができる．

4.2 マンガンクラスト,団塊の起源,鉱物組成と Mn/Fe 比

1) マンガンクラスト,団塊の分類

 本節では,マンガンクラスト,団塊の化学組成を議論するが,そのためには鉱物組成を知る必要がある.また 2.5 節で述べられている通り,鉱物組成・化学組成は,マンガンクラスト,団塊の起源(=生成環境)に大きく依存する.そのため,起源と鉱物組成についてまず簡単に触れる.なお,マンガンクラスト,団塊に見られるマンガン酸化物の鉱物については,研究者によって定義・鉱物名・構造モデルに違いが見られる点に留意されたい.

 さて,マンガンクラスト,団塊を構成するマンガン鉱物のほとんどはトドロカイト,ブーゼライト,バーナダイトであり,いずれも 6 配位 8 面体のマンガン酸化物のユニットが連結してできた鉱物である.このうちブーゼライトは,マンガン酸化物ユニットが二次元的に広がった層状マンガン酸化物である.また海のマンガンクラスト,団塊の構成鉱物として見つかることは稀で,陸上に産するマンガン酸化物としてはバーネサイトもある.マンガンクラスト,団塊としては,ブーゼライトを乾燥させた場合にバーネサイトが生じるが,実際にバーネサイトがマンガンクラスト,団塊中に存在すると考える研究者は少ない.乾燥による変質は,層間に水分子層が 2 つあるブーゼライトが,水分子層が一つのバーネサイトに変化することに対応し,このとき粉末 X 線回折(XRD)パターンに見られる底面反射の回折線が 10 Å から 7 Å に移動する.

 トドロカイト(轟石)は,1934 年に吉村豊文により北海道で初めて発見された鉱物である(吉村, 1934).理想的にはマンガン酸化物ユニットが 3 つ連なったシートが,層構造とそれを連結する壁の構造をもっており,特異なトンネル構造を有している.トドロカイトは,続成作用によりブーゼライトやバーナダイトから変化して生成する.このような続成作用に伴う相転移は,微量元素の組成などにも影響されると考えられており,近年でも盛んに研究されている(4.3 節 5)).

 バーナダイトは,バーネサイトに似た層間距離が 7.2 Å の層状マンガン酸化物であるが,結晶性が低く,一つの層の大きさが小さい上に,層どうしの

重なりに乱れが大きい．そのため，XRD 分析ではバーネサイトに見られる底面反射である 7.0–7.2 Å と 3.5–3.6 Å の回折線は見られず，2.4 Å と 1.4 Å にぼんやりとしたピークを示すのみである．またバーナダイトにはマンガンと同程度の鉄が含まれる．この鉄がどのような鉱物を形成しているかは明確ではない．その解釈として，バーナダイト中の Mn サイトを置換しているとする説がある一方で，鉄は針鉄鉱，フェロオキシハイト（feroxyhite）やより結晶性の低い水酸化鉄（フェリハイドライト）を形成してバーナダイトと intergrowth しているとする説もある．この問題については，4.4 節 4) でも触れる．

2) マンガンクラスト，団塊の起源，鉱物組成と化学組成（Mn/Fe 比）

4.1 節で述べたマンガンおよび鉄の性質の違いから，マンガンクラスト，団塊の生成環境と Mn/Fe 比の関係について考える（2.4 節も参照）．マンガンクラスト，団塊は，生成過程の違いからおもに 3 つ（海水起源，続成起源，熱水起源）に分けられている．このうち続成起源を，酸化的続成起源と亜酸化的続成起源に分ける場合もある．一般的に，酸化的続成起源と亜酸化的続成起源とは，それぞれ溶存酸素が存在するより酸化的な環境での続成作用と，マンガン酸化物・硝酸イオン・鉄酸化物が還元される還元的な環境で起きる続成作用のことを指す．以下に，海水起源，続成起源，熱水起源の順に，より詳しい説明を示そう．

海水起源のマンガン酸化物は，酸化的な環境で海水から直接沈殿し，海山の表層や深海底の表層に生成する．この直接的な沈殿生成過程では，マンガン–鉄間に特別の分別機構が働かないので，Mn/Fe 比は 1 に近く，3 つの起源の中で最も小さな値を示す．また成長速度は，続成起源のものより遅いと考えられており（Dymond *et al.*, 1984），100 万年当たり数 mm 程度である（2.2 節参照）．クラスト状のものは，海山などの基盤岩の上に成長することが多く，団塊状のものは堆積物の上に成長している．団塊は，成長中に転動したりするため成長過程が不明瞭な場合があり，しばしば海水起源と続成起源の両方の成分を含んでいる．一方でクラストは，基盤岩に接している部分が最も古く，一方向に成長し，海水から沈殿したものと見なせるので，古環境

の復元などの研究には適している．またクラストは，海水起源の特徴であるコバルト，希土類元素，白金族元素などの濃集が顕著に見られ，資源的にも重視されている．これら海水起源のクラストや団塊では，バーナダイトがおもなマンガン鉱物である．すでに述べた通り，バーナダイトは結晶性の低い層状マンガン酸化物であり，面間隔に相当する7.2Åの回折線が得られないのは，フェリハイドライト，フェロオキシハイトあるいは針鉄鉱の形態をとる鉄がナノ以下のスケールで混合しているためと考えられている（Manceau et al., 1992）．

続成起源のマンガン団塊は，4.1節6）で示した初期続成作用におけるマンガンの溶脱と再沈殿が重要な役割を果たしている．つまり，堆積物中の初期続成過程で生じた溶存Mn^{2+}は，堆積物上方に移動し，表面に近い堆積物中で再酸化されて沈殿生成する．鉄にくらべて初期続成過程で還元されやすいマンガン（Mn^{2+}になると溶解度が大きく増加）は，鉄にくらべて動きやすいので，Mn/Fe比は大きくなる．また図4-9からもわかる通り，高濃度のマンガンを含む間隙水が堆積物深部から供給されるので，成長速度は海水起源より速いと考えられており（Dymond et al., 1984；Huh and Ku, 1984），10-100 mm/100万年の範囲にあると見られる（Glasby, 2006）．続成起源マンガン酸化物の主要鉱物であるブーゼライトでは，Ni，Cu，Znを濃縮する作用があり，この起源のマンガン酸化物の重要な特徴となっている．

続成起源のマンガン団塊をさらに酸化的続成起源と亜酸化的続成起源に分ける場合もある．亜酸化的続成起源では，浅海底などのより還元的環境で生成する結果，鉄・マンガンの分離沈殿がより明確であり（4.1節6）参照），深海底の堆積物表層にくらべて溶存マンガンのフラックスが大きく，成長速度が速い．そのため，亜酸化的続成起源のマンガン団塊は，より酸化的な続成起源マンガン酸化物にくらべて，Mn/Fe比が大きく，CuやNiの濃縮が顕著ではないという特徴をもつ（Dymond et al., 1984）．

最後に熱水起源（hydrothermal）の（鉄）マンガン酸化物は，マンガンや鉄を高濃度に含む熱水からの沈殿であり，中央海嶺や背弧海盆のような熱流量の高い海域に見られる．鉄は熱水供給源の近傍で速やかに除去されるが，マンガンは海洋深層を比較的長い距離運搬されるため，Fe-Mnの分別が大

きい．そのため熱水起源のマンガンの沈殿物のMn/Fe比は3タイプのなかで最も大きい．また，マンガン濃度が高い水からの沈殿生成なので，成長速度は3タイプのなかで最も速く，1000 mm/100万年以上と見られる（Burnett and Piper, 1977）．以上のことから，マンガンクラスト，団塊の主成分であるマンガンと鉄の組成について，Mn/Fe比が海水起源＜続成起源＜熱水起源の順に増加することがわかる．マンガンと鉄は主成分でもあり，Mn/Fe比は海洋の鉄・マンガン酸化物の化学組成を調べる上で最も重要なパラメータである．

4.3 マンガンクラスト，団塊の化学組成

1) 吸着，共沈，相転移

マンガンクラスト，団塊の成因論には，海水中で水酸化鉄やマンガン酸化物のコロイドができ，それが降り積もることでマンガンクラスト，団塊ができたとする考えと，海底にすでにできている固体の鉄・マンガン酸化物が徐々に成長しているという考えがある．このいずれかが主要なプロセスであることを決定づける証拠はない．一方，海水起源のマンガンクラスト，団塊を例にとり，成長速度が1 mm/100万年とした場合，層状を示すマンガン酸化物中のMn–Mnの距離を5Åとすると，これらのクラストや団塊では，1年でマンガン酸化物2層分だけしか成長しないことがわかる．このことは，どのような生成プロセスにせよ，非常に長い時間，鉄・マンガン酸化物の表面は海水に接していることを示す．

これに対して，固液界面への元素・イオンの吸着（adsorption）反応の反応速度は秒～分オーダーである．したがって，きわめて遅い鉄・マンガン酸化物の成長速度を考えた場合，微量元素の取り込みは，固相表面への吸着反応ととらえることが本質的に重要であることがわかるだろう．イオンによってこれらの酸化物への吸着のされやすさは異なり，そのことが鉄・マンガン酸化物中の微量元素の濃度を左右する．

また鉄・マンガン酸化物コロイドが海水から生成する場合には，この酸化物コロイドの生成途中にその構造中に微量元素が直接取り込まれ，海水から

隔離される．このような現象は共沈（coprecipitation）と呼ばれる．もし海水中で生成したコロイドが降り積もって鉄・マンガン酸化物が生成するのであれば，この共沈も微量元素を取り込む重要なプロセスになる．

このようにして生成した鉄・マンガン酸化物は，時間の経過とともに結晶性がよくなる．この場合，結晶性のよい酸化物がもつ構造規制により，酸化物中で構造的に安定に存在できる元素ほど，相対的に鉄・マンガン酸化物中の濃度が高まる可能性もある．逆にいえば，酸化物中で構造的に安定でない元素は，いったん鉄・マンガン酸化物に吸着あるいは共沈されても，時間の経過とともに鉄・マンガン酸化物から排除される可能性がある．こうしたプロセスにおける結晶への取り込まれやすさは，1）水溶液中で水酸化鉄やマンガン酸化物を合成する際に微量元素を共存させてその取り込みを調べる実験や，2）結晶性の低い鉱物が高い鉱物に相転移する間の微量元素の取り込み・溶出を調べる相転移実験，などにより研究されている．

2）吸着反応：表面錯体の種類

ここではまず，鉄・マンガン酸化物中の微量元素の濃度を考える上で最も重要な固液界面での吸着反応について考える．元素の固液分配を考える場合，鉱床生成などで重要となるのは沈殿形成である．しかし，溶存濃度が溶解度を下まわっている場合，もはやその元素は固相中に固定されることはないのだろうか．こうした場合，元素の溶存濃度は固相への吸着反応で規定される．吸着反応は，固相と液相の間の界面で液相中の溶質の濃度が，固相のバルク中の濃度よりも高くなる現象を指す．すでに述べたように，そもそもマンガンクラスト，団塊の生成過程で起こるマンガンの酸化反応に，Mn^{2+} の MnO_2 への吸着過程が含まれている．そのため，微量元素の取り込みは，それ以外の元素の吸着と Mn^{2+} の吸着の競争反応ととらえることもできる．

この吸着反応は，固相表面とイオンの相互作用であり，原子レベルの構造から理解すべきものである．2章で述べたマンガン酸化物鉱物の構造において，1）層構造中の欠陥，2）Mn^{4+} と Mn^{3+}・Mn^{2+} の置換，3）Mn^{3+} や Mn^{4+} のほかの微量元素（たとえば Ni^{2+}）による置換は，マンガン酸化物中に負電荷を誘起する．陽イオンに対するマンガン酸化物の高い吸着特性は，

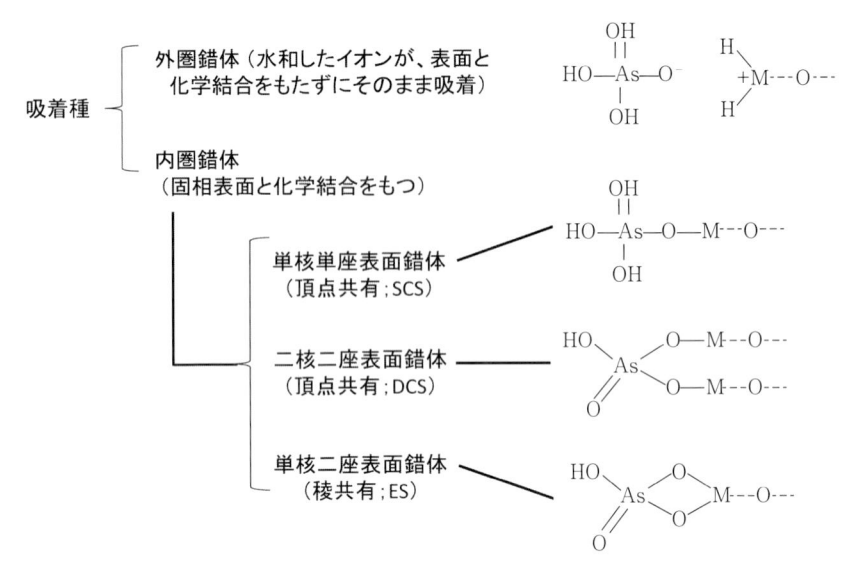

図4-10 ヒ酸（H₃AsO₄）を例にした場合の表面錯体の種類
Mは固相を構成するマンガンや鉄などの元素を表す．

このような負電荷に由来する．図4-10にはいくつかの基本的な表面錯体の構造を示した．このうち外圏錯体は，吸着されるイオンが固相と直接の結合をもたず，水和されたイオンが固相中の電荷に引き寄せられて，静電的に吸着される成分のことを指す．たとえば，海水条件下で負電荷をもつマンガン酸化物に対して，陽イオンのなかでもナトリウムイオンなどは，表面とは結合をもたず，水和したままマンガン団塊に吸着される．

一方，イオンが固相表面となんらかの結合をもつ場合，この錯体を内圏錯体と呼ぶ．内圏錯体は，表面錯体生成に関わる1) 対象とする表面の核となる中心金属M（nuclear）の数および，2) 金属イオンが表面と形成する結合の数に応じて，単核単座表面錯体（monodentate mononulear complex），二核二座表面錯体（bidentate binuclear complex），単核二座表面錯体（bidentate mononuclear complex）などに分けられる（図4-10；Wang and Mulligan, 2008）．前者2つは，Mが形成する8面体（あるいは4面体）に対して頂点を共有して吸着する．そのためこれらを，共有する頂点の数に応じて単核単座表面錯体（single-corner sharing complex）や二核二座表

面錯体（二頂点共有錯体；double-corner sharing（DCS）complex）などと呼ぶこともできる．また，単核二座表面錯体は，固相を形成する多面体に対して稜を共有して吸着するので，これらは単核二座表面錯体（稜共有錯体；edge-sharing（ES）complex）と呼ぶこともある．実際には表面に欠陥などがあった場合，さらに多様な表面錯体が生成し得る．

図4–11では，実際に層状のマンガン酸化物表面に吸着した表面錯体のいくつかを示した．上面のZn^{2+}やNi^{2+}は，いずれも層内で欠陥がある位置にマンガン酸化物8面体の3つの頂点と結合した三核三座表面錯体（triple-corner sharing（TCS）complex）を形成して吸着している．欠陥部位のさらなる負電荷の過剰は，下面にも吸着しているMn^{2+}やCa^{2+}，あるいはプロトンにより補償される．また層構造が切れている端面には，マンガン酸化物8面体の頂点を共有した二核二座表面錯体や，稜を共有した単核二座表面錯体が存在している．そのため，マンガン酸化物の場合には，こうした欠陥の量や端面の割合が微量元素の吸着に大きく影響している．では，これらの吸着種は，どのような方法で見分け，系統的に理解することができるのだろうか．

EXAFSや粉末X線回折（XRD）およびそのシミュレーションに基づく

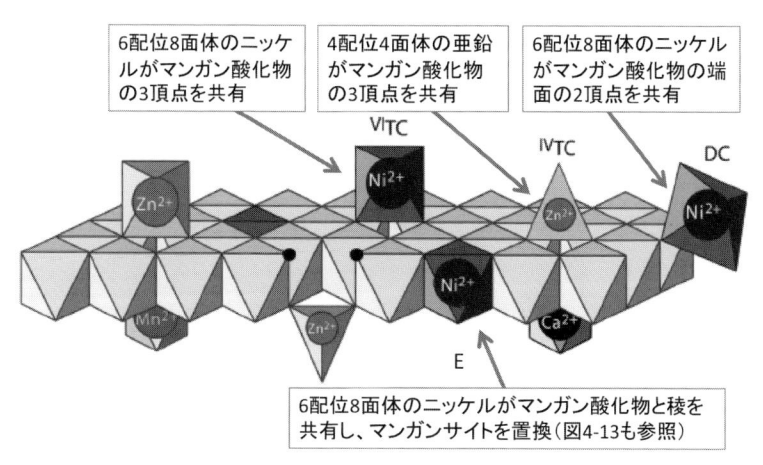

図4–11 マンガン酸化物層に吸着されたイオンが形成するさまざまな表面錯体
（Manceau et al., 2007）

構造情報の抽出は，こうした原子・分子レベルの構造を明らかにする上で不可欠である．XRD は，詳細なシミュレーション解析から，マンガン酸化物の層構造の解析に用いられる．一方，ここで述べたような吸着されたイオンの原子レベルの情報は，おもに EXAFS やその他の分光法と分子軌道法などの分子シミュレーション法を用いて調べられている．特に EXAFS では，対象とする元素 X を中心として，その近傍おおよそ 5 Å 以内に存在する原子の種類，構造，配位数を決定することができる．そして，その局所構造情報から，どのような表面錯体が形成されているかがわかる．図 4-10 からわかる通り，吸着される中心原子 X から見た場合，固相をなす M（＝Mn あるいは Fe）との距離 X–M は，単核二座表面錯体＜二核二座表面錯体＜単核単座表面錯体の順に大きくなる．そのため，EXAFS 情報から X–M の距離を得れば，どのような表面錯体が形成されるかを決定できる．

3）EXAFS による吸着種の解析例

たとえばバーナダイト中のマンガン酸化物のアナログと考えられる δ–MnO_2 に対する ＋2 価の鉛（Pb^{2+}）の吸着について，その適用例を述べてみよう（Takahashi et al., 2007）．ここでは，δ–MnO_2 に対する Pb の吸着種の濃度を変化させながら，Pb の局所構造を Pb の L_{III} 端 EXAFS で調べている．図 4-12 に，δ–MnO_2 に対する Pb^{2+} の吸着モデルを示した．δ–MnO_2 は結晶性が低く，小さなマンガン酸化物層がランダムに積層している．そのために，層状マンガン酸化物の（001）面に対する端面の割合が高い．このようなマンガン酸化物層に Pb^{2+} が吸着する場合，より結晶性のよいマンガン酸化物にくらべて，端面への吸着種（二核三座表面錯体；double-edge sharing (DES) complex）の割合が相対的に多くなる．この様子は EXAFS の動径構造関数（RSF）では，図 4-12（b）のように示される．EXAFS は，X 線を吸収した原子から放出される光電子が隣接する原子に散乱される現象に由来し，中心原子に対する隣接原子の距離や配位数を反映する．RSF は，原点にある中心原子（ここでは Pb）からの距離の関数となっており，ピークが見られる位置（厳密な原子間距離は位相シフト ΔR を補正して得られる）に近接原子があることを示す．どんな原子かは，一般的には FEFF とよばれる

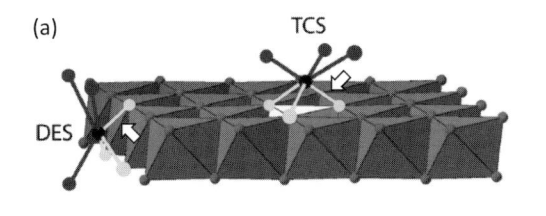

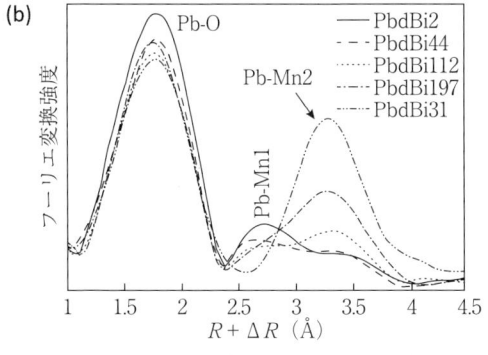

図 4-12 マンガン酸化物に対する鉛（II）の表面錯体（a）とその動径構造関数（b）（Takahashi et al., 2007）
(b) では PbdBi2 から PbdBi31 になるとともに Pb/Mn 比が増加している．

ab initio 計算のソフト（Zabinsky et al., 1995）などから求めたパラメータでスペクトルを再現することで特定する．この RSF のうち，Pb–Mn1 は DES の Pb と最近接の Mn の距離である．一方，TCS の Pb とマンガン酸化物層中の Mn との距離 Pb–Mn2 は，Pb–Mn1 よりも長い（Pb のすぐ下の Mn サイトは欠陥であることに注意）．図 4-12 からは，吸着する Pb の濃度，つまり Pb/Mn 比が増加するにつれて，RSF に見られる Pb–Mn のピークは，Pb–Mn1 から Pb–Mn2 に移っていくことがわかる．この結果は，1) Pb^{2+} では TCS サイトよりも DES サイトの方がより安定な表面錯体を生成し，2) DES サイトが飽和するとともに TCS サイトに吸着される Pb^{2+} が増加することを示す．以上，EXAFS によって吸着されたイオン周囲の構造解析から，吸着種の構造を推定できることがわかる．また，ここで示されたように，δ-MnO_2（バーナダイトでも同様と見られる）では，ブーゼライトやトドロカイトにくらべて端面への吸着の寄与が大きく，これは δ-MnO_2 の粒径（層の面積）が小さいため端面の割合が多いことと整合的である．

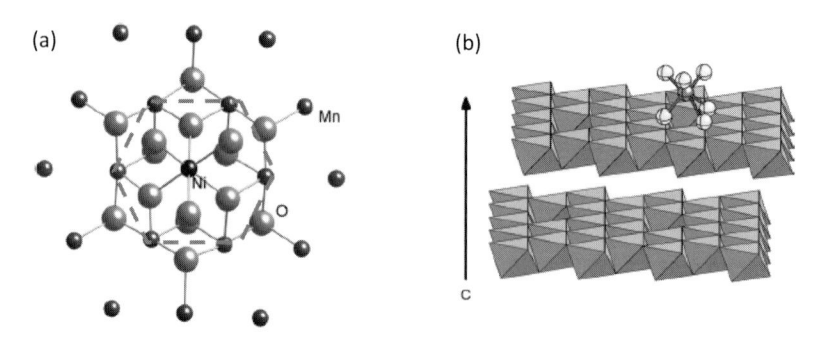

図4-13 マンガン酸化物の層間に存在する吸着種の平面図（a）と平面を横からみた図（b）（Peacock and Sherman, 2007）

上記の Pb^{2+} の表面錯体で重要であった TCS サイトの同定の例として，合成された六方晶系バーネサイト（hexagonal birnessite，バーナダイトに近い構造をとる）に吸着された Ni の解析を示す（図4-13）．Peacock and Sherman（2007）では，Ni の吸着割合を変えながら，Ni の K 吸収端 EXAFS を測定している．ここでも Ni に近接する Mn が6個（図4-13（a）の点線で示した六角形の頂点部分）あり，EXAFS から求まる Ni-Mn の距離から，Ni が（001）面に吸着していることが示されている．Ni のすぐ下のサイトは欠陥で Mn がないことも，EXAFS の詳細な解析からわかる．もしこのサイトに Mn があれば，この Mn と欠陥の周りの6個の Mn は，EXAFS により区別できるからである．一方でこの論文では，Ni の一部がマンガン酸化物層に取り込まれ，Mn が欠陥している部位を置換できることも指摘されている．この事実は，EXAFS で求めた Ni-Mn の距離が，Mn サイトを Ni が置換した場合の Ni-Mn の距離に近く，表面に吸着した場合の Ni-Mn（図4-13(a)）よりも短いことに基づく．このような置換した構造は，4.3節4）で述べる共沈によっても生じると考えられる．これらの例から，吸着された金属イオンが構造中に取り込まれる過程を EXAFS などから調べられることがわかる．

4）共沈反応

固相に微量元素が取り込まれる場合に，共沈も重要な過程である．共沈は，

溶液から沈殿を生成させたとき，その状況では十分な溶解度があり沈殿しないはずのイオンが，その他の化合物の沈殿に伴われて固相に分配される現象である．水酸化鉄やマンガン酸化物が海水中で生成する際にも同様のことが起きると考えられる．その際，取り込まれるイオンには，固相表面に吸着される成分以外に，鉄やマンガンと同形置換をすることで，水酸化鉄やマンガン酸化物の内部に取り込まれる成分がある．そのため，水酸化鉄やマンガン酸化物を形成するFe^{3+}やMn^{4+}にイオン半径や価数が近い微量元素が，より共沈しやすいと考えられる．また，4配位4面体の水和イオンやオキソ酸イオンを形成するイオン（たとえばヒ酸イオン）よりも6配位8面体を形成するイオンの方が構造的に類似しており，より共沈しやすい．ただし，ある元素（イオン）が4配位4面体と6配位8面体のいずれをとりやすいかは，イオン半径に依存しているので，これはイオン半径に基づく議論と本質的には同じことを意味している．

　こうした共沈の実験は，酸化鉄系で多数行われている（Cornell and Schwertmann, 2003）．図4-14(a) には，針鉄鉱合成時に添加した金属イオンMのモル濃度を変化させた場合の，針鉄鉱の格子定数bの変化を示している．このように，Mの増加とともに，ホストである針鉄鉱の格子定数が変化するが，

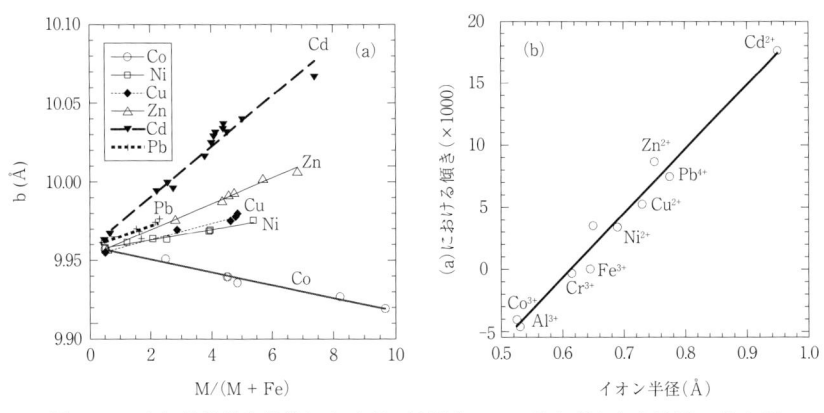

図4-14　(a) 針鉄鉱と共沈した元素の沈殿中のモル比と得られた沈殿の粉末X線回折パターンから得られた格子定数bの変化の関係；(b) 共沈で取り込まれたイオンのイオン半径と図4-14(a) の直線の傾きの関係（Gerth, 1990）

それはMと主成分であるFe^{3+}のイオン半径の違いに依存する．図4-14(a)の傾きをイオン半径に対してプロットした図4-14(b)では，bの傾きがイオン半径によく相関することがわかる．また，大きなイオンほど，Mが増加したときの格子定数の増加が著しいことがわかる．これらの結果は，共沈した沈殿中でMがFe^{3+}を置換していることを示している．

同様のことは，マンガン酸化物でも成り立つが，マンガン酸化物は層状の構造をとるため，構造中のMnを置換しにくいイオン（4配位をとりやすいZn^{2+}など）の場合，その吸着は前節で述べた通り，構造中の負電荷に引き寄せられた表面への吸着になり，構造中には取り込まれず，層間に留まる形態をとりやすい（Manceau et al., 2007）．

5) 相転移

吸着あるいは共沈により固相に取り込まれたイオンは，その鉱物が別の鉱物に相転移する際には，溶液中に放出されたり異なる構造に変化したりする．一方で，こうした微量元素が存在することで，本来不安定な鉱物が安定化し，相転移を妨げる場合もある．特にマンガン酸化物の場合には，安定で特異なトンネル構造をもつトドロカイトへの構造変化に関心がもたれている．

トドロカイトの合成は，合成化学的にも多くの手法が試されている．その中でも，Feng et al. (2004) は，まず層間距離が7ÅのバーネサイトにMg^{2+}をイオン交換させることで，層間距離が10Åのブーゼライトを作り，これを140℃で処理することでトドロカイトが得られるとしている．最近では，詳細なEXAFSなどによる解析により，最も結晶性が低いバーナダイト（鉄を含まないので，厳密にはδ–MnO_2と呼ぶべき）から，続成作用によりトドロカイトができる過程について調べられている（Bodei et al., 2007；Feng et al., 2010）．その結果，面間隔が7Åのバーナダイトから，微量元素の吸着などにより面間隔が10Åに広がったバーナダイト（Feng et al. (2010) では三斜晶系の面間隔10Åの層状マンガン酸化物と書かれている）を経由して，トドロカイトに相転移すると報告されている．特にその過程で，吸着されたNi^{2+}やMg^{2+}などのイオンが相転移に関係していることが古くから指摘されている（Mellin and Lei, 1993）．

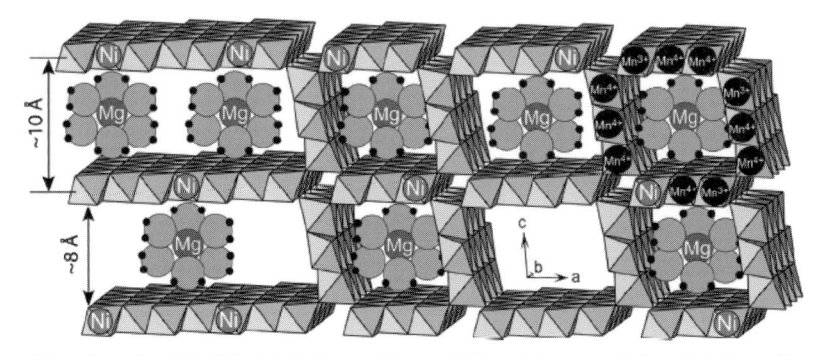

図 4-15 ブーゼライトからトドロカイトへの鉱物変化と，その変化に果たす Mg^{2+} や Ni^{2+} の役割の模式図（Bodei et al., 2007）

　ここでは，Bodei et al.（2007）で提案されたトドロカイトの生成モデルを示す（図4-15）．続成過程において7Å-バーナダイトから10Å-バーナダイトが生成する際に，Ni^{2+} がマンガン酸化物層に取り込まれるとともに，層間に Mg^{2+} が吸着される．吸着された Mg^{2+} は，Ni^{2+} が Mn^{4+} サイトに存在することでできる負電荷に引き寄せられて存在する．この Mg^{2+} は水和した状態にあり，マンガン酸化物層の層間をつなぐ壁および上下のマンガン酸化物層のテンプレートになる．また特にトドロカイトが3×3の理想的なトンネル構造を形成するには，合成三斜晶系のバーネサイトに見られる Mn^{3+}-Mn^{4+}-Mn^{4+} の並びがあることが重要となる．この研究では，陸水にくらべて海水でトドロカイトができやすいのは，海水では Ca^{2+} より Mg^{2+} の濃度が高いためであると指摘している．さらにトドロカイトが続成起源のマンガン団塊中では少ないが，熱水起源でよく見られることは，温度が高い条件で相転移が速度論的に速く進行するためと指摘されている．またこれらのことは，トドロカイトが前駆体なしには生成しないこととも整合的である．また Feng et al.（2010）では，微生物が生成した生物起源マンガン団塊（バーナダイト）を出発物質とし，Bodei et al.（2007）と同様のプロセスでトドロカイトが生成すると述べられている．

6）マンガン酸化物表面での微量元素の酸化反応：コバルトの濃縮

　次に4.3節4）までで述べた吸着反応について，微量元素を酸化する反応を含む場合について取り上げる．これまでの例では，Zn^{2+}やPb^{2+}など，酸化還元反応を伴わない吸着を扱ったが，マンガン酸化物の特徴の一つに強い酸化剤であることが挙げられる．このことは，すでに述べたE_h-pH図や堆積物中の初期続成過程を見れば明らかである．一方で，この酸化反応は原子レベルではどのように理解されるのであろうか．特にマンガン酸化物は固体なので，その酸化は，イオンがマンガン酸化物表面に吸着されてから酸化を受けることになる．この酸化を伴う吸着プロセスもXAFSで解析可能である．実はPb^{2+}は，長い間Pb^{4+}に酸化をされてマンガン酸化物中に取り込まれると考えられてきたが，XAFSの結果はPb^{2+}のままの吸着を示唆している（Takahashi et al., 2007）．一方，Co^{2+}やCe^{3+}は，いずれもCo^{3+}やCe^{4+}に酸化をされて取り込まれることがXAFSから明らかにされている．これらの元素は，酸化形の方が水に溶けにくいので，酸化されることが著しい濃縮につながっている．ここではおもにコバルト（Co）の濃縮からマンガン酸化物表面での微量元素の酸化反応を見ていこう．

　マンガン酸化物中に，ほかの+2価遷移金属（Ni^{2+}，Cu^{2+}，Zn^{2+}など）にくらべてCoが濃縮していることは，多くの研究で指摘されていた．またCoは，マンガン酸化物にいったん吸着されると抽出されにくく，またその吸着にはMn^{2+}の放出が伴われることもわかっていた．そのようななかで，海水中で+2価であるCoが，マンガン酸化物中では+3価で存在することは，X線光電子分光法（XPS；X-ray photoelectron spectroscopy）により初めて明らかにされた（Dillard et al., 1982）．さらにDillard et al.(1982)は，Mn^{3+}あるいはMn^{4+}によってCo^{2+}が酸化されること，吸着されたCo^{3+}はCo$(OH)_3$と類似の構造を示すこと，などを指摘した．しかし，XPSではさらに詳細な原子レベルの相互作用を明らかにすることは困難であった．

　そこでManceau et al.(1997)は，偏光EXAFS法や定量XRD法などの応用的なXAFS法やXRD法を駆使して，ブーゼライトによるCoの酸化過程を調べた．この研究の前に彼らは，層状物質であるブーゼライトのマンガン酸化物層内で，Mn^{3+}やMn^{2+}が1列に並ぶことが多いことを示している．

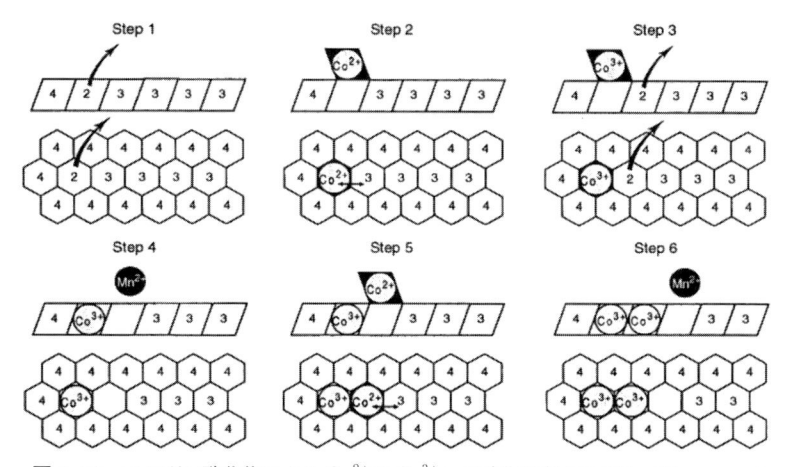

図 4-16 マンガン酸化物による Co^{2+} の Co^{3+} への酸化過程のモデル（Manceau et al., 1997）

　この点に着目し，Manceau et al.（1997）では，その酸化プロセスが図 4-16 のようにマンガン酸化物層中の Mn^{3+} が多い部位で Co^{2+} が酸化されることを実験的に示した．そのプロセスは以下の通りである．
　マンガン酸化物層中に存在する Mn^{2+} は溶解しやすい．この Mn^{2+} が溶解した後の空孔上の層間サイトに Co^{2+} は吸着される．この Co^{2+} は空孔に取り込まれ，隣接する Mn^{3+} によって酸化され，Co^{3+} となって構造中で安定化する．その際 Co^{2+} を酸化した Mn^{3+} は Mn^{2+} に還元され，先ほどと同様に溶液中に放出される．この空孔に Mn^{3+} が隣接する場合，Co^{2+} の酸化・取り込みが引き続いて起きる．こうして取り込まれた低スピン状態（＝d 軌道への電子のつまり方の違いで，低スピン状態と高スピン状態が区別される）の Co^{3+} は，イオン半径が $0.53\,\text{Å}$ であり，Mn^{4+}（$0.54\,\text{Å}$）と同じ大きさをもつため，マンガン酸化物中で安定に存在する．そのため，いったん吸着された Co^{2+} は，マンガン酸化物中で Mn^{3+} が枯渇しない限り，Mn^{4+} を置換した Co^{3+} となって安定化する．
　価数が変わらないイオン M^{2+} の吸着の場合，マンガン酸化物中の濃度 $[M^{2+}]_S$ は，溶液中の濃度 $[M^{2+}]_W$ と平衡を保ち，$[M^{2+}]_W$ に応じて $[M^{2+}]_S$ は決定される．一方 Co の場合，吸着した Co はすべて 3 価になる．この場

合，Co^{3+}の吸着-脱着反応で規定される溶存Co^{3+}の濃度は，Co^{3+}のマンガン酸化物中の安定性を反映して，非常に小さくなる．そのため，Co^{3+}の酸化的な吸着反応は実質的に不可逆的であり，ほかの+2価の遷移金属のイオンにくらべて，Coはマンガン酸化物に著しく濃縮する．

では最終的なマンガン酸化物中のCo濃度は，何に規定されるのだろうか．図4-16のプロセスからもわかる通り，Co^{2+}が取り込まれる量はMn^{2+}とCo^{2+}の交換のしやすさで決まり，溶液中のMn^{2+}と競争的な反応である．そのため溶存マンガン濃度が高い場合には，マンガン酸化物中のCo濃度は相対的に低くなる．またMn濃度が高い場合，マンガン酸化物の成長が速くなり，相対的にCo濃度が低下することが期待される．一方，Coの酸化的吸着の不可逆性のため，このマンガン酸化物中のCo濃度は，マンガン酸化物が成長した時点の濃度を保存し，その後は減少しないと考えられる．したがって，Coの溶存濃度が一定であれば，マンガン酸化物の成長速度が遅いほど，マンガン酸化物中のCo濃度は増加することが期待される．

このような成長速度とCo濃度を関係づける考え方は，成長速度が異なるマンガン団塊中のCo濃度を比較した研究において指摘されている（Halbach et al., 1983）．この研究では，成長速度が既知の試料について，マンガンクラスト，団塊へのマンガンの供給量は成長速度に比例するが，Coの供給量はあまり変化しないことを指摘した．このことは，Co濃度が成長速度に対して負の相関をもつことを示唆している．また同様の傾向がNiなどほかの元素にも見られることも指摘されており，成長速度が微量元素の濃度に影響を与える因子である可能性がある．このHalbach et al. (1983)の成果は，いくつかの海水起源のマンガンクラスト，団塊についての比較から述べられているが，続成起源と熱水起源の試料を含めても，その相互の関係は類似した傾向を示す．つまり3つのおもな起源では，成長速度は海水起源＜続成起源＜熱水起源の順に速くなり，Co濃度は海水起源＞続成起源＞熱水起源という傾向を示す．この場合，MnやCoの供給プロセスが異なるので，それらを直接比較できるかという問題はあるが，この傾向は，マンガン酸化物の成長速度が速いとCoやほかの微量元素の濃度が減少することが原因と示唆される．

これらの反応が，結局は Mn とその他の微量元素のマンガン酸化物表面に対する競争反応であり，それは Mn と微量元素の供給量の違いを反映していると考えれば，Mn 供給量の多い続成起源や熱水起源の試料で，微量元素濃度が概して低いことは理解できる．ただし，それぞれの環境で特異的に濃度が高まる元素，たとえば初期続成環境での Cu では，このような負の相関は見られない（4.3 節 8) 参照）．

　Co とは逆に，価数が変わることで溶けやすくなる元素は，マンガン酸化物に濃縮されることはない．すでに述べた通り，Co では Co^{2+} よりも Co^{3+} の方が溶けにくい状態であるため，マンガン酸化物による酸化でコバルトは濃縮される．一方で，酸化されることで溶解性が高まる元素は，マンガン酸化物に濃縮されにくい元素となる．たとえば，Cr^{3+} は酸化されると易溶性の CrO_4^{2-} イオンとなる．そのため，Cr は酸化されるとむしろ溶けやすくなる元素の代表である（Fendorf and Zasoski, 1992）．ウランも同様で，還元環境で UO_2^{2+} から U^{4+} になると濃縮するが，鉄・マンガン酸化物では顕著な濃縮は示さない．

7) 希土類元素パターン

　Co 以外に酸化による顕著な濃縮を示すのがセリウム（Ce）である．希土類元素パターンに現れる Ce の正の異常は，Ce の濃縮が酸化に起因することを明確に示している．希土類元素（REE，ここではイットリウム（Y）とランタノイド 15 元素を指す）は，いずれも +3 価が安定でイオン結合性が強く，相互に類似した性質を示す元素群である．ただし，イオン半径は，ランタノイドの原子番号の増加とともに小さくなる（ランタノイド収縮；Y^{3+} のイオン半径は Dy^{3+}，Ho^{3+} と類似）．そのため，REE は類似した性質を示しつつも，イオン半径の減少とともに系統的にわずかに挙動が変化する．そのため，適切な参照試料で規格化した REE の存在度を原子番号順に並べた REE パターンは，通常なめらかな線を描く（佐野・高橋，2013）．図 4-17 には，地球の原料物質と考えられる始原的コンドライト隕石（Anders and Grevesse, 1989）と，大陸地殻の平均組成（Taylor and McLennan, 1991），中央海嶺玄武岩（佐野・高橋，2013），海水（Faure, 1998）の例を示した．(a) には濃度

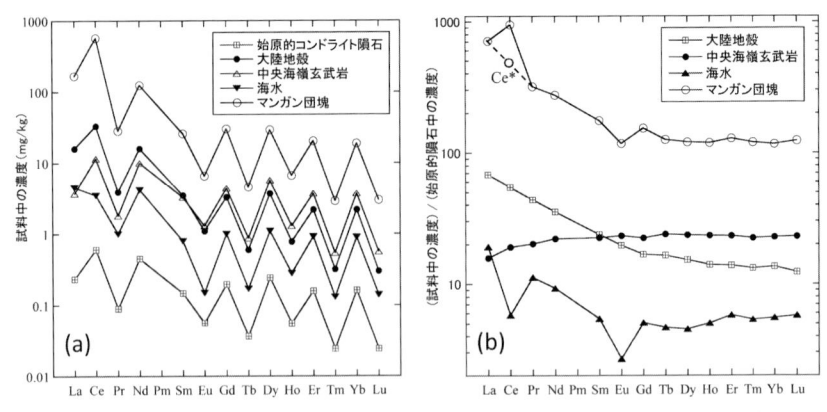

図 4-17 典型的な地球化学試料 (Anders and Grevesse, 1989 ; Faure, 1998 ; Taylor and McLennan, 1991) の REE パターン
(a) 試料中の絶対濃度, (b) 始原的隕石の濃度で規格化した濃度.

データを, (b) には始原的コンドライト隕石で規格化した値を示した. REE のイオン半径は, マントル物質中の Mg^{2+} に代表される陽イオンのサイトを置換するには大きすぎる. そのため, マントル物質から地殻物質が分離する際に, イオン半径の大きな REE は地殻に分配されやすい (不適合元素). 特にイオン半径が大きな軽い REE で不適合性が高く, より地殻に分配されやすい. その結果, 地殻物質である頁岩や鉄マンガン酸化物はコンドライトに対して左上がりの REE パターンをもつ.

REE の類似性を反映し滑らかな形状を示す REE パターンのなかで, Ce とユーロピウム (Eu) が異常な値を示す場合があり, それぞれ Ce 異常, Eu 異常と呼ばれている. これは, それぞれの元素がほかの REE とは異なり, 地球環境で Ce^{4+} や Eu^{2+} の価数をとる場合があるためである. 通常の酸化的な海洋環境で Eu が 2 価になることはないが, Ce^{3+} は容易に Ce^{4+} になる (E_h–pH 図: 図 4-18). Ce^{3+} にくらべて Ce^{4+} は溶解度が低いため, Ce^{4+} が生成する試料ではほかの REE にくらべて Ce が濃縮し, 正の Ce 異常を示す. このように Ce^{4+} が生成し固相に取り込まれると, その反応相手である海水の REE パターンは負の Ce 異常を示す. このような固相として重要なのが, 酸化力の強い鉄・マンガンクラスト, 団塊である. もし酸化が伴われなければ,

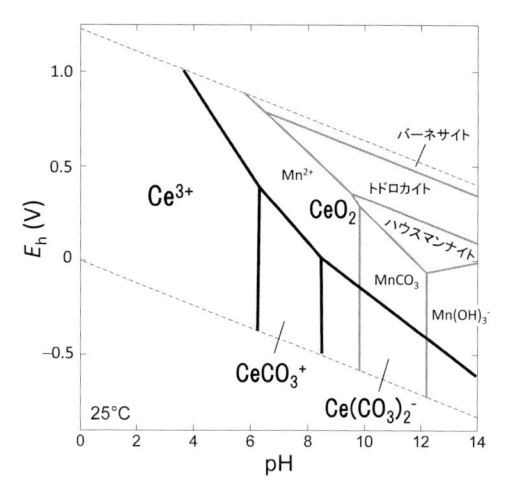

図 4-18 セリウムの E_h–pH 図
Ce の溶存種の濃度 10^{-11} M．$[HCO_3^-] = 10^{-3}$ M．
Mn の E_h–pH 図も重ねて示してある．

Ce^{3+} は La^{3+} と Pr^{3+} の中間の挙動を示し，REE パターン上の内挿点（図 4-17 の Ce^* の点）を示すと期待される．実際の鉄・マンガン酸化物の Ce 濃度はこの点より高いので，酸化が Ce の濃縮を生んでいることがわかる．

マンガン酸化物により Ce^{3+} が Ce^{4+} に酸化されることは E_h–pH 図から明らかである（図 4-18）．MnO_2/Mn^{2+} の酸化還元境界よりも CeO_2/Ce^{3+} のそれは下にあるので，MnO_2 にとって Ce^{3+} は容易に酸化できる化学種だからである．マンガン酸化物上で Ce^{3+} は酸化され，生成した Ce^{4+} はマンガン酸化物から溶離することはないので，程度の差はあってもマンガン酸化物中の Ce は常に海水にくらべると濃縮されている．

マンガンクラスト，団塊の REE パターンを頁岩による規格化で得ると，Ce 異常は正負両方が現れる（図 4-19）．このことから，海水起源では正の Ce 異常が見られるが，続成起源では負の Ce 異常が見られると認識されている．さらにその結果に基づいて，マンガン酸化物が生成した酸化還元環境を議論した例が散見される（たとえば Hein *et al.*, 1997）．しかし，水側の REE から考えた場合，マンガン団塊中の REE は常に正の Ce 異常を示すはずで

4.3 マンガンクラスト，団塊の化学組成 —— 139

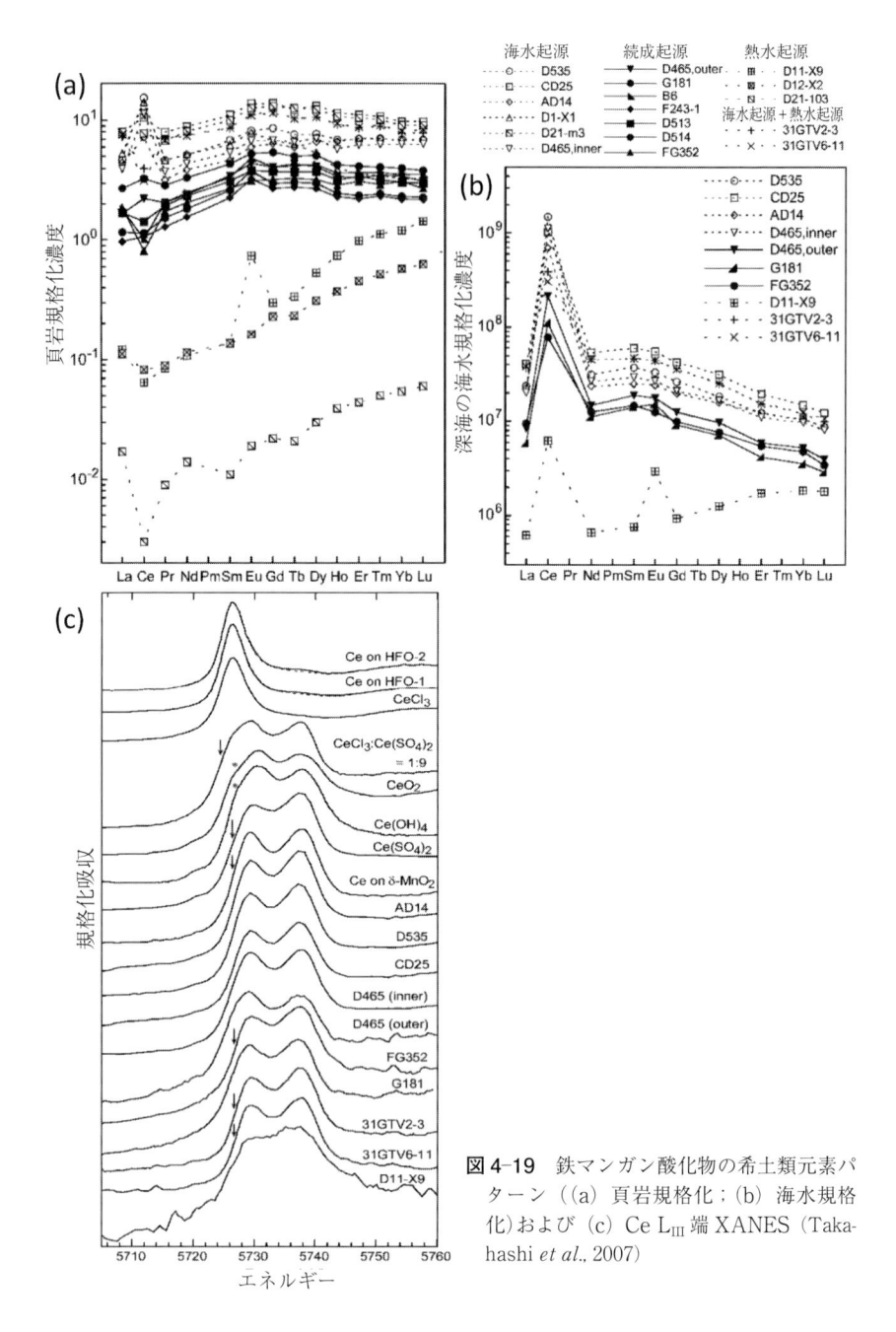

図4-19 鉄マンガン酸化物の希土類元素パターン（(a) 頁岩規格化；(b) 海水規格化）および (c) Ce L$_{III}$ 端 XANES (Takahashi et al., 2007)

140——第4章　海洋の鉄・マンガン酸化物の地球化学

あり，続成起源の鉄・マンガン酸化物に見られる負のCe異常は，頁岩で規格化したことによる見かけの値と見なすべきである．そもそもマンガン酸化物が生成している限り，その場は非常に酸化的な環境にあり，Ce異常からその環境の酸化還元状態についてさらなる制約を与えることは困難である．

　Ce L_{III}端のXANESスペクトルをCe^{3+}およびCe^{4+}のスペクトルの線形結合で最小自乗フィッティングすると，Ce^{3+}とCe^{4+}の割合を計算できる．そこで，マンガン団塊中のCe^{4+}の割合を調べると，Ce異常の程度が異なっていても，海水起源，続成起源，熱水起源にかかわらず，95％以上のCeがCe^{4+}であることがわかる（図4-19；Takahashi et al., 2000, 2007）．これはCeがマンガンクラスト，団塊に取り込まれれば，すべてのCeはCe^{4+}になってしまうことを示す．ではCeの濃縮度（＝正のCe異常の程度）は何によって決まるのだろうか．一つの考え方は，Coと同様に成長速度に起因する，というものである．Ceの吸着反応は酸化を伴うため，海水中のCeはほとんど+3価であるのに対して，マンガンクラスト，団塊中のCeはほぼ+4価である．固相へのCe^{4+}の分配係数はCe^{3+}のそれより著しく大きいので，酸化を伴うCeの取り込みでは，脱着反応がほぼ無視できる．この場合，Ce^{4+}の固液分配は平衡に達していない可能性が高いので，Ceの濃縮の度合いは速度論的な要因で決まると考えられる．マンガン酸化物が成長し吸着反応が停止すると，それ以上Ceがある層に濃縮することはなく，成長速度が遅いとCeがより濃縮する，という考え方である．実際に，Ce異常の程度（＝[Ce]/[Ce*]比）は，海水起源＞続成起源＞熱水起源という傾向を示し，成長速度と逆相関している．

　このような傾向を，間隙水中のREEやCe異常の程度から考察してみる（図4-20）．まず海水のREEパターンは深度とともに変化し，これは海水中で沈降粒子にいったん吸着したREEが深度とともに海水中に再溶解していく過程で説明できる．この再溶解では，ほかのREEよりも溶解しにくいCe^{4+}は固相に残るので，Ceを除くREEの海水中濃度は深度とともに増加する一方で，負のCe異常の程度は深度とともに大きくなる．また海水のREEパターンが重希土上がりになるのは，海水中での炭酸錯体が重いREE（HREE）ほど安定であることによる．

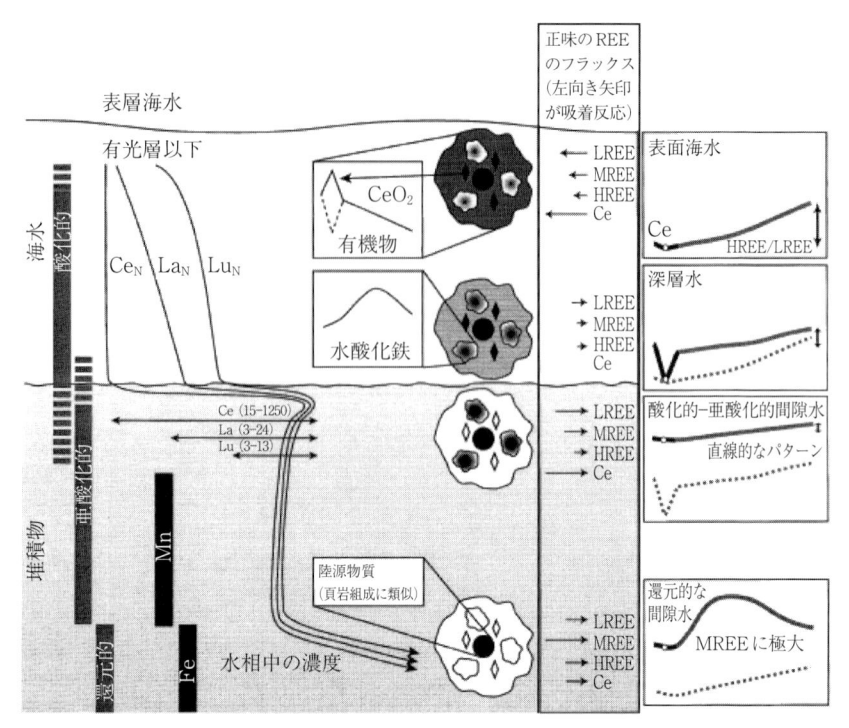

図 4-20 さまざまな環境での Ce 異常の特徴（Haley et al., 2004）
　　LREE，MREE，HREE は，それぞれ軽希土類元素，中希土類元素，重希土類元素を表す．

　一方，堆積物中の REE パターンも，堆積物表面からの深度に依存して変わる．これは，有機物の分解やマンガン酸化物・鉄酸化物の溶解によって REE が固相から堆積物中の間隙水に供給されることによる．これら固相中の負の Ce 異常の程度は海水よりも小さいため，海洋底堆積物の間隙水中の $[Ce]/[Ce^*]$ 比は，海水よりも小さくなることはない．また REE パターンの全体の傾向としては，鉄酸化物に特徴的な中間の REE (MREE) に富んだパターンが影響した変化を見せる．

　これらの傾向のうち $[Ce]/[Ce^*]$ 比は，間隙水＞海水（海水の方がより負の Ce 異常の程度が大きい）となっており（図 4-20），マンガン団塊中の REE 濃度や $[Ce]/[Ce^*]$ 比とは逆の傾向を示す．このことは，成長速度（あるいは溶存 REE と溶存マンガンの比）の効果は，水側の $[Ce]/[Ce^*]$

比以上に鉄・マンガン酸化物中のCe異常の程度に影響を与えることを示唆する．つまり，海水起源および続成起源の鉄・マンガン酸化物中のCe異常やREE濃度は，対応する水相中のCe異常やREE濃度で決まるのではなく，成長速度などの速度論的因子で決まることが示唆される．同様に，熱水起源のマンガンクラスト，団塊のREEの起源は海水と考えるべきであるが，マンガン団塊中の［Ce］/［Ce*］比は，海水起源＞熱水起源という傾向を示す（Kuhn *et al.*, 1998）．このことも，熱水起源の鉄・マンガン酸化物の非常に速い成長速度から考えると，速度論的効果から解釈できる．

　一方で，こうしたCoやCeの濃度の速度論的効果や成長速度との関係については，その実像が不明なことも指摘できる．今後，海水中濃度や固相に対する反応機構を基にして予測した反応速度と実際の成長速度とを比較して妥当な結果となるか，などを検討していく必要がある．

8) 鉄・マンガン酸化物の生成環境と元素の濃集度の違い

　この後の4.4節では，さまざまなイオンの酸化物への親和性から多種の元素の鉄・マンガン酸化物への分配について考える．こうした純粋に物理化学的な要因以外に，鉄・マンガン酸化物中の微量元素の分配比には，堆積環境や水深などの環境因子が影響を与えると考えられており，この点について本項で触れる．この場合，熱水起源の鉄・マンガン酸化物はそれ自体が特異な環境でできるものなので，ここではおもに海水起源と続成起源の鉄・マンガン団塊について扱う．またクラストは，海水起源のマンガン団塊と同じ傾向をもつ．特によく議論されるのは，主成分であるマンガンと鉄のほかにCo, Ni, Cuであり，これらは酸素極小層，一次生産量や有機物の供給量，堆積速度，炭酸塩補償深度などの環境因子と関連があると考えられている（Verlaan *et al.*, 2004；Cronan, 1997）．これらについて，以下にまとめよう．

　一次生産量の違い：　海域による一次生産量の違いは，有機物の供給量の違いを生み，これは最終的に初期続成作用の程度を支配する．また一次生産量が多い海域は，堆積物へのシリカや炭酸カルシウムの供給が多く，堆積速度が速くなる．ほかに堆積速度に影響を与える因子は，大気からの風成由来

および陸由来の粒子の供給量である．たとえば太平洋中緯度の深海での堆積速度は 1-5 mm/1000 年であるが，赤道下の高生物生産の海域では 10-30 mm/1000 年である．

　生物生産量が大きく，有機物供給量が多くなると，堆積物中で初期続成作用が活発になる．その結果，間隙水中で溶存 Mn/Fe 比が増加するとともに，有機物の分解に伴って，有機物と錯生成していた Cu や Ni の間隙水中の濃度が増加する．そのため，生物生産が活発な海域の堆積物では，続成起源の鉄・マンガン酸化物が増え，生物生産量と Mn/Fe 比や Cu や Ni 濃度に正の相関が見られる．ただし，4.2 節 2) でも示した通り，より生物生産量が高いところで生成した亜酸化的続成起源のマンガン酸化物では，Cu や Ni 濃度が減少する．

　一方，海水起源の鉄・マンガン酸化物は，直接海水から沈殿するので，このような効果はない．また，Co の濃縮はマンガン酸化物中の酸化反応によるので，Co 濃度に対する初期続成作用の影響は小さい．これらのことから，海水起源の鉄・マンガン酸化物は Mn/Fe 比が小さく，Co 濃度が相対的に高くなる．

　炭酸塩補償深度：　炭酸塩補償深度（CCD；calcium carbonate compensation depth）は，海水中で炭酸塩が溶解せずに堆積・沈殿する水深の限界のことであり，炭酸塩の溶解度が水温や圧力などで変化するために生じる．赤道付近の CCD は太平洋で 4200 から 4500 m，大西洋で 5000 m 程度とされ，高緯度になるとその深度は浅くなる．この深度より浅い環境では，海洋中で生成する炭酸カルシウムが溶解せずに堆積物に供給されるため，堆積速度が速くなり，鉄・マンガン酸化物が成長しにくい環境になる．このような CCD の影響は，海山の斜面に成長するクラストに対しては無視できる．無堆積環境にあってこうした堆積物の混入のない環境では，初期続成作用の影響を受けない．その結果，マンガンクラストは古環境を記録する媒体として重要な試料と見なされている．

　一方，堆積物の上や堆積物中に埋没して存在するマンガン団塊では，堆積物の堆積速度や，ケイ質・炭酸塩粒子の供給量に影響を受ける．これら粒子，特に堆積速度を速める効果が大きい炭酸塩の供給は，相対的に有機物濃度を

下げたり，空隙率が大きくなったりする．そのため，CCD より浅い海域では初期続成作用は弱まり，Cu や Ni の相対的な濃度は減少傾向を示すことが多い．逆にいえば，CCD 以深の堆積物中に見られる続成起源マンガン団塊は，初期続成作用が活発な環境で成長することで，相対的に Cu や Ni の濃度が高まる．

酸素極小層：　酸素極小層は鉄・マンガン酸化物の生成に大きな影響を与えると考える研究者は多い．溶存酸素は海洋全体に広く行き渡っているが，水深 1000 m 付近に酸素が少ない層があり，これを酸素極小層という（後見返し，図 4-5）．外洋表層の 100-200 m は太陽光が届く有光層であり，ここでは植物プランクトンの光合成が呼吸を上回るため，有機物が生産される．これらは最終的に懸濁態有機物（プランクトンの死骸，糞粒，殻などを含む）となって下層に運搬される．一方，太陽光が届かない水深 500 m 以下では呼吸が光合成を上回るので，こうした有機物の分解が卓越し，海水中の溶存酸素が消費される．また水深 500 m から水深 1000 m までは，水温が急激に低下（温度躍層）するため，密度が水深とともに増加する．これは密度躍層と呼ばれ，この領域では水の上下混合が著しく阻害される．そのため，沈降してきた懸濁態有機物はこの深度に蓄積される傾向がある．以上のことから，この深度では有機物分解による溶存酸素の消費が著しく，その濃度は表層の 4-6 mg/L から 2 mg/L 以下になる．これが海洋に特徴的な酸素極小層である．一次生産がより活発な海域では溶存酸素濃度がより低下する．

溶存酸素濃度が低いと溶存 Mn^{2+} 濃度が増加し，これが図 4-5 に示した Mn 濃度の中層での増加をもたらす．こうした溶存 Mn 濃度が高い海水は，酸素濃度が高い海水と混合した場合に，より多くの鉄・マンガン酸化物を生じさせると考えられている（Cronan, 1997）．

溶存有機物：　一方，海水中の溶存有機物の濃度が高いと，海水起源のマンガンクラスト中の Cu^{2+} などの濃度は低くなる．有機物との錯体がほかの 2 価陽イオンにくらべて相対的に安定な Cu^{2+} では，溶存有機錯体の生成によるマスキング効果（Cu^{2+} を錯体として溶液中に安定に保持する効果）により，鉄・マンガン酸化物中には取り込まれにくくなるためである．同様のことは Fe にも見られ，マンガンクラスト中の濃度をクラストが生成する水深方向

でくらべた場合，CuとFeは類似の傾向を示す場合が多い．

　鉄・マンガン酸化物の化学組成の生成海域による違いは，上記のパラメータが海域によってどの程度変動するかで基本的に説明が可能と考えられている．たとえば，緯度方向で最も変動するのは一次生産量であり，低緯度地域では一次生産量が多いため，堆積物中での初期続成作用が活発になり，団塊中のMn, Ni, Cuの濃度が相対的に増加する．一方，中緯度地域で一次生産量や堆積速度が減少すると，海水起源の団塊やクラストの割合が増加し，これらはFeやCoを相対的に多く含む．

　上に示した通り，Ni, Cu, Znなどが初期続成作用の過程でブーゼライトに速やかに濃縮される一方，海水起源のマンガン団塊はFeやCoを多く含む．この特徴は，Mn, Fe, Cu＋Niの3成分をプロットした3角ダイアグラムにしばしば表現され，マンガンクラスト，団塊の起源を推定する上で有用な図となっている（図2-32）．また3成分目としては，Cu＋Ni以外にCuのみ，Niのみ，Coのみなどをプロットした多くの類似の図が作成されている．これらのなかで，海水起源，続成起源，熱水起源（＝Mnの割合が圧倒的に多い）の端成分は図2-32のように表現され，化学組成・鉱物組成とマンガンクラスト，団塊の生成過程の密接な関係を示す．

4.4　酸化物への親和性から見た元素の分配比

　4.3節5）では，Co, Cu, Niなどのマンガンクラスト，団塊への取り込みに与える環境因子について考えたが，こうした環境因子が同じであったとしても，マンガンクラスト，団塊への濃集の程度は元素によって大きく異なる．こうした違いは，おもに酸化物表面に対するイオンの親和性から説明される．この酸化物表面に対する親和性を，溶液中の錯生成反応にならって定式化したのが表面錯体モデルであり，これについて以下に説明する．

1）表面錯体モデル：多様な元素の取り込み
　ここでは，酸化鉄およびマンガン酸化物への吸着を想定し，酸化物表面へ

の陽イオンおよび陰イオンの吸着反応がどのように書けるかを表面錯体モデルから考えていく．酸化物表面と各イオンの吸着の相互作用（自由エネルギー変化 ΔG_{ads}）は，巨視的には以下のように書ける（James and Healy, 1972）．

$$\Delta G_{ads} = \Delta G_{coul} + \Delta G_{solv} + \Delta G_{chem}$$

このうち，ΔG_{coul} は静電的な効果を表す項で，$Ze\psi$（Z：吸着種の電荷，e：電子の電荷量，ψ：吸着種の固液界面での平衡位置での静電場）に等しい．ΔG_{solv} は，水和したイオンが吸着する際に受ける脱水過程の自由エネルギー変化（通常 $\Delta G_{solv} > 0$）である．また ΔG_{chem} は，脱水したイオンが酸化物表面と化学結合を作ることによる安定化のエネルギーである（$\Delta G_{chem} < 0$）．

酸化物表面の吸着サイトと溶質であるイオンとの化学反応は，水溶液中の錯生成反応のアナログとして次のように記述できる．一般に酸化物は，表面に水酸基をもち，以下のような反応で溶液中と H^+ をやりとりし，その（見かけの）酸解離定数 K_a を定義できる．

$$\equiv S-OH_2^+ \Leftrightarrow \equiv S-OH + H^+ \quad K_{a1} = [\equiv S-OH][H^+]/[\equiv S-OH_2^+] \quad (4\text{-}4)$$

$$\equiv S-OH \Leftrightarrow \equiv S-O^- + H^+ \quad K_{a2} = [\equiv S-O^-][H^+]/[\equiv S-OH] \quad (4\text{-}5)$$

ここで S は固相表面を表し，$\equiv S-OH_2^+$ や $\equiv S-OH$ は酸化物表面の化学種を指す．こうした反応の結果，固相表面は正（$\equiv S-OH_2^+$）あるいは負（$S-O^-$）の電荷を帯びる．これらの反応の起きやすさは，S となる元素（ここではマンガンか鉄）により異なり，それが固相全体の正味の電荷の正負にも影響する．また上の反応式からわかる通り，pH が低いほど（＝[H^+] 大）$S-OH_2^+$ が増加して酸化物表面はより正電荷を帯び，pH が高いほど $S-O^-$ が増加して負電荷を帯びる．また，全体が中性であることは，実際には $\equiv S-OH_2^+$ と $\equiv S-O^-$ の量が等しいことを意味する．このように，見かけ上電荷が中性になる状態の pH のことを等電点（PZC；point of zero charge）といい，その時の pH を pH_{PZC} と呼ぶ．したがって，pH_{PZC} よりも低い pH では固相の正味の電荷は正となり，陰イオンに対する吸着性が高くなる．同様に，高い pH では陽イオンに対する吸着性が高い．マンガンと鉄を例にすると，水酸

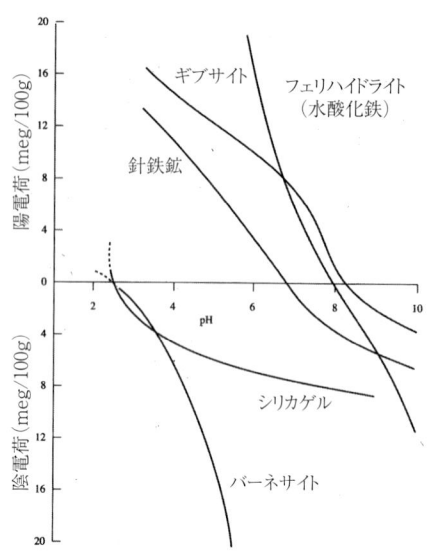

図4-21 さまざまな鉱物の水溶液中での表面電荷のpH依存性 (Langmuir, 1997) meg：ミリ当量.

化鉄（フェリハイドライド）は比較的高いpHまで正電荷を保持しており，中性領域でも陰イオンを吸着できる（図4-21；たとえばヒ酸などのオキソアニオン）．一方，マンガン酸化物（図4-21ではバーネサイト）はpH$_{PZC}$が低く，中性領域では陽イオンに対する吸着性が高い．

さて，固相表面の反応が溶液内の反応と異なる点は，固相表面には酸解離基が複数固定されていることである．その結果，沢山の酸解離基が解離すると，固相に多くの電荷が蓄積され，固相表面に静電場が誘起される．すると，化学的親和性からは同じ解離特性をもつ基でも，静電場の効果で解離が起きにくくなる．たとえばマンガン酸化物表面の水酸基のプロトンがすべて同じ真の（intrinsicな）酸解離定数K_{int}をもっていても，解離度（全水酸基に占める解離した水酸基の割合）の増加に伴って，マンガン酸化物表面の負電荷が増加し，次のプロトン解離が起きにくくなり，pK_a（$= -\log K_a$）は，見かけ上解離度とともに増加する．

　一般にこの固相特有の静電場は，ある面fでの電位をΨとし，ファラデー定数をFとすると，電荷zのイオン1モルを$-zF\Psi$のエネルギー分だけ安定

化させる．ボルツマン分布から，このfで静電ポテンシャルΨにより安定化しているイオンX^{z+}の濃度$[X^{z+}]_f$は，バルク濃度$[X^{z+}]$に対して

$$[X^{z+}]_f = [X^{z+}]\exp(-zF\Psi/RT) \tag{4-6}$$

と書ける．

　ここで改めてプロトン解離反応（4-5）を例に考えてみると，バルク濃度$[H^+]$と酸化物表面近傍の0面（静電ポテンシャルΨ_0）での濃度$[H^+]_s$とは，式（4-6）の関係で結ばれる．一方$[H^+]_s$に対して化学的に$\equiv$S–O$^-$と結合した化学種$\equiv$S–OHは，真の酸解離定数K_{int}で以下のように表される．

$$K_{int-1} = [\equiv\text{S–OH}][H^+]_s/[\equiv\text{S–OH}_2] \tag{4-7}$$

$$K_{int-2} = [\equiv\text{S–O}^-][H^+]_s/[\equiv\text{S–OH}] \tag{4-8}$$

したがって，式（4-4），（4-5），（4-6）（ただし$z=1$，f=s）などと比較し，バルク中の$[H^+]$との関係は，以下のようになる．

$$K_{a1} = ([\equiv\text{S–OH}][H^+]_s/[\equiv\text{S–OH}_2^+])([H^+]/[H^+]_s)$$
$$= K_{int-1}\exp(F\Psi/RT) \tag{4-9}$$

$$K_{a2} = ([\equiv\text{S–O}^-][H^+]_s/[\equiv\text{S–OH}])([H^+]/[H^+]_s)$$
$$= K_{int-2}\exp(F\Psi/RT) \tag{4-10}$$

　次に，ここで示された固相表面の反応サイトに対して，溶液中のほかの陽イオン（M^{z+}）や陰イオン（L^{y-}）も，以下のような化学反応を起こすと考えられる．

$$\equiv\text{S–OH} + M^{z+} \Leftrightarrow \equiv\text{S–O–M}^{(z-1)+} + H^+ \tag{4-11}$$

$$\equiv\text{S–OH} + L^{y-} + H^+ \Leftrightarrow \equiv\text{S–L}^{(y-1)-} + H_2O \tag{4-12}$$

式（4-11）や式（4-12）のように表現することで，水溶液中の錯生成反応に似た考え方で吸着を理解できる．このとき，O–Mの結合やR–Lの結合の化

学的な親和性が，吸着のしやすさを支配する．特に式（4-11）を見るとわかる通り，この式は，M^{z+}の加水分解反応

$$HOH + M^{z+} \Leftrightarrow H-O-M^{(z-1)+} + H^+ \tag{4-13}$$

とよく似ている．その結果，吸着の分配係数Kと加水分解定数K_{OH}の対数値は相関することが知られている．これを直線自由エネルギー関係（LFER；linear free energy relationship）という．次項以降で紹介するように，この関係を使って，しばしば元素間の違いを系統的に理解する試みがなされている．

2）陽イオンの分配

　以上の考え方をふまえて，マンガンクラスト，団塊中の微量元素濃度の元素間による違いを議論しよう．マンガンクラスト，団塊に取り込まれる微量元素は，反応前は海水あるいは間隙水に溶存していたはずなので，マンガンクラスト，団塊中の濃度は溶存濃度と関係があるはずである．もし海水中の濃度と鉄・マンガン酸化物中の濃度が一定の比（分配係数）を示す場合，この2つの濃度に関係があることが示唆される．ここで分配係数はしばしばK_dと書かれ，

$$K_d = [M]_{solid} / [M]_{water}$$

と表される．このうち$[M]_{solid}$と$[M]_{water}$は，それぞれ固相中および水中の濃度である．最も単純な場合，マンガンクラスト，団塊中のMの濃度$[M]_{solid}$は，海水中の濃度$[M]_{water}$と分配係数K_dで決まる．しかし実際にはK_dの値は，$[M]_{water}$に依存して変化するほか，共存イオンの濃度，固相の結晶性や表面積など，さまざまな要因に影響される．

　Heinらがまとめた海水に対する微量元素の濃縮度を図4-22に示す．この中でまず顕著なのは，CoとCeの高い濃縮率である．これらはマンガン酸化物による酸化を受けて，海水中のCo^{2+}やCe^{3+}から酸化され，Co^{3+}やCe^{4+}として吸着される．いずれの元素でも後者は前者に比べて溶解性が低いので，結果的にこの酸化によってより溶けにくくなるため濃縮する．一方，Pbは

濃縮率が高く Pb^{2+} から Pb^{4+} に酸化されることがその要因であると指摘されてきた（Murray and Dillard, 1997）。しかし最新の化学種解析の結果では，Pb は + 2 価のまま吸着されていることがわかっている（Takahashi et al., 2007）。そのため，Pb の著しい濃縮には別の理由を探す必要がある．一方，Cr^{3+} や U^{4+} のように酸化される（CrO_4^{2-} や UO_2^{2+} イオンが生成）と溶解度が増加する元素では，上記のような濃縮は見られない．たとえば Cr^{3+} はマンガン酸化物によってクロム酸（CrO_4^{2-}）に酸化されることで，固相への親和性が小さくなる（たとえば Fendorf and Zasoski, 1992）．

このように価数が変わる元素を除くと，陽イオンの方が陰イオン（図 4-22 で▲を付した）よりも濃縮しやすいことが明確である．これは，マンガン酸化物の pH_{PZC} が小さく，海水の pH では負に帯電しているため，より陽イオンへの親和性が高いことに原因がある．

では陽イオンの相互の濃縮率の違いはどのように説明されるだろうか．これは，酸化物に対する吸着のしやすさで大まかに説明できる．前節で示した直線自由エネルギー関係は，水酸化鉄に対するイオンの吸着を考えた場合，

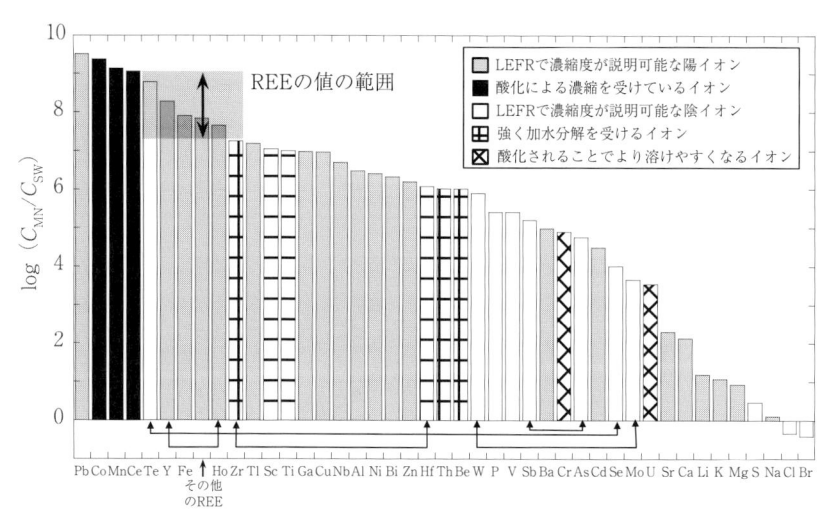

図 4-22　マンガンクラスト中の種々の元素の海水に対する濃縮度（Hein et al., 2003 の図に加筆）
　　C_{MN} はマンガンクラスト中の濃度，C_{SW} は海水中の濃度．▲は陰イオンを形成する元素を表す．

4.4　酸化物への親和性から見た元素の分配比——151

実際に図4-23のように表現され，より右上にプロットされる元素は，水酸化物錯体が安定であり，酸化物への濃縮が大きな元素（イオン）である．これらから，価数が大きくイオン半径の小さなイオン（＝イオンポテンシャル z/r がより大きなイオン）ほど，より濃縮されることがわかる．その結果，

Pb^{2+}，+3価の希土類元素，Ga^{3+} ＞ Cu^{2+}，Ni^{2+}，Zn^{2+}，Be^{2+}
＞ Ba^{2+}，Cd^{2+}，Sr^{2+}，Ca^{2+} ＞ Li^+，K^+，Na^+

などの傾向が生じる．図4-23の $\log \beta_{M-OH}$（β_{M-OH}：金属イオンMと水酸化物イオンとの錯生成定数）による序列は，表面錯体の構造とも関連する．つまり $\log \beta_{M-OH}$ が Ag^+ より大きな元素は，たとえば水酸化鉄表面とは内圏錯体を形成するが，Ca^{2+}，Sr^{2+}，Ba^{2+} は外圏錯体を形成する．同様のことはマンガン酸化物表面に対しても見られると期待される．このような錯体の表面構造との関係は，吸着に伴う同位体分別とも関係してくる（4.5節参照）．

ただし，陽イオンの濃縮率は，単純に $\log \beta_{M-OH}$ によってのみ決まる訳で

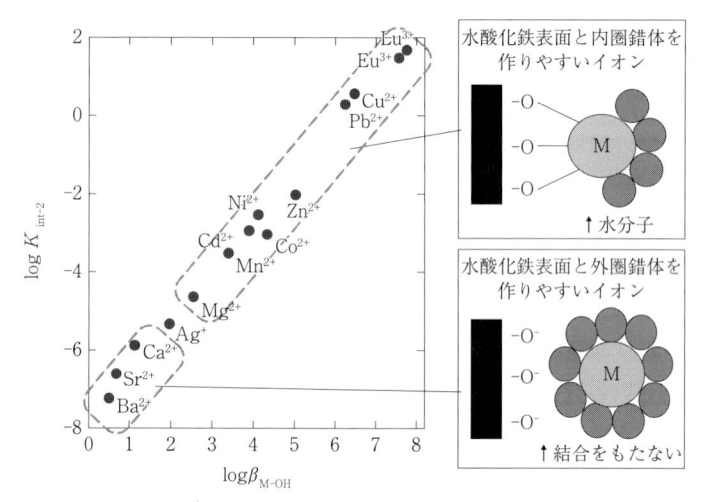

図 4-23 金属イオンMと水酸化物イオンとの錯生成定数 β_{M-OH} と水酸化鉄に対する真の吸着の分配係数 K_{int-2} の関係（Takahashi *et al.*, 2014）
　これら β_{M-OH} や K_{int-2} は，金属イオンの水酸化鉄表面への吸着種の構造と関係がある．

はない．なぜならz/rが大きなイオンは，溶液中の溶存錯体も安定であるからであり，こうしたイオンでは，固相吸着と溶液内錯生成の競争反応で，鉄・マンガン酸化物中の濃度が決まる．このことは，希土類元素の濃縮率の相互の違いで明確に表れるので，その例を以下に示そう．

希土類元素の鉄・マンガン酸化物への濃縮率，つまり鉄・マンガン酸化物中の濃度を海水で規格化したREEパターンは，Ceを除くと，

　　Sm, Euなどの中希土（MREE）　＞　La, Prなどの軽希土（LREE）
　　　＞　Dy-Luの重希土（HREE）

となっていることがわかる（図4-19）．z/rにのみ濃縮率が依存するとしたら，イオン半径が小さな重希土ほど濃縮しやすく，HREE＞MREE＞LREEという順序で固相への安定性が変化するはずである．一方，希土類元素は海水中では炭酸イオンとの錯体が安定だと考えられている．Erel and Stolper (1993) によれば，このMREEに極大をもつパターンは，いずれもHREE側で安定となる水酸化物錯体と炭酸錯体の安定性が，希土類元素シリーズ内でそれぞれ微妙に異なるためと解釈される．たとえばHREE側では，炭酸イオンとの1:2錯体（$REE(CO_3)_2^{2-}$）が強く安定化することで溶液側により分配されやすくなり，固相には吸着されにくくなる（マスキング効果）．そのため，鉄・マンガン酸化物中のHREE濃度は，ほかのREEに比べて相対的に低くなる．

以上のことから，酸化を伴わない吸着の場合，酸化物表面との反応性で鉄・マンガン酸化物への濃縮率がおおよそ予想でき，一部の元素では海水中の錯生成によるマスキング効果が濃縮率を下げる原因となっている．

一方，図4-22からわかるように，Ti^{4+}，Zr^{4+}，Hf^{4+}，Th^{4+}などの+4価の陽イオンは，溶液中で強く加水分解を受けるイオンであり，+3価のイオンほどは濃縮されない．これらのイオンはそもそもきわめて溶解度が低く，海水中の溶存濃度は小さい．そのため，鉄・マンガン酸化物中のこれらのイオンは，一度溶解した後で取り込まれたのではなく，陸から供給される砕屑物粒子中に含まれたものがそのまま取り込まれた可能性も考えられる．一方で，Zr^{4+}とHf^{4+}は，同じ価数で類似したイオン半径をもち，火成作用では

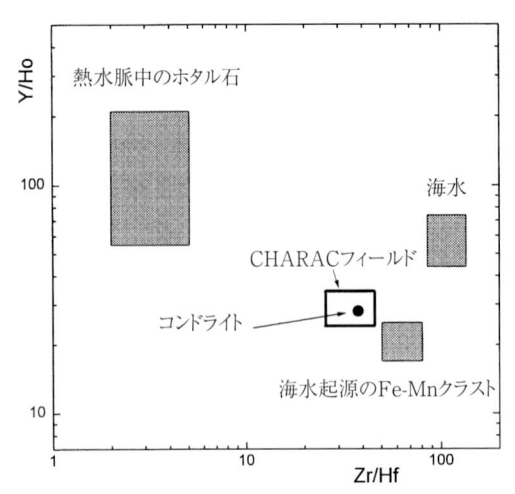

図 4-24 さまざまな地球化学試料中の Zr/Hf 比（重量比）と Y/Ho 比（重量比）の関係

あまり分別せず，地球化学的に双子の元素とよばれている（Bau, 1996）．そのため，コンドライトや多くの火成岩，岩石が削剥された砕屑物で構成される頁岩では Zr/Hf の質量比が 26 から 46 の範囲に入り，一定の値を示しやすいことがわかっている（図 4-24）．同様のことは，やはり双子の元素と呼ばれる Y と Ho にもいわれており，コンドライトや，水溶液を介した化学反応を受けていない火成岩や頁岩では，Y/Ho の質量比が 24 から 34 の間でしか変動しない．一方で，鉄・マンガン酸化物や海水などの Zr/Hf 比や Y/Ho 比は，こうしたコンドライトがもつ値から大きくはずれている．もし火成作用のみを受けて生成した岩石が砕屑物として供給されているとすると，Zr/Hf 比は 26-46 の範囲に，Y/Ho 比は 24-34 の範囲に入ると考えられ，図 4-24 ではこの領域のことを CHARAC フィールドと呼んでいる．これらのことは，鉄・マンガン酸化物中の Zr/Hf 比は砕屑物のみから構成されるとは考えられず，一度溶けた成分が存在することを示唆する．このような溶存態の固相への吸着反応は，海水中での Zr/Hf 比の変動の原因と考えられている（Godfrey et al., 1996）．

3) 陰イオンの濃縮

溶存態が陰イオンをとる元素は，陽イオンをとる元素にくらべて鉄・マンガン酸化物への濃縮率が小さい．陰イオンの中では，ハロゲンイオンよりはオキソ酸陰イオンの方が濃縮する．典型的なオキソ酸陰イオンのなかで濃縮率が大きいのは，タングステン酸イオン，リン酸イオンなどであり，これらもやはり水酸化鉄やマンガン酸化物と内圏型の表面錯体を形成しやすいイオンである．一方，セレン酸イオン，モリブデン酸イオン，硫酸イオンなどはいずれも外圏錯体を形成する傾向が強く，濃縮率は低い．

これらの濃縮率の違いは，陽イオンと同様に直線自由エネルギー関係で考察することができる．陰イオンの吸着反応は以下のように書ける．

$$\equiv \text{S-OH} + \text{L}^{y-} + \text{H}^+ \Leftrightarrow \equiv \text{S-L}^{(y-1)-} + \text{H}_2\text{O} \qquad (4\text{-}14)$$

種々の陰イオン間で吸着種の安定性の違いを支配しているのは，S–L の親和性の違いである．この結合の安定性は，H–L の安定性と相関するとみなすと，H–L の pK_a が大きいほど，S–L が安定であることが期待される．たとえばタングステン酸イオンであれば，L は WO_4^{2-} を指し，H–L は H_2WO_4 や HWO_4^- であり，タングステン酸 H_2WO_4 の pK_{a1} や pK_{a2} の大きさが，吸着種の安定性に関連があると予想される．

実際に多くのデータのある水酸化鉄に対して表面錯体モデルから得た真の (intrinsic な) 分配係数 $K_{2-\text{int}}$ は，pK_a とよい相関を示す．たとえば，タングステン酸イオンやリン酸イオンでは，pK_{a2} がそれぞれ 4.60 と 7.20 と高く，分配係数も大きい．一方，吸着が弱いセレン酸イオン，モリブデン酸イオン，硫酸イオンなどは，pK_{a2} がそれぞれ 1.70，3.74，1.99 と小さな値をとる（図 4-25）．これらは，個々のイオンが内圏錯体と外圏錯体（4.3 節 2) 参照）のいずれを形成するかとも関係し，タングステン酸イオンやリン酸イオンは内圏錯体を形成し，セレン酸イオン，モリブデン酸イオン，硫酸イオンは外圏錯体を形成する．

同族であり，マンガン団塊中で同じ価数を示す As と Sb，Se と Te も比較する価値がある（表 4-2）．いずれの場合も原子番号が小さな As や Se はイオン半径が相対的に小さく，その場合溶存イオンは 4 配位のオキソ酸陰イ

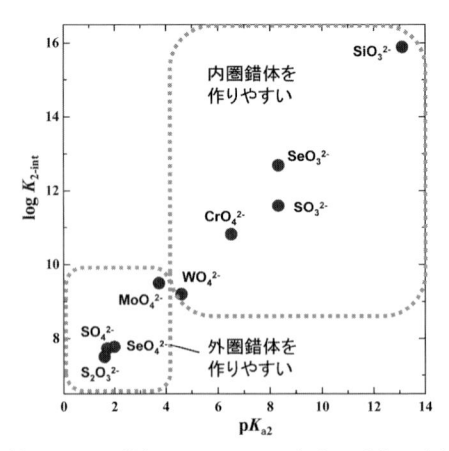

図 4-25 さまざまなオキソ酸陰イオンの pK_{a2} と真の吸着の分配係数 $K_{2\text{-int}}$ との関係（Takahashi *et al.*, 2014）
これらは図 4-23 と同様に吸着構造と関係がある．

表 4-2 セレン，ヒ素，アンチモン，テルルのマンガンクラストへの濃縮率と，構造および化学的相互作用の情報

元素	Se	As	Sb	Te
log[マンガンクラスト]/[海水]	4	4.8	5.2	8.8
構造情報				
イオンの海水中の主要化学種とその形状	SeO_4^{2-}	$HAsO_4^{2-}$	$Sb(OH)_6^-$	$TeO(OH)_5^-$
配位数	4	4	6	6
M–O の距離（Å）	1.65	1.7	1.97	1.91
	(cf. マンガン酸化物，水酸化鉄中の Mn–O, Fe–O の距離；Mn–O, Fe–O：1.92–2.07 Å)			
化学的相互作用の指標としての pK_{a1} および pK_{a2}				
pK_{a1}	−2	2.2	2.9	5.8
pK_{a2}	1.9	6.6	—	10.3

オン（AsO_4^{3-} や SeO_4^{2-}）になる．一方 Sb や Te はイオン半径が大きく，z/r が相対的に小さくなるため，オキソ酸陰イオンは形成せず，$Sb(OH)_6^-$ や $Te(OH)_6^0$／$TeO(OH)_5^-$／$TeO_2(OH)_4^{2-}$ のような水酸化物との錯イオンが優勢となる（Byrne, 2002）．これらはいずれも陰イオン的挙動を示すが，その構造情報は表 4-2 に示されているように顕著な違いがある．酸化物への吸着種の M–O の結合距離は，As と Se では 1.65 Å および 1.70 Å であるのに対し，Sb や Te では 1.97 Å および 1.91 Å であり，こうしたイオンサイズの違いが，それぞれ 4 配位と 6 配位という対称性の違いを生む．一方，ここで担体となる水酸化鉄やマンガン酸化物は，Fe や Mn に対して 6 配位の対称性をもち，Mn–O や Fe–O の距離は 1.92–2.07 Å の範囲にある．したがって，同じ価数である As と Sb，Se と Te において，対称性や結合距離が担体と近い Sb や Te の方が Fe や Mn と置換しやすい．つまり，それぞれの元素ペアのうち，As や Se にくらべて Sb や Te の方が固相へ吸着しやすいと考えられる．これらのことは，実際の鉄・マンガン酸化物中のこれらの元素の海水に対する濃度比からも明確である（図 4-22）．

4) 元素による違いの系統的理解

これらの陽イオンおよび陰イオンに見られる傾向を統合したモデルとして，

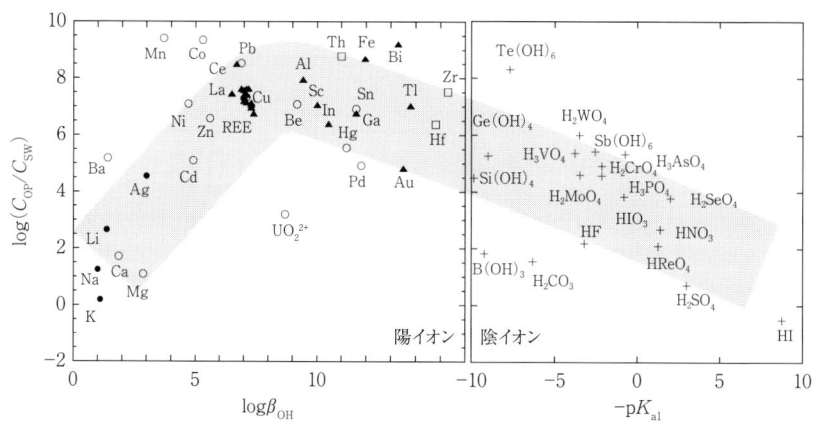

図 4-26 マンガン団塊–海水の元素濃度比と $\log\beta_{OH}$ や pK_{a1} との関係
Li（1981, 1982）を基に作成．

Liが示した図が名高い（図4-26）．この図の縦軸は，さまざまな元素の遠洋性粘土中の濃度（C_{OP}）を海水中の濃度（C_{SW}）で規格化したものであるが，C_{OP}をマンガン団塊中の濃度で置き換えた場合でもほぼ同様の図が得られる（Li, 1981, 1982）．この図の横軸の左側は，水酸化物イオンとの錯生成定数β_{OH}の対数値であり，右側は各化学種の酸解離定数（K_{a1}）の対数値をとっている（$\log K_{a1} = -pK_{a1}$）．そしてこの図では，C_{OP}/C_{SW}と$\log \beta_{OH}$やpK_{a1}との相関を，酸化物表面への吸着反応から系統的に理解することを試みている．

陽イオンでは，$\log \beta_{OH} = 7$付近まではよい相関が見られているが，Al^{3+}より右のイオンはイオンポテンシャルが大きく，海水側の加水分解などの錯生成反応が無視できないため，$\log(C_{OP}/C_{SW})$が減少する傾向を示す．陰イオンでは，pK_{a1}が増加するほど，つまり弱い酸であるほど，$\log(C_{OP}/C_{SW})$が大きくなる．これらの傾向は，すでに述べた鉄・マンガン酸化物への微量元素の濃縮度（図4-22）と相関している．

Li（1981）は，相関関係からはずれる元素が，なぜ異なる傾向を示すかの理由も述べている．たとえば，1）酸化還元反応を伴う元素（Tl, Mnなど）は単純な吸着ではないので傾向からはずれる，2）UO_2^{2+}は溶液中で溶存炭酸錯体を生成するため傾向からはずれる，3）Baは堆積物中で$BaSO_4$（バライト）として沈殿するためその挙動が吸着反応では規定されない，4）Hg^{2+}はきわめてソフトな元素なのでここでは扱えない，などである．これら吸着反応で扱える元素および例外が生じる理由から，本章で述べた鉄・マンガン酸化物への微量元素の濃集の程度を支配する因子を再確認できる．

5）鉄・マンガン酸化物中の各相に対する各元素の親和性

海底の鉄・マンガン酸化物の微量元素が，実際にどの相に取り込まれるかは，しばしば議論の対象となる．マンガン酸化物相と水酸化鉄相がおもな2つの相であるが，それ以外の微量な相としてリン酸塩相と砕屑物もしばしば考慮される．リン酸塩相と砕屑物に取り込まれる元素としては，それぞれ（Ca, P），（Al, Si, K, Ti）などが考えられる．

マンガン酸化物と水酸化鉄相（あるいは酸水酸化鉄，酸化鉄相）については，そもそもこれら鉱物が独立に存在しているかどうかも明確ではない．そ

```
鉄・マンガン酸化物試料 1 g (粉末状)
                ↓
(1) <交換性陽イオン＋炭酸カルシウム>              Ca(Zn, Cu)
    酢酸/酢酸ナトリウム緩衝液(1 M, 30 mL, pH5)
                ↓
(2) <易還元性(マンガン酸化物)>                    Mn, Co, Ni, Cd, Tl
    塩酸ヒドロキシルアミン溶液(0.1 M, 175 mL, pH2) Zn, Cu, Fe(Ca,Pb)
                ↓
(3) <還元性(酸水酸化物)>                          Fe, Mo, V, Pb, Ti,
    シュウ酸/シュウ酸アンモニウム緩衝液(0.2 M, 175 mL, pH3.5) P, Al, Si, Cu(Zn,Tl)
                ↓
(4) <残渣>                                        Si, Al(Ti, Fe, 微量
    フッ酸(48%, 3 mL)＋塩酸(37%, 3 mL)＋硝酸(65%, 1 mL) の Zn, Cu, Pb)
```

図 4-27 Koschinsky *et al.* (1995) の選択的抽出法とその主要な結果

れでも，微量元素のホスト相として，マンガン酸化物と水酸化鉄を想定し，その違いを調べた研究は多い．こうした微量元素の取り込みを相ごとに調べた例として，Koschinsky and Halbach (1995) がよく知られている．彼らは，Tessier *et al.* (1979) などで用いられてきた選択的抽出法に，独自の工夫を加えた実験を行った（図 4-27）．選択的抽出法とは，特定の相を選択的に溶解すると思われる化合物を含む抽出液を調製し，それを固体試料に添加して溶出した元素を調べることで，各元素のホスト相を決定する方法である．個々の研究者によって抽出液にさまざまな工夫を凝らした膨大な研究例がある．Koschinsky and Halbach (1995) では，1) イオン交換で吸着される画分または炭酸塩相（酢酸緩衝液で抽出），2) マンガン酸化物相など容易に還元される相（塩酸ヒドロキシルアミン溶液），3) 非晶質酸水酸化鉄など，より強い還元剤で還元される相（シュウ酸緩衝液），4) 結晶性の高い相・残渣（全分解），の 4 画分に分けて分析している（図 4-27）．その結果，マンガン酸化物相に主に含まれる元素として，(Co, Ni, Cd, Tl, Ba, Zn, Cu) を挙げており，一方，非晶質酸水酸化鉄相には，(Pb, Mo, V) が含まれるとしている．こうした傾向を示す理由として，Koschinsky and Halbach (1995) はおもに海水条件でのマンガン酸化物と酸水酸鉄の表面電荷を挙げている．つまり，1) 前者 (Co, Ni, Cd, Tl, Ba, Zn, Cu) はおもに陽イオンで溶存しているため，海水条件で表面が負に帯電しているマンガン酸化物

に吸着され，2) 後者は陰イオンで溶存しているため，海水条件でわずかに正に帯電している非晶質酸水酸化鉄相に取り込まれる，という解釈である．また特に砕屑物に多いと思われた Ti が非晶質酸水酸化鉄相に見出されたことは，Ti が一度溶解してから鉄・マンガン酸化物に取り込まれたことを示す事実として興味深い（4.4 節 2）の Zr や Hf と同様の議論）．またほかの研究では，水酸化鉄相に分配する元素として As（AsO_4^{3-}）が挙げられており（Marcus *et al.*, 2008），MoO_4^{2-} なども含めオキソ酸陰イオンは，水酸化鉄に吸着されやすいと解釈されている．

　例外的に Pb^{2+} は，海水中の主要な溶存態である炭酸イオンとの錯イオン $Pb(CO_3)_2^{2-}$ が陰イオンのため，酸水酸化鉄相に分配されると解釈されている．またこのプロセスは，XAFS 法などの分光データからも示されている．この反応で重要な点は，炭酸イオンと結合したまま Pb が水酸化鉄に吸着されるプロセスがあり得るという点にある．反応式，

$$Pb^{2+} \quad + \quad 2CO_3^{2-} \quad \Leftrightarrow \quad Pb(CO_3)_2^{2-}$$
$$\downarrow \qquad\qquad\qquad\qquad\qquad\qquad \downarrow$$
マンガン酸化物に吸着されやすい　　水酸化鉄に吸着されやすい

という関係にあるので，もし Pb^{2+} のマンガン酸化物への親和性が強ければ，主要な溶存態が $Pb(CO_3)_2^{2-}$ だとしても，逆反応が起きて Pb^{2+} のマンガン酸化物への吸着が主要なプロセスとなる可能性もある．また $Pb(CO_3)_2^{2-}$ という錯イオンが，どのような結合様式で酸水酸化鉄表面と結合するかは，明確ではない．このような化学素過程の解釈は，異なる酸化物層への反応性の違いや，錯生成などを考慮したイオンの海水中での挙動を解明する分子地球化学的研究において重要である．

　一方，Koschinsky and Halbach（1995）で酸水酸化鉄相に取り込まれるとされた MoO_4^{2-} は，XANES および EXAFS の結果から明確にマンガン酸化物相に取り込まれることがわかっている（Kashiwabara *et al.*, 2011）．選択的抽出法で異なる結果が得られたのは，この方法が抱える本質的な問題に原因がある．選択的抽出法では，順次異なる抽出液を固体試料に加えるが，ある相を溶解することで溶出した元素は，まだ固相として残存している相に対

しても吸着されやすい場合，再吸着が起きてしまう．Moを例にとれば，XAFSの結果からMoは図4-27の手順（2）で溶出したと考えられるが，まだ溶液に固相として残っている酸水酸化鉄相にも親和性があれば，そこに再吸着されてしまう．そのため，手順（3）でMoが再度溶出された場合に，Moのホスト相は酸水酸化鉄相と誤認されてしまう．こうした再吸着の問題は，多くの論文で指摘されており（Sholkovitz, 1989; Takahashi et al., 2007），選択的抽出法の適用の際には十分に注意する必要がある．

EXAFSから明確にMoのホストがマンガン酸化物であることが示された一方で，ヒ素ではやはりEXAFSから，そのホストが水酸化鉄相であることが示されている（たとえばMarcus et al., 2008）．このことは，鉄・マンガン酸化物（ここではバーナダイト）の鉱物組成の点からも重要である．XAFS法では，隣接原子の寄与が見えるので，MoやAsのXAFSスペクトルから，微量元素が吸着された鉱物として，それぞれマンガン酸化物と水酸化鉄が主要であることが明確である．ということは，逆にいえばこの結果は，これらの鉱物が鉄・マンガン酸化物中に存在していることを示す．この論理は，微量元素（ここではヒ素やモリブデン）の周囲の局所構造から主要鉱物を推定するという点で間接的な情報であるが，EXAFSの構造情報は直接の分析から得られた信頼性の高い結果であるので，この2つの結果はバーナダイト中にマンガン酸化物と水酸化鉄が共存していることを主張している．バーナダイトでは，マンガンと鉄を多く含み，短い層構造をもつマンガン酸化物相がある程度乱れて積層していると考えられる一方，鉄がどのような状態をとっているかにはさまざまな意見がある．上記のヒ素のEXAFSの結果からすると，鉄も水酸化鉄としてある程度のドメインを構成して存在することが示唆される．このことは，バーナダイトが，マンガン酸化物と水酸化鉄がintergrowthしてできているとする説（たとえばManceau et al., 1992）と整合的である．

4.5 鉄・マンガン酸化物中の安定同位体比の変動

地球化学では，試料に含まれる元素の濃度以外に，種々の元素の同位体比

が試料の起源，生成プロセス，年代などを知る重要なツールとなっている．同位体には，安定同位体と放射性同位体があり，それぞれが地球化学的研究にさまざまに利用されている．このうち放射性同位体は，各同位体が固有の半減期で放射壊変し，最終的に安定同位体になる．この壊変が時間に対して一定に起きることを利用して，放射性同位体の測定はしばしば年代測定に用いられる（たとえば ^{10}Be 年代測定法）．また安定同位体の変動の原因として，放射壊変の娘核種となっている安定同位体が，それ以外の同位体に対して相対的に増加する場合がある．このことを利用して，安定同位体比の測定から放射壊変で生成した娘核種の量を見積もって年代測定を行うことができる（たとえばU–Pb年代測定法）．

一方，安定同位体比は，放射壊変とは関係なく，安定同位体間の質量差に依存した質量差別効果による同位体分別（isotope fractionation）によって変動する．この分別は，天然でのさまざまな物理化学過程で引き起こされるので，同位体比の変動を手掛かりに天然で起きたさまざまな現象を検証することができる．この安定同位体比の分別には，1）平衡関係にある $MA+B \Leftrightarrow MB+A$ のような反応において，Mの同位体比がMAとMBで異なる平衡同位体効果と，2）蒸発，拡散，解離反応や生物が関与する反応などの不可逆過程で生じる動的同位体効果がある．

本節では鉄・マンガン酸化物に含まれる元素の同位体比について，4.5節1）で放射壊変による変動に関する知見を紹介し，4.5節2）で質量差別効果による変動について扱う．

1）放射壊変に伴う同位体比の変動とその地球化学的利用

岩石，あるいは鉱物の形成年代を決めるために，ウラン–鉛法，カリウム–アルゴン法など，現在多くの年代測定法が利用されている．6.2節で記すように，海底で生成された鉄・マンガン鉱床の年代を放射壊変系で直接決めることは簡単ではない．これら鉄・マンガン鉱床に応用されているのが，マンガンクラストの成長年代測定に使われているベリリウム10年代測定法である（2.6節参照）．ただし，半減期が139万年と短いため，年代としては約1500万年前までしか遡れない．

放射壊変を直接年代決定に利用しているのではないが，鉄・マンガン酸化物に対して放射壊変起源の同位体比を利用している例としては，マンガンクラストのオスミウム（Os）同位体層序を利用した年代決定がある．海水のオスミウムの滞留時間は数万年であり，海水の大循環の時間より十分に長いため，海水の Os 同位体比は同じ時代ではどこの海でも同じ値を示すと考えられている．実際，現在の海水の Os 同位体比は，海域や水深によらず一定である．マンガンクラストは，成長時の海水の Os 同位体比を記録しており，この成長方向の Os 同位体比変動と，海水の Os 同位体比変動を絵合わせすることで，クラストの年代，成長速度を推測することが可能である．具体的な方法ついては，2.6 節で触れているのでそちらを参照されたい．

　マンガンクラストに記録された放射壊変起源の同位体としては，ネオジム（Nd），ストロンチウム（Sr），鉛（Pb）に関する報告がある（Bau and Koschinsky, 2006 ; Meynadir et al., 2008 ; Hu et al., 2012）．Nd, Pb ともに海水中の滞留時間が海洋大循環より短く，どちらもローカルな海水の Nd, Pb を記録している．Pb に関しては研究例が少なく，クラストの Pb が何を表現しているのかについて十分なコンセンサスが得られていない．一方，クラストの Nd は，海水から取り込まれたものであり，その Nd 同位体比は，海洋底に近い海水の Nd を保存していると考えられており（Ling et al., 1997 など），クラストの成長方向の Nd 同位体比変動を分析し，過去数百万年から，数千万年にわたるさまざまな海域の海水塊の挙動を議論が行われてきた（O'Nion et al., 1998 など）．一方，Sr 同位体については，海水中の Sr との交換が顕著に起きていると考えられ，Sr 同位体比を用いた年代測定は困難と考えられている（Futa et al., 1988 ; Vonderhaar et al., 1995）．

2）鉄・マンガン酸化物中の安定同位体比の変動

　近年の質量分析計（特にマルチコレクター型 ICP 質量分析計）の進歩により，これまで同位体比の変動が無視されてきた多くの重元素安定同位体について，同位体分別が起きていることが報告されている．鉄・マンガン酸化物を構成する元素の中で主成分であるマンガンは安定同位体が Mn-55 のみの単核種元素であるため，利用できる安定同位体比がない．そのため，鉄・マ

ンガン酸化物中で対象になるのは，主成分の鉄および酸素と，鉄・マンガン酸化物に含まれる微量元素となる．本項では前半で主要元素の，後半で微量元素の安定同位体比の変動について述べる．またこれらの主要な研究について，表4-3に示す．

(a) 主要元素の同位体比の変動

天然の鉄・マンガン酸化物中の酸素同位体比の研究はかなり限られているが，Mandernack et al.(1995)は，無機的にあるいは微生物の関与の下で生成したマンガン酸化物に加えて，湖沼および海洋で採取されたマンガン酸化物中の酸素同位体比を測定している．淡水中のマンガン団塊の酸素同位体

表4-3 鉄・マンガン酸化物中の主要元素および微量元素の安定同位体比の変動

元素	同位体比	結果	文献
酸素	$\delta^{18}O$ ($^{18}O/^{16}O$)	海水の酸素同位体比に類似．	Mandernack et al. (1995)
鉄	$\delta^{57}Fe$ ($^{57}Fe/^{54}Fe$)	世界の海水起源マンガン団塊の鉄同位体比を測定；系統的な変動みられず．	Levasseur et al. (2004)
ヘリウム	$^3He/^4He$	宇宙起源の高い $^3He/^4He$ 比と大陸起源ダスト中の低い $^3He/^4He$ 比の混合．	Basu et al. (2006)
リチウム	δ^7Li ($^7Li/^6Li$)	河川と熱水の寄与を反映することが期待されるが，海水との交換があり保存性が悪い．	Chan and Hein (2007)
カドミウム	$\varepsilon^{114/110}Cd$ ($^{114}Cd/^{110}Cd$)	海水のCd同位体比を反映．Cd同位体比は，その場所での生物によるCdの取り込みなどを反映し，海水に比べて ε 値で±3程度変動する．	Horner et al. (2010)
モリブデン	$\delta^{97}Mo$ ($^{97}Mo/^{95}Mo$)	海水に比べて2‰軽い $\delta^{97}Mo$ を取り込む．古海洋の酸化還元状態の推定に利用できる．	Barling and Anbar (2004)
タリウム	$\varepsilon^{205/203}Tl$ ($^{205}Tl/^{203}Tl$)	鉄・マンガン酸化物への取り込みの際に海水に比べて+2.0‰重くなる．鉄・マンガン酸化物への取り込みと海洋地殻変質過程の取り込みの比を反映．	Rehkämper et al. (2004) Nielsen et al. (2009)
ウラン	$\delta^{238/235}U$ ($^{238}U/^{235}U$)	海水に対して-0.2‰程度同位体比が変化する．	Weyer et al. (2008) Brennecka et al. (2011)

比では,溶存酸素の同位体比の影響が示唆され,これはMn^{2+}の酸化過程で取り込まれたものと推定されている.一方,海山上の熱水起源のブーゼライトの酸素同位体比は,海水の値を反映していたが,これが初生的なものであるか,続成作用により海水の値に変化したのかは未解明である.

鉄の同位体比については,さまざまな研究がなされているが,鉄にはさまざまな起源があること,酸化還元反応や生物による影響で多様な分別を見せることなどから,自然界の鉄同位体分別の全容を解明するにはまだ多くの研究が必要である.Levasseur et al. (2004) は,世界中の海洋に存在する海水起源のマンガンクラスト,団塊37試料について鉄同位体比を測定しており,δ^{57}Feとして-1.2～-0.1‰の変動を報告している.しかし,この変動が鉄の起源の違いによるのか,クラストに取り込まれるまでの物理化学的過程での分別によるのかは未解明である.

(b) 微量元素の同位体比の変動

主成分であるマンガン,鉄,酸素以外の元素として,比較的多くの元素 (He, Li, Mg, Cu, Mo, Cd, Tl, U) の安定同位体比について,変動が報告されている.

このうち軽元素であるHe同位体比は,その変動に放射壊変が影響しているが,その変動は年代測定というよりは地球外物質起源のHeの混入割合を示すものと考えられている.つまりHe同位体比は,宇宙起源の高い^{3}He/^{4}He比と大陸起源ダスト中の低い^{3}He/^{4}He比の混合で説明されている (Basu et al., 2006).

海洋中のLiは,河川と海底熱水から供給され,後者は前者に比べて著しく低い同位体比をもつため,鉄・マンガン酸化物中のLi同位体比は,海洋へのLiの供給源や,大陸風化と海底熱水活動の時代による変遷を反映する可能性がある.しかし,鉄・マンガン酸化物のLi同位体比を初めて測定したChan and Hein (2007) によると,鉄・マンガン酸化物中のLi同位体比は,鉄・マンガン酸化物の沈殿が生成した後でも,水相中のLi同位体比の影響を受けて変化する可能性が高いため,海水のLi同位体比の時代による変化を知る目的で鉄・マンガン酸化物を利用することは困難と報告されている.同様の懸念は,やはり容易にイオン交換しやすいSr同位体比でもいわれており (Futa *et al.*, 1988 ; Vonderhaar *et al.*, 1985), 鉄・マンガン酸化物中の同位体比を古海洋環境の復元に用いるためには，海水との交換が生じにくい元素の同位体を用いる必要がある．

より重い元素に目を向けると，カドミウムは，海水中濃度の深度プロファイルが栄養塩型を示し，海洋中で生物に利用される元素と考えられている．生物に取り込まれる際に Cd 同位体比は分別を起こすため，海水中の Cd 同位体比は，生物による Cd の利用の程度を示すことになる．一方，鉄・マンガン酸化物中の Cd 同位体比は，海水に対する分別はほとんどなく，海水の値を反映し，保存性もよいと考えられるため，鉄・マンガン酸化物中の Cd 同位体比は古海水の値，ひいては当時の生物活動の程度を推定する上で有効になる可能性がある（Horner *et al.*, 2010）.

(c) 構造情報に基づく同位体分別の解釈

この Cd の鉄・マンガン酸化物への吸着反応は，溶存種と吸着種間の平衡な同位体交換反応とみなせる．Bigeleisen and Mayer（1947）により，このような平衡反応での安定同位体比の分別は，反応物と生成物の化学種に依存し，反応物と生成物のうちでより強い結合（＝結合距離が短い，配位数が小さい，共有結合性が大きいなど）をもつ化学種に重い同位体が濃縮することがわかっている．吸着反応では，溶存態に比べて吸着・共沈された化学種の方がその構造を把握するのが困難であるが，近年 EXAFS 法の利用などによりその構造が次々と解明されつつある．そのため，重金属の鉄・マンガン酸化物への取り込みの際の同位体分別の研究では，吸着種の化学種解析に基づく同位体効果の理解が試みられている．たとえば Tl, U, Mo などでは同位体分別の測定に加えて，EXAFS 法などによる吸着種の解析が行われている．

特に Mo では多くの研究がなされており，海水に対して鉄・マンガン酸化物側に軽い同位体が見られ，その程度は $\delta^{97/95}$Mo $= -2$‰ と大きい（Barling and Anbar, 2004）．その結果，鉄・マンガン酸化物が存在するような酸化的な環境では，海水中の Mo 同位体比が重くなる．硫化物が生成するような還元的な堆積物への取り込みでは，系に存在する Mo のほとんどが除去される結果，還元的堆積物中の Mo 同位体比はその当時の海水を反映すると考えら

れている.そのため,Mo同位体比は,古海洋の酸化還元環境の指標として用いられている.一方軽い同位体が鉄・マンガン酸化物に吸着される理由は不明であったが,この点についてKashiwabara et al. (2011) は詳細な研究を行っている.特にMo L$_{III}$端XANESの結果から,海水中の4配位のモリブデン酸イオンはマンガン酸化物への吸着によって6配位に変化して内圏型で吸着されることがわかった(図4-28).平衡安定同位体分別では,すでに述べた通り平衡関係にある化学種間(ここでは溶存モリブデン酸イオンと鉄・マンガン酸化物への吸着種)で結合が強い化学種(=結合距離が短い,配位数が小さい,共有結合性が大きいなど)の方に重い同位体が濃縮される.このことは,モリブデンが4配位の溶存種から6配位の吸着種に変化する際に,軽い同位体が選択的に吸着されることと整合的である.また天然の鉄・マンガン酸化物中のMoのEXAFSおよびXANESの結果から,MoはおもにマンガンMo酸化物に取り込まれていることがわかったので,天然で見られているMo同位体比の変動は,鉄・マンガン酸化物中のマンガン酸化物層にMoが6配位で吸着されるためであることが明確となった.

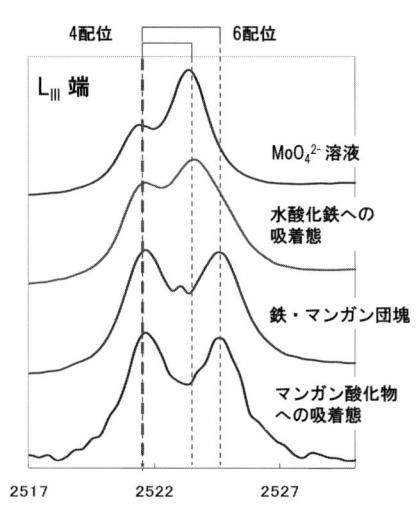

図4-28 モリブデン酸溶液,天然の鉄・マンガン団塊中のMo,水酸化鉄およびマンガン酸化物へのMoの吸着種のモリブデンL$_{III}$端XANES(Kashiwabara et al., 2011)

さらに室内実験では，鉄・マンガン酸化物中のMoの主要なホストではないが，さまざまな鉄酸化物に対するMoの吸着構造と同位体分別について，興味深い結果が得られている．まず軽い同位体分別の程度が，ヘマタイト（$\delta^{98/95}$Mo＝−2.19‰）＞針鉄鉱（$\delta^{98/95}$Mo＝−1.40‰）＞水酸化（フェリハイドライト，$\delta^{98/95}$Mo＝−1.11‰）の順で異なることが報告された（Goldberg et al., 2009）．次にこれらの吸着種について，同位体分別を顕著に引き起こす6配位の吸着種の割合が，ヘマタイト＞針鉄鉱＞水酸化鉄の順に小さくなることがわかった（Kashiwabara et al., 2011）．このうち水酸化鉄では，表面錯体はおもに4配位であり，外圏錯体がおもな吸着種である（図4-28）．これらの結果は，同位体分別の程度ときわめてよく整合しており，同位体分別が吸着種の構造変化に由来することが示された．以上のことは，Mo同位体比の変動が水酸化鉄の生成にはあまり応答せず，マンガン酸化物の生成に敏感に応答することを示している．したがって，地球の大気進化の変遷の研究では，Mo同位体比はマンガン酸化物というかなり酸化的な環境で生成する鉱物に応答することが明確になった．

一方Kashiwabara et al. (2013) では，モリブデンと挙動が似ているとされるタングステンについても研究を行っており，その結果ではマンガン酸化物と水酸化鉄の両方でタングステンの配位数が変化し，内圏型の表面錯体が生成することを示している．これはタングステンの同位体比がより還元的な環境で生成する水酸化鉄に対しても応答することを示しているが，まだこうした観点でのタングステンの安定同位体比は測られていない．性質が似ているとされるモリブデンとタングステンの同位体比を今後比較することで，地球の大気進化に関するより詳細な研究が可能になると期待される．

その他の研究例としては，Tlはすでに Rehkämper et al. (1999) で鉄・マンガン酸化物中の同位体比が測定され，その後もいくつかの論文でTl同位体比を用いた研究が報告されている．鉄・マンガン酸化物のTl同位体比（＝^{205}Tl/^{203}Tl）は，海水に対して一定の分別（＋2.0‰）を示し，二次的な影響を受けないため，過去の海水のTl同位体比の推定に利用されている．この分別は，XAFSを用いたTlの化学種解析から解釈されている（Peacock and Moon, 2012）．Nielsen et al. (2009) は，このTl同位体比の変動要因を

検討した結果,海洋中のTlの除去過程に原因があり,鉄・マンガン酸化物への取り込みによる除去と海洋地殻の低温変質過程での取り込みの寄与の比を反映すると考えている.

Uでは,鉄・マンガンクラストでは海水に対して−0.2‰程度軽い同位体が選択的に取り込まれることが報告されている(Weyer et al., 2008).室内実験では,マンガン酸化物への吸着時に$\delta^{238/235}U = 0.2$‰程度で軽い同位体が吸着され,天然系との類似が示唆される(Brennecka et al., 2011).この研究では,EXAFSも測定し,吸着種が溶存種と異なる局所構造を示し,同位体分別が起きることを支持しているとしている.しかしこの実験はpH 5付近でなされているため,溶存ウランの化学種が天然(炭酸錯体$UO_2(CO_3)_3^{4-}$や$UO_2(CO_3)_2^{2-}$が主)とは異なる可能性がある.そのため,鉄・マンガン酸化物と海水間のウランの同位体比の変動の理解には,さらなる研究が必要であろう.

4.6 まとめ

以上,本章では,マンガン酸化物の主要成分および微量成分の化学組成および同位体組成をさまざまなレベルで物理化学的あるいは地球化学的に理解できることを説明した.特に元素の性質に立ち返った解釈を試みることで,こうした化学組成・同位体組成が系統的に理解できることがわかるだろう.こうした理解は,次のステップで元素組成や同位体比を利用してマンガン酸化物の生成過程や生成環境,ひいては古環境を議論する上で,重要な根拠を与える.これら分子レベルの基礎情報なくして,よりマクロなレベルの議論の信頼性を高めることはできない.今後ともさまざまな分析法の発展と相まって,鉄・マンガン酸化物に関する分子レベル・ナノレベルの情報が集まることで,鉄・マンガン酸化物の基礎から応用にわたる新たなブレークスルーが生み出されることが期待される.

第5章 マンガン酸化物形成に関与する微生物活動

5.1 マンガンと生命活動

　マンガンはすべての生物に必須な微量元素の一つである．たとえば，植物や藻類などが光エネルギーを利用する上で重要な光合成系 II のなかで水の分解をつかさどる酵素の必須成分となっているし，酸化還元酵素の一つ superoxide dismutase など多くの酵素の活性化因子となっている．一方で，+2価のマンガン（Mn^{2+}）は，多量に存在する場合（たとえば 1 mg/L 以上），多くの生物の活動を阻害することも知られている．その毒性は鉄よりも強く，ヒトの場合，大変まれではあるが精神障害を引き起こすこともあるため，鉄より厳しい水質基準値（たとえば水道水では 0.05 mg/L 以下，鉄は 0.3 mg/L 以下）が定められている．また，鉄の場合と同様に，その酸化の過程で一部の微生物は生存のために必要なエネルギーを獲得することができるといわれているが，その機構が多様であり不明な点も多いため，微生物の教科書などでも紹介されることはまだほとんどない．ここでは，地球表層に広く分布するマンガン鉱物の成因とも関連し，マンガンの酸化・沈着・堆積などの過程と微生物活動との関わり合いについて，これまでの研究でわかってきたことを中心に紹介する．

5.2 生物学的マンガン酸化とエネルギー獲得系

　地球表層環境の大部分を占める pH 6-8 の中性付近では，微生物などが関与する生物学的マンガン酸化反応は，これらがまったく関与しない非生物学的な反応にくらべ 5 桁も速いといわれている．したがって，その鉱物あるいは堆積物が形成された年代や形成の過程にもよるが，試料中のマンガン酸化

物のなかには，直接的であれ間接的であれ，生物が関与することで生成された酸化物がかなりの割合で含まれているものと考えられる．また，このマンガン酸化の過程では，ほかの重金属類も共沈しやすいことが知られており，複雑な組成の鉱物・鉱床が形成される一因にもなっている（1-4章参照）．

　この生物学的マンガン酸化が現在の地球上で普遍的，優占的と考えられる一方で，その反応プロセスは多様である．多くの化学合成独立栄養微生物の場合と同様に，マンガン酸化細菌の場合も，Mn^{2+}の酸化により得られるエネルギーで有機物の合成や増殖を行っているのではないかと考えられてきた．そういった観点から，これまでに分離された多くのマンガン酸化細菌でその検証が行われてきた（表5-1）．しかし，+2価と+4価の間の理論的なエネルギーレベルはpH 7の中性付近で約16 kcal/mol（$\Delta G° = -68$ kJ），+2価と+3価の間ではその半分程度でしかないため，短時間で活発な増殖はそもそも見込めず，これを証明するためには培地の調製や培養方法，その代謝の解析手法などにかなりの注意を必要とする．

　一方で，Mn^{2+}を添加した培地で分離された微生物のなかには，高いマンガン酸化・沈着活性を示すものがおり，その多くはペプトンやグルコース，酵母抽出物などを添加したいわゆる従属栄養細菌用の培地（低栄養要求性のものを含め）にMn^{2+}を添加して分離されたものである場合が多い．したがって，上述した化学合成独立栄養（chemoautotroph）以外に，従属栄養（heterotrophまたはchemoorganotroph）や，独立栄養と従属栄養が混在する混合栄養（mixotroph）といった広範なタイプの栄養要求性が，マンガン酸化を行う微生物のエネルギー獲得系の基礎として想定される．したがって，有機物負荷が多い場合（富栄養状態）でも少ない場合（貧栄養，低栄養状態）でも，好気的で中性付近の環境では，Mn^{2+}の供給さえあれば生物学的マンガン酸化は起こりうるということになる．しかし，実際には，エネルギー源となりうる有機物の種類や濃度，Mn^{2+}の濃度，微量だが生育に必須な無機・有機栄養素（重金属，ビタミンなど）の有無，それに塩分の含有濃度（陸系か海洋系か）などにより，どういったタイプの微生物がマンガン酸化に寄与しているのかが大きく異なっている．したがって，一つの事象なり一種類の微生物でマンガン酸化過程の詳細が解明されたとしても，その他の

表 5-1 マンガン酸化細菌の代表例

A. 溶存する Mn^{2+} を酵素を使って酸化するタイプ
　1. その過程でエネルギーも産出する
　　Marine strains SSW22, S13, HCM-41, and E13（すべてグラム陰性の桿菌）
　　Hyphomicrobium manganoxidans
　　Pseudomonas strain S-36
　2. エネルギーは産出しない
　　Arthrobacter siderocapsulatus
　　Leptothrix discophora
　　Leptothrix pseudoochracea
　　Metallogenium
　　Strain FMn-1
　3. 不明
　　Aeromonas sp.
　　Arthrobacter B
　　Arthrobacter citreus
　　Arthrobacter globiformis
　　Arthrobacter simplex
　　Citrobacter freundii E4
　　Flavobacterium
　　Hyphomicrobium T37
　　Pedomicrobium
　　Pseudomonas E1
　　Pseudomonas putida GB-1
　　Pseudomonas putida Mn-1
　　Pseudomonas spp.
B. 二酸化マンガンまたはある種の粘土鉱物に吸着した Mn^{2+} を酵素を使って利用するタイプ
　1. その過程でエネルギーも産出する
　　Arthrobacter 37
　　Oceanospirillum
　　Marine strain CFP-11
C. Mn^{2+} を酵素を使わずに利用するタイプ
　　Pseudomonas manganoxidans
　　Streptomyces sp.
　　Bacillus SG-1

＊各菌株の原著論文は出典参照（Erhlich and Newman, 2009, p.349）

事象なり微生物過程にそのまま当てはめるのは尚早であり，細心の注意が必要である．

5.3 生物学的マンガン酸化の多様な形態

　生物学的マンガン酸化を，能動的か受動的かという観点で眺めた場合，明らかに能動的といえるのは，上述したMn^{2+}の酸化とエネルギー獲得系が直接連動したマンガン酸化化学合成独立栄養の場合のみである．この他の様式のマンガン酸化は，すべて受動的で間接的なものと見なされる．つまり，生存に必須の機能としてではなく，なんらかの副次的な作用によりMn^{2+}が酸化されている．この作用が結果的に生物にとって有毒物質の除去や細胞の保護のためという場合もありうる．一方で，Mn^{2+}の酸化に関与する酵素の有無や種類，酸化物の沈着状況なども，関与する微生物により異なっていることが知られている．そこで，この微生物関与の生物学的マンガン酸化をめぐる複雑で多様な状況を理解するため，これまでに自然界から分離されたマンガン酸化微生物（その多くはドメインバクテリアに属する細菌．生物界は，このドメインバクテリアのほか，ドメインアーキアとドメインユーカリアの3群で構成される）を用いた培養実験や生化学実験の結果に基づき，いくつかのグループ分けが試みられてきた．

　たとえば，Erhlich and Newman（2009）は，通常の生物の機能分類様式（エネルギー獲得系や栄養要求性に基づくグループ分け）とは別に，酵素関与の有無という観点から，いくつかのグループ分けを試みている．表5-1に，これまでに分離されたマンガン酸化細菌の代表株を，そのマンガン酸化に酵素が関与している場合と関与していない場合に区分した例を示した．さらに，酵素関与のマンガン酸化を微生物の代謝特性や酸化様式の違いから，以下のような3つのグループ（I，II，III）に分け，グループIについてはさらにいくつかのサブグループに分けることを提唱している．

1) 酵素が関与するマンガン酸化
　グループI：酸素を最終の電子受容体として用いながら，Mn^{2+}をはじめと

する溶存態マンガンを酸化するグループのことで，反応式としては以下のように表すことができる．

$$Mn^{2+} + \frac{1}{2}O_2 + H_2O \rightarrow MnO_2 + 2H^+$$

　このなかで，生育に必要なエネルギーまで獲得可能な場合をグループIa，エネルギー獲得系（ATP合成系と同義）と連動していない場合をグループIbと区分し，さらに，*Leptothrix*属細菌のような鞘（sheath）形成能をもつ細菌をグループIc，後述する芽胞形成能をもつ海洋性*Bacillus*属細菌のような場合をグループIdとして区分している．

　ここで，唯一能動的なマンガン酸化にあたるグループIaの場合，その細菌が獲得可能なエネルギーは 68.1 kJ（16.3 kcal）程度と見積もられている（Luther, 2005）．このなかで，グラム陰性細菌（細胞膜の特徴［染色性の違い］により伝統的に細菌はグラム陰性細菌とグラム陽性細菌に二分される）に属するSSW$_{22}$株の場合，その細胞膜にマンガン酸化還元酵素が強く結合していると考えられることから，図5-1に示すように，膜外で酸化マンガンの沈着が起こる一方で引き抜かれた電子は膜内に取り込まれプロトンポンプを駆動させATP合成を行うというモデルが提唱されている．その一方で，膜構造の大きな違いはあるものの，グラム陽性細菌のなかにもIaグループのものがいると考える研究者もいる．

　また，Icグループのマンガン酸化細菌で鞘形成能を有する*Leptothrix*属細菌についても，これまでに多くの研究が行われてきた．実験の方法によりまた用いる株により異なる結果がもたらされてきたため，いまだきちんとモデル化されるまでにはいたっていないが，そのなかにはこの細菌のマンガン酸化に関わるタンパク質が細胞膜や鞘の外へ放出されているという報告（Adams and Ghiorse, 1986 ; Corstjens *et al.*, 1992）があり興味深い．

　Idグループに分類されるグラム陽性の*Bacillus* sp. SG-1株は，それが米国西海岸のスクリップス海洋研究所前の沿岸域から分離されたということもあって大変有名な株であり，現在ではほかの菌株に先駆けて遺伝子レベルでの解明まで進んでいる（Tebo *et al.*, 2010）．このSG-1株の場合，マンガン酸化はその増殖期の細胞ではなく休眠胞子ともいえる芽胞（spore）によっ

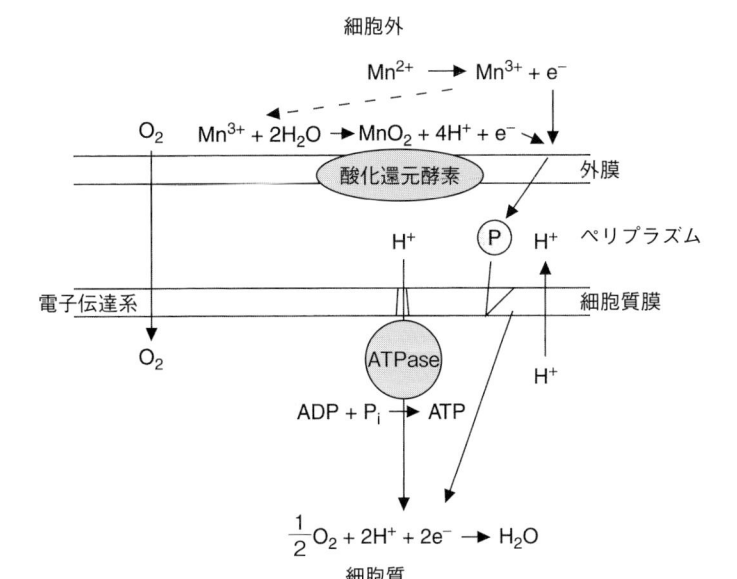

図 5-1 マンガン酸化により細胞の増殖に必要なエネルギー獲得まで行っている微生物（Ia のグラム陰性細菌グループ）の代謝反応モデル（Erhlich and Newman, 2009, p.355）
　膜結合酸化還元酵素の働きにより膜外でマンガンが酸化，沈着され，その間に生じたプロトン（H^+）と電子（e^-）が細胞内に取り込まれる過程でエネルギー（ATP）が生成されるというもの．

て行われるのが大きな特徴である（図 5-2）．この芽胞の外部にマンガン酸化能をもったタンパク質（多価銅酸化酵素を含む）が位置し，その働きで+2 価から+3 価，+3 価から+4 価といった 2 段階でマンガン酸化が進行していることが明らかにされている．また，この反応にかかわる一連の遺伝子群（mnx と呼ばれる）が解析され，マンガン酸化に直接的に関与する多価銅酸化酵素群（multicopper oxidase family）をコードする遺伝子（$mnxG$）の塩基配列まで解明が進んでいる（van Waasbergen et al., 1996）．芽胞期のことであるため，この反応過程でATP合成まで行われているとは考えにくいが，この一連のアプローチは，生物学的マンガン酸化研究における一つのモデルケースとなっている．

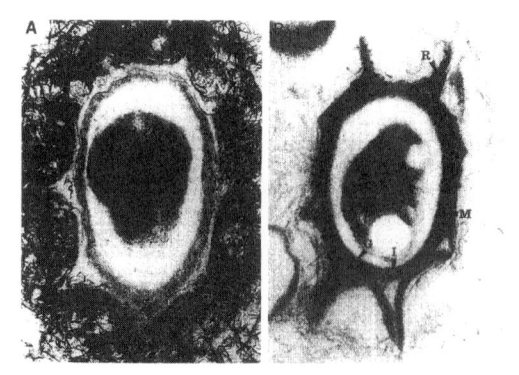

図 5-2 海洋由来の *Bacillus* sp. SG-1 株の芽胞とその周辺域の TEM（透過型電子顕微鏡）画像（van Waasbergen *et al.*, 1996）
　培地中に Mn^{2+} が存在する場合（左図）は芽胞の外膜周辺にその酸化物（黒色不定形物）が大量に沈着．Mn^{2+} が存在しない場合（右図）はそのような沈着物は見られない．

　一方，マンガン酸化鉱物はマンガンだけでなく多様な重金属類（レアメタルを含む）を包含していることが広く知られているが，生物学的に生成されたマンガン酸化物が 3 価クロムなど他の重金属の酸化を促すという現象も見出されている（He *et al.*, 2010）．いわゆる「共沈」という現象だが，こういった複雑な組成の酸化物形成過程にもマンガン酸化能をもつ微生物やその酵素が，間接的にではあれ大きく関与しているものと考えられる．
　グループⅡ：グループⅠとは異なり，溶存しているマンガンではなく細胞外の無機物上に吸着あるいは濃集しているマンガン（主に +2 価）を酸化するグループ．反応式としては，以下のように表される．

$$MnMnO_3 + \frac{1}{2}O_2 + 2H_2O \rightarrow 2H_2MnO_3$$
$$Mn^{2+} + H_2MnO_3 \rightarrow MnMnO_3 + 2H^+$$

　この場合も，上記グループⅠの場合と同様にいくつかのサブグループが考えられるが，それほど多くの解析例がないため細分化まではされていない．
　グループⅢ：溶存している Mn^{2+} を，カタラーゼという酵素を使いながら H_2O_2 で酸化するグループ．反応式としては，以下のように表される．

$$Mn^{2+} + H_2O_2 \rightarrow MnO_2 + 2H^+$$

このグループには，後述するように湖沼で優占することが知られる *Metallogenium* 属細菌のほか，*Leptothrix pseudoochracea* や *Arthrobacter siderocapsulatus* といった細菌が含まれるとされている．

2）酵素が関与しないマンガン酸化

酵素非関与のマンガン酸化の典型例は自動酸化（化学的マンガン酸化）である．この反応は，E_h（酸化還元電位）が+500 mV 以上，pH 8 以上，Mn^{2+} 濃度 0.01 ppm 以上の環境で起こりやすく，この自動酸化を引き起こしやすい pH–E_h 範囲は，鉄の場合とくらべてかなり狭いことが知られている．ただし，この自動酸化の場合でも，生物（多くの場合は微生物）が関与することで，この反応が促進されることが十分に考えられる．たとえば，培地中あるいは対象環境中の酢酸や乳酸，リンゴ酸，グルコン酸，酒石酸のような有機酸を微生物が利用することで pH が上昇し，この自動酸化が起こりやすくなる．

また，ドメインバクテリアの *Pseudomonas* sp. MnB1 株の場合のように，酵素ではなくある種のタンパク質の関与により Mn^{2+} が酸化されることも知られている．この酸化には酸素を必要とせず，pH 7 付近でも進行する．このタンパク質は，Mn^{2+} 添加の有無にかかわらず，対数増殖期後期の増殖停止に伴って生産されるという．

このほか，土壌から見出された *Streptomyces* 属細菌（ドメインバクテリアのなかの放線菌の仲間）では，Mn^{2+} の毒性から身を守るために水溶性細胞外化合物を生産し弱酸性付近でのマンガン酸化に寄与しているといった例や，*Chlamydomonas* 属微細藻類（緑藻の仲間）の接合胞子（zygospore）がなんらかの作用で二酸化マンガンに覆われるといった例などが知られている（Schulz-Baldes and Lewin, 1975）．

これらの自動酸化の事例は広義の生物学的マンガン酸化と位置づけられ，地球表層環境における Mn^{2+} の酸化促進といったことにとどまらず，複雑な組成や形態のマンガン酸化物の形成に，さらにはそれらが沈着，濃集，堆積

することで生成されたマンガン鉱物や鉱床の形成に，微生物活動が少なからず寄与していることを物語っている．

このほか，鉄と同様にマンガンの場合も，微生物細胞外の粘液層（slime layer）にその酸化物が沈着，濃集される事例が報告されている（前項グループIc参照）．この場合も，その微生物の増殖のためのエネルギー獲得系（ATP合成系）とは直接連動していない場合が多いと考えられる．

上述したErhlichのグループ分けは，従来の分離培養法によって得られた一部の微生物に関する知見の集積であり，酵素の関与すらあいまいな事例がまだ多数存在している．遺伝子や分子・細胞レベルでの解析が進むにつれ，今後，大きな見直しが必要となる可能性がある．一方，実際の環境中では，生存のためのエネルギー獲得系とは連動せず，微生物により副次的に生産されたある種の有機物や無機物（リガンド）を介したマンガンの酸化（広義の自動酸化，図5-3）が，しばしば優占的な場合もあると考えられるようになっている（Tebo et al., 2010）．この場合，その酸化に寄与している微生物の種類は環境により大きく異なっているものと思われ，これまでに報告されていない，あるいはすでに報告されているがマンガン酸化への関与が明らかでない種類の微生物も大きく貢献している可能性がある．なかでも，微生物活動により生成された超酸化物（superoxide：スーパーオキシドアニオン[O_2^-]を含む化学物質の総称）によるマンガン酸化が最近注目されており（Leaman et al., 2011），前項のグループIIIとも関連し，その普遍性やミクロな局在性などの解明が待たれている．これらを明確にしていくためには従来の分離培養法の活用が不可欠だが，自然現象の解明にまでつなげていくためには，広く微生物群集全体の多様性や関連する機能遺伝子などの解析を併用していくことがきわめて有効である．後述するようなさまざまな環境試料を対象とした研究の進展を，今後も注意深く見守っていく必要がある．

3）多様化をもたらしてきた要因

生命誕生時の原始生命体が単細胞の微生物であったことは疑うべくもないが，ある特定の機能に着目した場合，その機能を地球環境変遷史のいつ頃に微生物が獲得し，環境に影響を与えるようになったのかを明らかにするのは

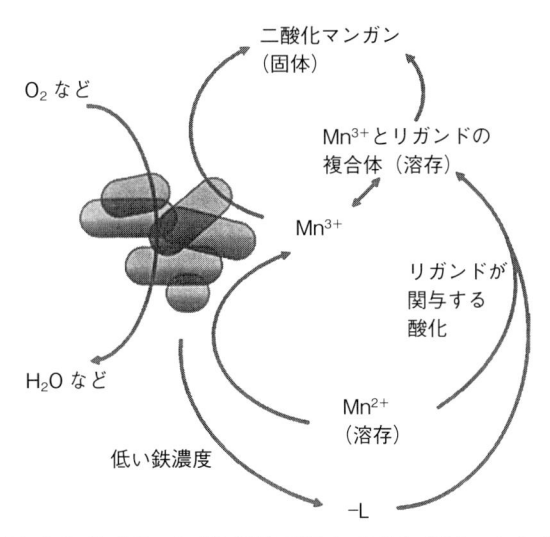

図 5-3 バクテリアによるマンガン酸化の新しいモデル (Tebo *et al.*, 2010, p.287) +2価から+3価，+3価から+4価の2段階酸化を想定．中央左側は酵素が関与する典型的な生物学的酸化の場合．右側は，低い鉄濃度下で生産されたある種の有機物（リガンド：-L）が関与する自動酸化の場合を示す．

容易なことではない．鉄酸化に関与する微生物の一部については，その生成物であり現存する酸化鉄鉱物・堆積物（ストロマトライト；stromatolites）の解析から，微生物進化のかなり初期（約35億年前）の段階で出現したものと考えられている（Madigan *et al.*, 2011）．一方で，生物学的マンガン酸化については，原始シアノバクテリアの出現とその後の光合成による大気中酸素濃度の劇的増加（大酸化イベント）による鉱床形成説（間接的なマンガン酸化，6章参照）を除けば，それが顕在化した時期をはじめその多くは推定の域を出ない．微生物は，その後，動物や植物などの多細胞生物へと進化する一方で，単細胞の微生物のまま多様な機能を獲得し現在にいたっている．この多様化の速度は，生物の系統樹やそれらの至適増殖温度域を見ても明らかなように，酸素に富む温暖な時期に生息していた微生物ほど速かったものと考えられる．

　この進化あるいは機能の多様化は，その生物自らの特性（狭義の遺伝）に

5.3　生物学的マンガン酸化の多様な形態——179

よる部分以外に，その環境中のほかの生物やその遺伝子などの働きで大きく加速されるものと考えられる．後年に爆発的な進化を遂げる多細胞生物化の第一段階が，宿主となる微生物とミトコンドリアや葉緑体の元になるほかの微生物との共生（別の見方をすれば，宿主微生物によるほかの機能遺伝子の獲得）にあったことは疑うべくもない（Madigan et al., 2011）．この加速化のメカニズムは，一般に「遺伝子の水平伝播」と呼ばれ，微生物細胞内の核外遺伝子（プラスミド）のほか，ウイルス（微生物に感染するウイルスはファージと呼ばれる）や特定のDNA塩基配列をもったトランスポーザブルエレメント（挿入配列，トランスポゾン，インテグロン）が媒介することが知られている．

　自然界の微生物に機能の多様化をもたらすこの遺伝子の水平伝播機構は，個々の生物の適応進化の過程のみならず，その集合体である生態系というシステムやそれを取り巻く環境にも大きな影響を及ぼしてきたものと考えられる．近年，さまざまな生物のゲノム情報が解き明かされていることに加え，その生息環境へのアプローチや単一培養が困難であるという理由でこれまでほとんど未解明であった地球上大多数を占める環境微生物群集についても，その種類に関する情報（生物多様性情報）はもちろん，それらが保有する機能遺伝子の情報まで次々と解明されはじめている．たとえば，上述したインテグロン（実際にはインテグロン・ジーンカセット部位）を標的とした直接解析により，人間の生活圏周辺環境，外洋の海底や熱水活動域，海底下のメタンハイドレート堆積層などに生息または残存する環境微生物の機能遺伝子情報の取得が進んでいる（Elsaied et al., 2011, 2013；Elsaied and Maruyama, 2011）．こういった遺伝子レベルでの新しい知見が集積するに伴い，これまで堆積物や化石の解析結果に基づき推測されてきた生物と環境の相互作用の歴史についての考えも，大きく進展していくものと思われる．

　生物学的マンガン酸化という現象に着目した場合，その機能を微生物がいつどうやって獲得したのかはいまだ不明だが，マンガン酸化に関与すると報告される微生物は現地球環境中に広く分布しかつ多様な種類にわたっていることから，上述した遺伝子の水平伝播のメカニズムが関与してきた可能性は十分にある（大腸菌の場合，ゲノム遺伝子の20％近くはこの水平伝播由来と

推定されている).また,マンガン酸化に直接関与せずとも,ある種のプラスミドのように重金属耐性能を発現することで,その宿主微生物のマンガン酸化を大きく促進するという場合も考えられる(Schuett et al., 1986).

前述あるいは後述するように,地球上のすべての微生物が同じマンガン酸化メカニズムを有しているとは考えにくい状況であることから,その環境により生物種により,それぞれに異なるプロセスを経てその環境にあった酸化・沈着様式が定着していったものと考えられる.次節では,海洋での酸化物生成のほか,湖沼,陸上温泉,土壌,湿原など多様な環境における例を挙げる.

5.4 環境によって異なる微生物の関与

1) 湖沼

一部の湖沼では,マンガンを多く含む酸化物が湖底に沈着・堆積している現象が見出されている(Erhlich and Newman, 2009).たとえば,鉄やマンガン濃度の高いフィンランド国境沿いのロシアの湖(Ozero Punnus-Yarvi)には,10-58％の高いマンガン含有率でhydrogoethite (nFeO・nH$_2$O)やwad(MnO$_2$・nH$_2$O),psilomelane(nMnO・MnO$_2$)といった酸化物が湖底に広く分布していると報告されている.また,この湖沼全域には放射状に群体形成する点で特徴的な*Metallogenium*と呼ばれる微生物が広く分布しており,これら微生物の働きによりMn^{2+}が酸化され,湖底に堆積しているものと見なされている.この湖沼の場合,その反応はpH 6.3-7.1,E_h 435-720 mVで進行しており,この点からもこれらの酸化物の形成は生物学的酸化によるものと考えられている(自動酸化の場合は,pH 6.5の時にE_hが230 mV以下であることが必要と考えられている).

このような*Metallogenium*様微生物(図5-4)は,米国五大湖やスイス・フランス両国にまたがるレマン湖,スイス・ドイツ・オーストリアにまたがるコンスタンス湖(ボーデン湖),国内では琵琶湖(Furuta et al., 2007)などでも見出されており,それぞれの湖底でマンガン沈着物形成に深く関与しているものと見なされている.このほかの微生物が関与していると思われる

図 5-4 マンガン酸化物が沈着している湖沼からしばしば見出される放射状の集塊形成を特徴とする微生物 *Metallogenium* の光学顕微鏡写真（Perfil'ev and Gabe, 1965）

事例も報告されているが，詳しいことまではまだわかっていない．また，海洋とは違い陸域の場合，真菌（カビや酵母）の関与の度合いも大きく，樹木（木材）の主成分であるリグニンを分解する酵素（ラッカーゼ）がマンガン酸化にも寄与し得ることが知られており，応用面からの研究もなされている．

2）陸上の温泉

温泉地のなかには，黒色〜褐色のマンガン沈着物がその周辺域に堆積している場合がある．その代表的な例は，国の天然記念物にも指定されている北海道雌阿寒岳の麓に位置するオンネトー湯の滝である（Usui and Mita, 1995）．ここでは，山腹より湧き出している源泉中に溶存する Mn^{2+} が，山の斜面を

流れ落ちる途中で酸化され，その斜面上に酸化物が堆積し続けていることが知られている（Mita et al., 1994）．まさに「生きたマンガン鉱床」である．

　ここで進行するMn^{2+}の酸化・沈着プロセスには，微生物や微細藻類などが大きな役割を果たしている．現場から採取した新鮮な堆積物試料（微生物・微細藻類・マンガン酸化物複合体）に，Mn^{2+}や硝酸やリン酸などの栄養塩類を添加し，温度や光の条件をできるだけ現場環境条件に近づけた模擬現場培養実験では，Mn^{2+}を添加し光を照射した場合にのみ短時間で褐色のマンガン沈着物が形成されることが確認されている（図5-5）．また，同時に行った高倍率の蛍光顕微鏡観察では，この沈着物中より細菌類以外に円心目や羽状目の珪藻類やラン藻（シアノバクテリア）様の微細藻類が多数見出されている．すなわち，有機物や酸素を生み出す微細藻類とそれらを利用してマンガンを酸化する微生物および生成されたばかりで反応性に富む非晶質のマンガン酸化物が混然一体となり，次々と流下する温泉水中の溶存態マンガンを酸化・沈着させ，長い時間をかけて鉱床と呼ばれるまでに堆積，濃集し続けたと考えられる．

　同様の事例は，島根県の三瓶温泉，北海道の駒の湯，旭岳温泉（Mita and Miura, 2008），福島県会津などの温泉地でも，また青函トンネル内湧水域（Mizukami et al., 1999）でも見出されており，関与する微生物の多様性や相互作用，機能遺伝子，沈着物の特徴などの解析が待たれる．ある一定の環境条件（生物学的要因を含む）が整った上で進行している現象と考えられ，酸化マンガン沈着物の顕在化までにはそれ相当の時間を要するものと推定されるが，このような複合微生物系の機能を解明しうまくコントロールすることができれば，貴重なレアメタルの濃集あるいは有害金属の除去システムとして工業的に活用することも可能と思われる．

3）海底熱水活動域

　多くの海底熱水噴出孔からは，硫化水素やメタンなどとともに酸化レベルの低い溶存態の鉄やマンガンが大量に放出されている（図5-6；Jannasch and Mottl, 1985）．このうち，鉄は噴出後，速やかに酸化，沈着し堆積するが，マンガンは海底面上の広い範囲に拡散しプルームと呼ばれる大きな広がりを形

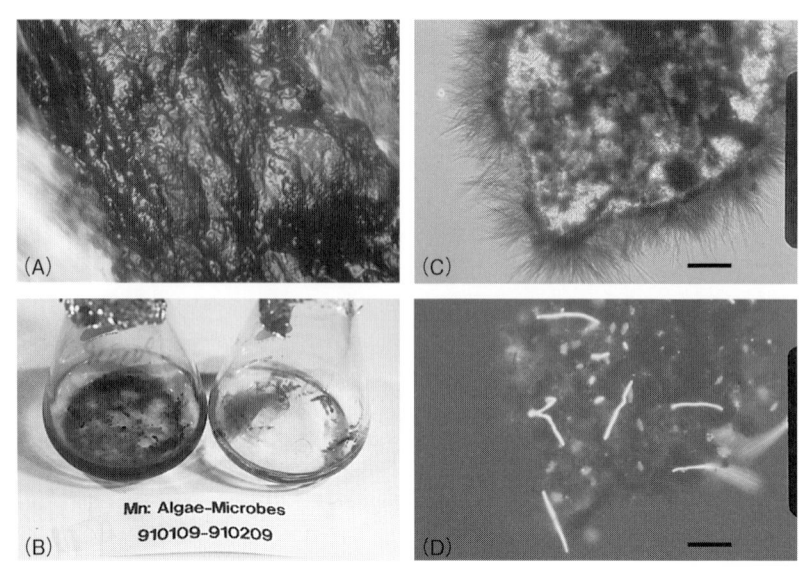

図 5-5 北海道のオンネトー湯の滝斜面（A）より採取した環境微生物試料を用いた模擬現場培養実験

Mn^{2+}添加時（B 左）と無添加時（B 右）で培養生成物を比較．添加時にのみ褐色のマンガン沈着物が生成．その沈着物試料の光学顕微鏡写真（C）と蛍光顕微鏡写真（D），各スケールバーは 10 μm．（C）では TMBZ 染色剤により沈着物表面が紫色に発色．（D）では DNA 染色剤（DAPI）により細菌等が青色に，葉緑体（クロロフィル）に特有の自家蛍光により微細藻類がオレンジ色に発色．

成することが知られている．このマンガンプルームは，通常，海底面上数十 m から数百 m の近底層域で，水平方向は数 km にもおよぶ場合があり，海底熱水活動の探査を行う上でのよい指標ともなっている（Cowen et al., 1986；Urabe et al., 1995；Okamura et al., 2001；Provin et al., 2013）．

Cowen et al. (1986) はこのマンガンプルームに着目し，採取した試料の化学分析によりその深海域における広がりの状況を調べるとともに，そのプルーム中より採取した微粒子の電子顕微鏡解析に取り組んだ．その結果，熱水噴出孔から遠く離れた場所でもマンガン酸化物を身にまとうように微生物細胞様粒子が多数分布していることを見出し，これらが熱水噴出活動により海底から海水中に放出されたマンガンの除去（酸化，粒状化，沈降，堆積）

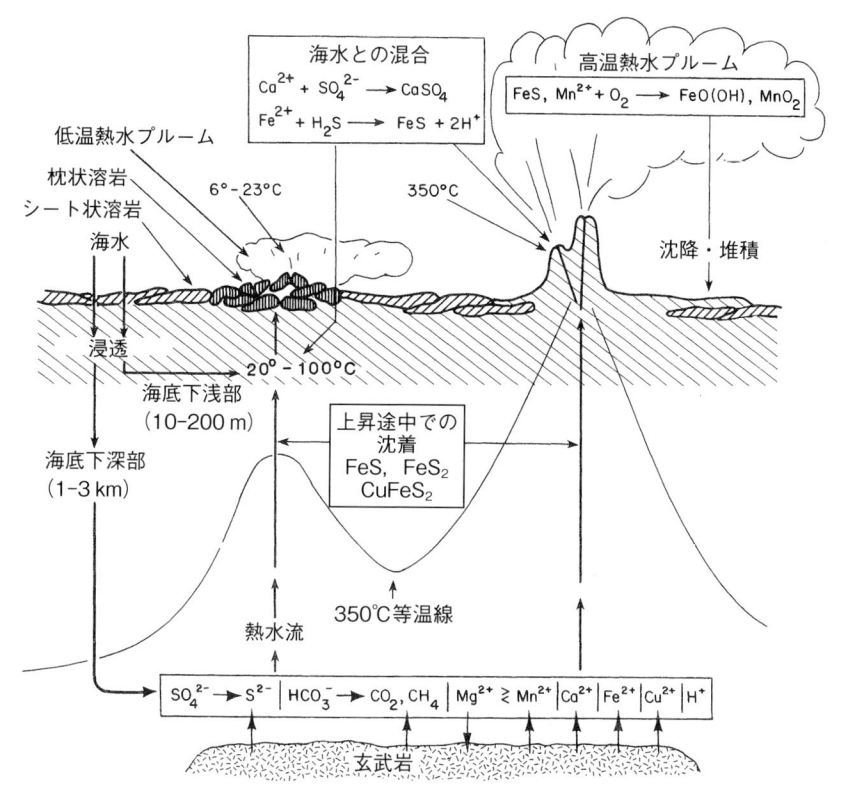

図 5-6 海底熱水活動域で進行する無機化学反応（酸化，還元，溶解，粒状化，沈降等）の概念図（Jannasch and Mottl, 1985）

に大きく貢献しているものと推測した（図 5-7，図 5-8）．また，北米太平洋オレゴン沖のファンデフカ海域の熱水プルーム中で進行する溶存態マンガンの除去の規模を，$1.7\text{-}3.4\ \text{mM/m}^2$/年と見積もった．これは，中部太平洋の深海堆積物へのフラックス $0.1\ \text{mM/m}^2$/年（Chester, 2003）とくらべ，桁違いに高い．ゴーダ海嶺の熱水プルーム解析では，噴出後 1 日のプルームの方がそれ以降のプルームよりマンガン沈着能を有する微生物様細胞の割合が高いことを示した．また，そういった熱水プルーム中でのマンガン除去プロセスには，微生物が作った細胞外ポリマーが大きな役割を果たしていると推測

5.4 環境によって異なる微生物の関与——185

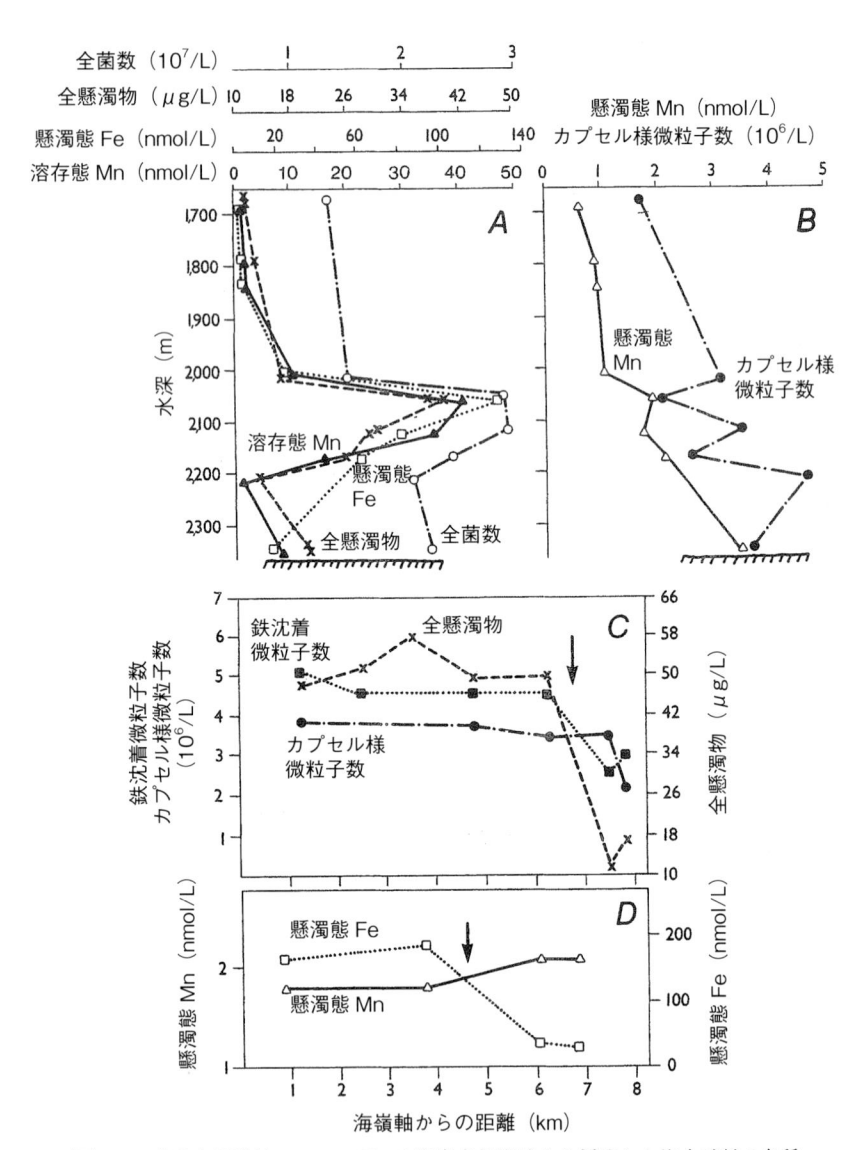

図 5-7 北米太平洋沖のファンデフカ海嶺南部海域から採取した海水試料の各種分析結果
A, B：海嶺から 4.5 km 離れた場所での鉛直分布．C, D：海底直上域を対象とした水平分布．海底熱水噴出活動により放出された溶存態の鉄やマンガンが，噴出域（海嶺軸）から離れるに従い，ほかの成分とともに粒状化（懸濁態化）していることを示唆している（Cowen *et al.*, 1986）．

186——第5章 マンガン酸化物形成に関与する微生物活動

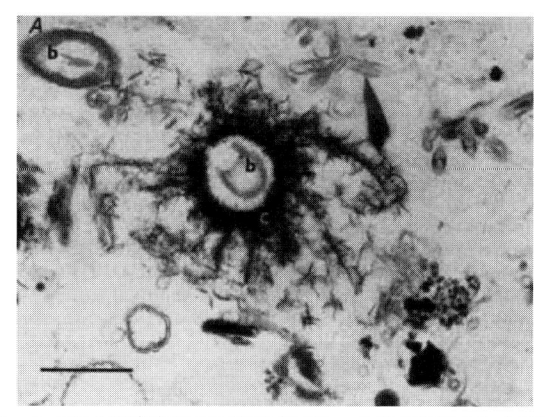

図 5-8 ファンデフカ海嶺南部の海底熱水プルーム中で採取された懸濁物試料の透過型電子顕微鏡写真（Cowen et al., 1986）
微生物様芽胞様粒子（b）とその周辺に沈着しているマンガン酸化物（c）．スケールバーは 1 μm．

した（Cowen, 1989）．いずれも分離培養株を用いた結果ではないが，深海域での生物学的マンガン酸化プロセス解明の糸口を見出した意義は大きい．

この海底熱水活動域に見られるマンガンプルームの除去に関しては，その後より微生物学的観点から踏み込んだ解析がなされている．前述した Bacillus 属菌株と近縁の微生物も，一部のプルーム中からは見出されている．しかし，Bacillus のようなグラム陽性細菌が海水中で優占することは大変まれであり，海水中で大多数を占めるグラム陰性細菌の寄与も十分に考えられる．一方，熱水プルームによっては，微生物群集組成がその周辺海水中とは大きく異なっている現象も見出されており（Sunamura et al., 2004），上記のような細胞外ポリマーをまとった微生物細胞の集塊（いわゆる微生物フロック，図 5-9）が，熱水プルーム中に多数漂っている場合も見つかっている．最近，Dick et al.（2009）は，採取した熱水プルーム試料に $^{54}Mn^{2+}$ や生育阻害剤を添加した模擬現場培養実験を行い，そのマンガン酸化プロセスには微生物由来の酵素が大きく寄与していることを示している．これにかかわる微生物や遺伝子の解明，溶存する Mn^{2+} の酸化・沈着の基盤となるポリマーの物理化学的特性の解明など，今後の展開が大いに期待される．

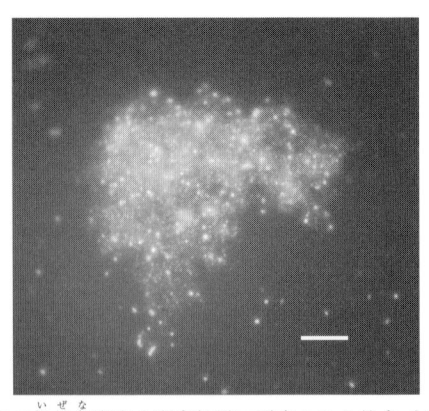

図 5-9 沖縄トラフ伊是名海穴の海底付近に形成された熱水プルーム中に見出された微生物フロック
 採取した懸濁物試料を DNA 染色剤 DAPI で染色した後の蛍光顕微鏡写真．ある種のポリマー（ムコ多糖染色試験陽性）中に微生物様粒子が散在．スケールバーは 10 μm.

4）海洋および海洋底

 これまでの海洋調査から明らかなように，現世の海洋底にはマンガンクラスト，団塊が広範に分布している（1, 2 章参照）．これらの海洋底に沈着，堆積するマンガンのソースとして，上記海底熱水系由来のもののほか，陸由来のものも重要である．陸上の土壌や温泉中のマンガンが，河川を経て沿岸，そして深海底へと，季節により状況により酸化還元電位の変化を繰り返す海水・堆積物境界層を出入りしながら長い時間をかけて海洋底まで運ばれ，集積したものと考えられる（3, 4 章参照）．一方，マンガン団塊の分布やその形状の不可思議さから，これまで，なんらかの生物活動がその生成に関与しているのではないかと推定され多くの調査研究が行われてきた．しかし，海洋底でのマンガンの酸化・沈着の反応がきわめて緩慢であること（100 万年に数 mm 程度の成長速度），環境中で見出される微生物全体の中で人の手で分離培養可能なものはまだごくわずかでしかないこと（一般の深海試料の場合 99.9% 以上の微生物は分離培養が困難）などから，その関与の度合いやメカニズムを実験的に証明することは容易なことではなく，解明が大きく遅れている（2, 3 章参照）．

一般の海洋に出現する微生物の多くはグラム陰性細菌で，ドメインバクテリアの中のγ-プロテオバクテリアやα-プロテオバクテリアといったグループに属することが知られている（分離培養の可否によらず遺伝子レベルでの全微生物群集解析の結果に基づく，Giovannoni and Rappe, 2000）．前述したように，これまでに見出されたマンガン酸化細菌の多様性もこれとほぼ一致していることから，広範な海洋細菌グループ中にマンガン酸化能が分布している可能性が高い．実際に，ハワイのロイヒ海底火山の岩盤表層のバイオマット試料から分離された微生物の場合も，*Pseudoalteromonas* 属や *Marinobacter* 属などの γ-プロテオバクテリア，および *Roseobacter* 属や *Sulfitobacter* 属などを含む α-プロテオバクテリアが優占的であったと報告されている（Templeton *et al*., 2005）．また，種レベルで見た場合でも，分離されたマンガン酸化細菌のいずれも既存のマンガン酸化細菌種とは一致せず，その属中の広範な種にマンガン酸化能が分布していることが示されている（図5-10）．一方，同じ北西太平洋海域の拓洋第5海山のマンガン沈着物を有する玄武岩やその周辺環境から採取したDNA試料での，より包括的な微生物多様性解析からは，ドメインアーキアに属する微生物をはじめ海洋底付近に多く見出されるいくつかの微生物系統群のなかに，これらのマンガン酸化能を有する微生物種が広く分布している可能性が指摘されている（Nitahara *et al*., 2011）．また，前述した *Bacillus* 属細菌の場合と同様の多価銅酸化酵素（MCOファミリー）の遺伝子が，ほかの種類の微生物にも広く保持されているのか，どのような環境試料に多く見出せるのかといった研究もはじまっている．いずれも，従来の分離培養可能な微生物に関する知見やアプローチ手法の限界を越え，その現場環境中の微生物が保有する遺伝情報やその生産物の側から，この難解な生物学的マンガン酸化現象の解明に迫ろうとするものであり，今後の進展が期待される．

　上述したように，生物学的マンガン酸化にかかわる現在の知見は，関与する微生物が多様であることに加え，その反応様式も多様であると考えられることから，ほかの微生物機能の知見にくらべかなり古典的なレベルにある．この研究の遅れは，対象とするマンガンやマンガン酸化機能の経済的価値と

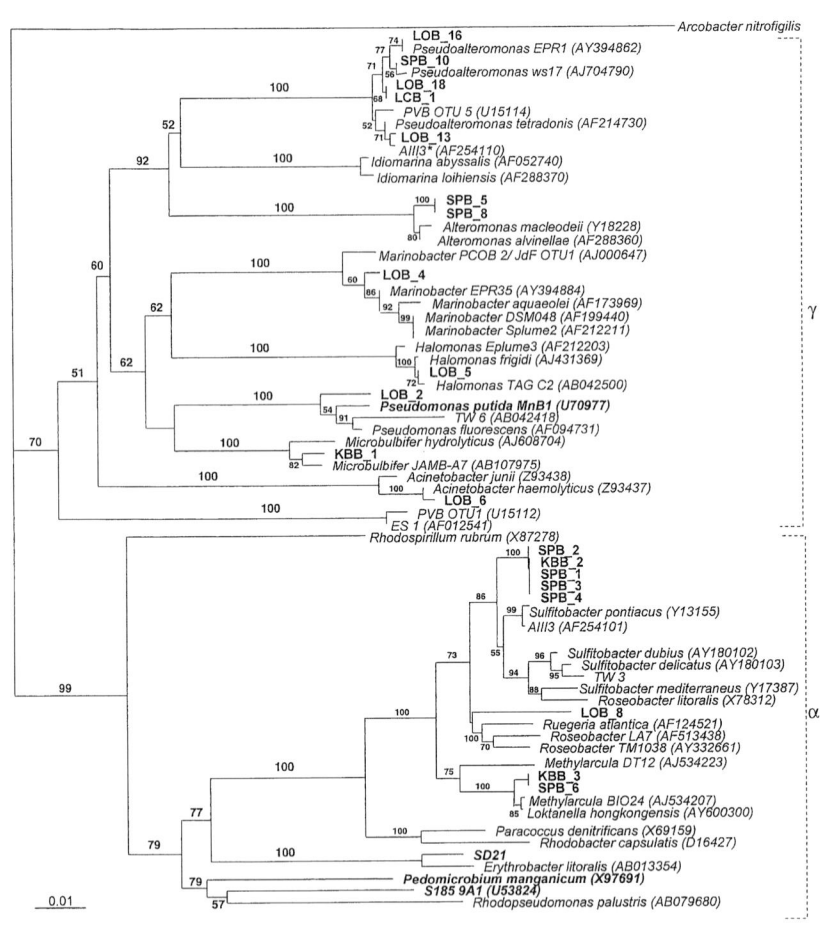

図 5-10 ハワイのロイヒ海山付近の海底面上で採取した試料から単一分離されたマンガン酸化細菌株の系統分類学的位置（16S rRNA 遺伝子による）(Templeton *et al*., 2005)

太字で示した属種名の場所が既知のマンガン酸化細菌の位置．（上群）γ：γ-プロテオバクテリア，（下群）α：α-プロテオバクテリア．

無縁ではない．海洋底のマンガン団塊をはじめとした金属資源の利用（レアメタル資源問題の解決）やその成因をめぐる地球科学的な課題解決に，この生物学的マンガン酸化プロセスの詳細解明（広義のメタルバイオロジー）が大きく寄与することを期待したい．今後の進展を図る上では，従来の分離培養手法を用いたアプローチに加え，より分子・細胞レベルでのアプローチや鉱物・化学的アプローチとの融合化が不可欠である．また，環境微生物遺伝子の直接解析的なアプローチは多面的な広域調査を可能にすることから，地球・海洋科学的情報との擦り合わせによる研究展開を大きく促進するものと思われる．現在から過去にまで遡る自然界のマンガン酸化メカニズムの普遍性あるいは特殊性が解明され，これまで謎とされていた現象の解明や新しい利用法開発の糸口が得られることを期待したい．

第6章 地球環境変遷史とマンガン鉱床の形成

　マンガンは「海洋のカメレオン」と呼ばれる（角皆，1985）．これは海洋環境の変動幅の範囲で，容易に溶け，沈殿し，かつ価数の変化に伴い見かけ（鉱物の色など）が変幻自在に変化する，というマンガンの特徴を端的に表している．そのため，一口に，堆積・続成過程で形成されるマンガン鉱床といっても，大きな多様性をもつと想像できるだろう．通常，一人の研究者が自分の研究対象として扱う時代や地質体の種類は限られたものなので，それぞれのマンガン鉱床に対するイメージは大きく異なり，議論する際には用語の確認をすることが望ましい．例を挙げると，「マンガン団塊（マンガンノジュール）」といった場合，現世の深海底を研究している者は，黒々とした丸い鉄マンガン酸化物を，中生代の付加体を研究する者は，保存のよい放散虫化石を豊富に含む，白いマンガン炭酸塩を思い浮かべる．

　ここでは，堆積性マンガン鉱床のイメージを調整する意味で，まず地質時代のマンガン鉱床に対して，これまで提唱されている代表的な成因についてまとめてみる．そこで，海洋環境や地質学的な条件に対応した，マンガン鉱床の生成プロセスを概観する．続いて，地球史のなかにマンガン鉱床の生成イベントを位置づけるために不可欠な「時間」情報の求め方として，地層中に産するマンガン鉱床の年代決定法とその課題を紹介する．

　さらに，「カメレオン」たるマンガンを"示相化石"のように扱い，地質時代を通したマンガン鉱床の産状，起源，生成プロセス，および時空分布から，地球表層環境の変動がどのようにマンガン鉱床の生成にかかわってきたのか，という点を明確にしていく．

6.1 マンガン鉱床の成因

1) マンガン鉱床の生成環境

マンガン鉱床が形成される地球表層環境は,大きく2つに分類することができる.一つは,海洋の垂直循環が活発な環境,すなわち海洋の表層から底層まで溶存酸素に満ちた海水が行き渡っている環境である.これはまさに現在の外洋域の状況といえる.この章では,このような環境下で形成されるマンガン鉱床を「富酸素海洋型」と呼ぶ.

もう一つは海洋の垂直循環が不活発であり,成層化している環境である.このような環境下では,海洋表層のみが大気と接し,風などにより混合され溶存酸素を含むが,それよりも深部は酸素を含まない還元的な水塊によって占められる.ここでは,このような成層化した海洋で形成されるマンガン鉱床を「無酸素海洋型」と定義することにする.

2) 富酸素海洋型のマンガン鉱床

富酸素海洋型マンガン鉱床は,さらに非熱水性マンガン鉱床(図6-1A)と熱水性マンガン鉱床(図6-1B)に大別できる.

(1) 非熱水性マンガン鉱床

富酸素海洋型の非熱水性マンガン鉱床とは,基本的には先の1-4章で述べられている深海のマンガン団塊と海山に分布するマンガンクラストにあたる(口絵1, 2).これらについては,非常に多くの研究がなされているが,代表的な研究の一つDymond et al. (1984)では,海水起源,酸化的続成型(oxic-diagenetic),亜酸化的続成型(sub-oxic diagenetic)に細分されている.海水起源は海山域ではマンガンクラスト(Halbach et al., 1989),深海の赤色粘土層が分布している地域ではs型(平滑表面タイプ)のマンガン団塊(Usui, 1983)として産する.酸化的続成型は,一般に外洋における珪質粘土・軟泥の分布域で生成され,r型(粗い表面タイプ)のマンガン団塊(Usui, 1983)として産する.亜酸化的続成型は,陸に近く,より生物生産性が高い半遠洋性粘土の分布域にr型マンガン団塊として産する.成長速度は,海水起源,酸化的続成型,亜酸化的続成型がそれぞれ約2 mm/100万年,約

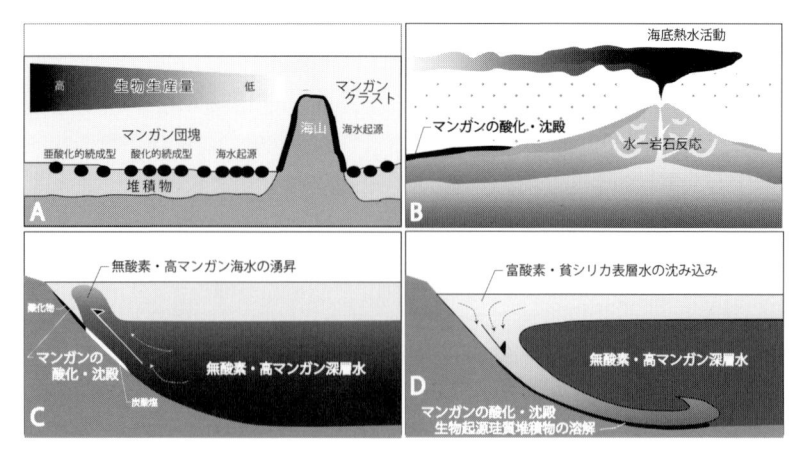

図 6-1 さまざまなマンガン鉱床の生成モデル
A・B が富酸素海洋型，C・D が無酸素海洋型のマンガン鉱床．A：非熱水性マンガン鉱床．富酸素海水中できわめてゆっくりと成長する．B：熱水性マンガン鉱床．マンガンに富む熱水が富酸素海水と混合することによって酸化・沈殿する．C：成層海盆縁辺型マンガン鉱床．成層水系下部のマンガンに富む中・深層水が湧昇することによって形成される．D：富酸素水沈降型マンガン鉱床．成層化した中・深層水へ表層の酸素に富んだ水が沈み込むことによって形成される．

20 mm/100 万年，約 200 mm/100 万年と大きく異なり，海水起源が最も遅い（Dymond et al., 1984）．

3・4 章で述べられているように，溶存酸素が豊富な酸化的な海洋においてマンガンは不溶である．これは別な表現をすれば，富酸素的な海洋は，濃厚な「マンガン鉱液」を作り出すポテンシャルには乏しい，ということになる．実際，現在の酸素に富む海洋における溶存マンガン濃度はわずか平均 0.02 ppb 以下である（野崎，1992）．マンガンクラストは，溶存酸素極小層における高濃度の溶存マンガンが酸化されることにより生成する，というモデルも提案されているが（Koschinsky and Halbach, 1995），水深ごとのマンガンクラストの厚さのデータ等とかならずしも符合していない（臼井，2010）．このように海水起源マンガンクラスト，団塊の成因には不明な点もあるが，ほとんど溶けていないごくわずかなマンガンがゆっくりと濃集されるとの仮説が成り立つ．そのため，生成の場は，基本的に周りの堆積物に希釈されない，堆積速度がきわめて遅い場，もしくは無堆積または侵食の場となる．

酸化的続成型および亜酸化的続成型は，文字通り，堆積物の続成作用の過程で生じた間隙水中の溶存マンガンなどが堆積物表層に拡散し，海水中の溶存酸素により酸化され，堆積物表層で形成される．このメカニズムは臼井（2010）および本書4章によく整理されている．

　これら富酸素海洋型の非熱水性マンガン鉱床は，海洋の垂直混合が盛んな現世型の鉱床であり，基本的には，海水と接する岩石や堆積物表層に，それぞれマンガンクラスト，団塊として存在している．後述する通り，これらの富酸素海洋型の非熱水性マンガン鉱床のうち，海水起源のみが堆積物に埋没後も残るため，深海掘削コアから産する埋没マンガン酸化物のほとんどは海水起源である（Usui and Ito, 1994）．埋没した酸化的続成型，亜酸化的続成型のマンガン酸化物は還元溶解され，一部，マンガン炭酸塩の二次的な塊（コンクリーション）を形成するが，ほとんどは新しい堆積物表層へと拡散してしまう，と解釈されている（Ito and Komuro, 2006）．海洋の金属資源という視点で見た場合，富酸素海洋型の非熱水性マンガン鉱床は，海洋底表層に厚さ数cmのオーダーで「薄く広く」分布する鉱床（低品位大規模鉱床）と位置づけることができる．

(2) 熱水性マンガン鉱床

　富酸素海洋型の熱水性マンガン鉱床は，海洋底の熱水域における岩石-水反応によって，多量の鉄・マンガンを溶かし込んだ高温の熱水が海底から噴出し，溶存酸素に富む海水と混合して，酸化・沈殿するものである．オフィオライト中に産するマンガン堆積物として知られるアンバー（umber）も成因は同様と考えてよい．この型のマンガン鉱床の生成条件を考える際，海底熱水活動が活発であることは，もちろん重要であるが，鉱床が海嶺近傍や背弧海盆等で沈殿・保存されるためには，深層水が溶存酸素に富んでいることが不可欠である．成層化した還元的な海洋中にいくら活発にマンガンに富む熱水が噴出したとしても，酸化剤はなく，噴出孔の周辺では直接的にマンガン鉱床は生成されない．ただし，後述するように，成層化した海洋中で継続的に熱水活動が起こることは，中・深層水における溶存マンガン濃度を上昇させるという意味できわめて重要な意味をもつ．

3）無酸素海洋型のマンガン鉱床

無酸素海洋型マンガン鉱床は，上の富酸素海洋型マンガン鉱床とはまったく異なる海洋環境下で形成される．すなわち，なんらかの原因で海洋が成層化し，それが長期化することが，鉱床生成の背景として重要となる．すでに議論されているように，還元環境下でマンガンは可溶であり，鉄と異なり硫化物相は安定ではない．そのため陸域の風化・海底熱水活動により海洋に供給されたマンガンは，無酸素水塊中に溶存態として濃集していく．このような環境下で形成されるマンガン鉱床は大きく2種類に分類できる．それらは，マンガン鉱床が胚胎する堆積相から，鉱床の生成場が浅海であると判断される成層海盆縁辺型マンガン鉱床（図6-1C），および鉱床の生成場が深海である富酸素水沈降型マンガン鉱床（図6-1D）である．

(1) 成層海盆縁辺型マンガン鉱床 (stratified basin margin manganese deposits)

堆積岩中に産するマンガン鉱床の成因として，この成層海盆縁辺型が最も一般的といえるであろう．成層水塊が発達する海盆の浅海域を取り囲むようにマンガン鉱床が分布することから，バスタブリング型マンガン鉱床（bathtub-ring manganese deposits）とも呼ばれる（Force et al., 1983 ; Okita and Shanks, 1992）．

この型と認定されるマンガン鉱床は，浅い堆積相を示す堆積岩中に産する，マンガン鉱床の層準と対比されるより深い堆積盆には有機物に富む泥質岩が広く分布している，熱水活動を示唆する証拠が見られない，などの地質学的な背景を有している．

この型のマンガン鉱床の現世での類型（modern analogy）は，黒海やバルト海などにおいて見られる（Force and Cannon, 1988）．たとえば，黒海は成層化しており，表層の水深200mまでが富酸素層，その下位に無酸素水塊が分布している．無酸素水塊では溶存マンガン濃度が数百ppbにも達している（Brewer and Spencer, 1974）．この高マンガン深層水が堆積物の供給が少ない大陸棚上に湧昇し，表層の酸素に富んだ海水と混合することにより，マンガンが酸化・沈殿し，マンガン酸化物が形成されている（Force and Cannon, 1988）．

地質時代のマンガン鉱床のうち，この成層海盆縁辺型に分類されるものは，地層中に数 m から 10 m 以上の厚いマンガン鉱床として産する．構成物として，マンガン酸化物とマンガン炭酸塩を主とするが，マンガン炭酸塩は，初期続成作用の過程でマンガン酸化物が堆積物に埋没することで還元・生成された溶存マンガンイオンが，有機物由来の炭酸イオンと結合して形成されたものと考えられている（たとえば，Matsumoto, 1992；Okita and Shanks, 1992；Calvert and Pedersen, 1996）．特に，白亜紀や古第三紀に生成されたものは，豆石状・魚卵状のマンガン酸化物・炭酸塩が逆級化層理や級化層理を示すことから，海水準の変動がこの型のマンガン鉱床の生成に大きな制約となっているという主張もある（たとえば，Frakes and Bolton, 1984；Bolton and Frakes, 1985；Frakes and Bolton, 1992）．また，このような大規模な海洋の無酸素化が，全球凍結（スノーボールアース）時に起こり，巨大な成層海盆縁辺型のマンガン鉱床が生成されたとする主張がある（Kirschvink *et al.*, 2000）．

　なお，現在，実際にマンガン資源として採掘されている鉱床の多くは，この成層海盆縁辺型に分類されるものである．

(2) 富酸素水沈降型マンガン鉱床

　付加体に分布するチャート，泥岩などに伴ってマンガン鉱床が産する．これらの堆積岩は，陸源の砕屑物を含まないことから，陸域から遠く離れた遠洋域もしくは深層域で生成されたと考えられている．そういう意味では，6.1 節 2) の (1) で議論した富酸素海洋型の非熱水性マンガン鉱床と類似している．しかし，マンガン鉱床の化学・鉱物組成の特徴は，富酸素海洋型の非熱水性マンガン鉱床のそれとは異なっており，かつ，鉱床の上下層の化学・同位体的な特徴は，無酸素的な海洋環境，しかも遠洋域・深海域でのマンガン鉱床の生成を示唆している．本モデルは，そのように成層化した海洋の遠洋・深層域でのマンガン鉱床の生成を説明するため提唱されたものである（Komuro *et al.*, 2005；Komuro and Wakita, 2005）．ここでは，そのような状況下で形成されたものを富酸素水沈降型マンガン鉱床と呼ぶ．

　Komuro *et al.* (2005) と Komuro and Wakita (2005) は，成層化し中深層が無酸素かつ溶存マンガンに富む環境となっているなか，表層域から高

密度・富酸素・貧シリカな水塊が沈降していくことによって起こるマンガンの酸化・沈殿プロセスを提案した（図6-1D）．還元的な深層へ沈み込んでいく高密度・富酸素水塊の起源としては，現代型の極地域で生成される低温なもの，もしくは乾燥した大陸棚周辺で生成される熱塩水（warm saline deep water）が候補として挙げられている．この説では，生成されたマンガン酸化物の保存が問題になるが，彼らは，初生的に生成されたマンガン酸化物の還元・溶解後，すみやかに炭酸水素イオンと反応しマンガン炭酸塩となることで，地層中に埋没保存されると考えている．

　ここで紹介した，4つのモデルのうち，富酸素水沈降型は，唯一現世における類型がない．また，提唱されてから歴史も浅く，モデルの妥当性の検証は十分になされていない．しかし，本モデルは，日本の中古生界に胚胎するマンガン鉱床の特徴である，遠洋・深層の堆積環境でのマンガン鉱床の生成を説明できるという点で魅力的であり，今後，さまざまな観点から議論が望まれる．

6.2　地質時代のマンガン鉱床の年代決定法

　ここでは，地質時代のマンガン鉱床の年代決定法について述べる．ただし，現在の海洋底に分布するマンガンクラストの年代決定法については，2.6節に詳しく記したのでその節を参照されたい．鉱床の生成年代の決定は，鉱床を構成する鉱物から直接年代を決める方法と，鉱床を含んでいる母岩の年代から，あるいは鉱床をはさむ上下の地層の年代から間接的に決める方法とがある．最近の極微量同位体の分析技術の発展によって，海底硫化物鉱床については形成年代を直接決めた例が報告されるようになった．たとえば四国の別子型鉱床はジュラ紀末の1億5000万年前，深海底が貧酸素になった時期に，海嶺での熱水活動によって形成されたことが明らかになった（Nozaki et al., 2013）．一方，地層中に産する海底マンガン鉱床の形成年代を直接決めた例はない．海底マンガン鉱床は一般に堆積性の鉱床であるため，堆積岩の層序を丁寧に組み上げて，鉱床を含む堆積層の前後の年代決定が可能な層準で挟み込むことによって，間接的に鉱床の形成時期を推測する．堆積岩の中に

火山灰が堆積して形成された凝灰岩からジルコンを取り出すことができれば，そのジルコンの年代をウラン-鉛法で決めて，凝灰岩の堆積年代を決めることができる．黒色頁岩の堆積年代をレニウム-オスミウム法，あるいは，苦灰岩（ドロマイト）の年代を鉛-鉛法で決定した例も報告されている．ここで触れたウラン-鉛法，レニウム-オスミウム法などは，ウランやレニウムが長い半減期で放射壊変することを利用した年代測定法である（2.6節参照）．

　6.3節で詳しく解説する世界最大のマンガン鉱床，南アフリカ・カラハリマンガン鉱床（Kalahari Manganese Field）もまた，直接的には鉱床の年代決定に成功していない．カラハリマンガン鉱床が形成された南アフリカの古原生代の地層の層序を表6-1に，これまで得られているおもな放射年代のまとめを表6-2に示す．カラハリマンガン鉱床は，Transvaal 超層群 Postmasburg 層群の Hotazel 累層に産する（表6-1）．Hotazel 累層の上位に位置する Mooidraai 大理石-苦灰岩体について，鉛-鉛年代として 2394±26 百万年（23億9400万年）という報告がある（Bau *et al.*, 1999）．一方，Hota-

表6-1　Transvaal 超層群の層序区分（Polteau *et al.*, 2006 に基づき作成）
　カラハリマンガンフィールドにおける堆積性の層状マンガン鉱床は，層序的に，Transvaal 超層群 Postmasburg 層群 Voëlwater 亜層群 Hotazel 累層中に位置している．

層群	亜層群	累層	岩相	層厚（m）
Postmasburg	Voëlwater	Mooidraai	炭酸塩岩，チャート	300
		Hotazel	縞状鉄鉱層，マンガン鉱床	250
		Ongeluk	安山岩溶岩	900
		Makganyene	ダイアミクタイト	50-150
Ghaap	Koegas	Rooinekke	縞状鉄鉱層，ドロマイト	100
		Naragas	頁岩，シルト岩	240-600
		Kwakwas	粘板岩	
		Doradale	縞状鉄鉱層	
		Pannetjie	石英質ワッケ，頁岩	
	Asbestos Hills	Griquatown	縞状鉄鉱層	200-300
		Kuruman	縞状鉄鉱層	150-750
	Campbellrand		炭酸塩岩，頁岩，チャート	1500-1700
	Schmidtsdrif		頁岩，珪岩，溶岩，炭酸塩岩	10-250

zel累層直下のOngeluk安山岩では，2222±13百万年（22億2200万年）という報告値があり（Cornell et al., 1996），不整合をはさんでその下位にあるKoegas亜層群では2415±6百万年（24億1500万年）という年代が報告されている（Kirschvink et al., 2000）．地層では下位から上位に向かって時代が新しくなっていくことを考えると，報告されている年代値には明らかな矛盾がある．結果として，カラハリマンガン鉱床の形成年代も22億年から24億年前の間に形成されたとされている．このカラハリマンガン鉱床の例は，化石による年代決定法を適用できない古い時代の堆積性海底鉱床の形成年代を決めることがいかに難しいかということを示している．今後，より正確な形成年代が決められることを期待したい．どの時代においても海底鉱床の形

表6-2 Transvaal超層群の層序とおもな年代値（年代値の出典は，Altermann and Nelson (1998), Bau et al. (1999), Cornell et al. (1996), Hannah et al. (2004), Kirschvink et al. (2000), Martin et al. (1998), Nelson et al. (1999), Sumner and Bowring (1996)）

	Griqualand West 盆地		Transvaal 盆地
Transvaal 超層群	Postmasburg層群	地層の空白	Pretoria群	地層の空白
		Mooidraai ドロマイト Pb-Pb 2394±26 Ma Hotazel 累層		
		Ongeluk 安山岩 Pb-Pb 全岩年代 2222±13 Ma		Hekpoort 累層
		Makganyene ダイアミクタイト		Boshoek and Upper Timeball Hill 累層
		地層の空白	Chuniespoort群	Lower Timeball Hill 累層 Re-Os パイライト年代 2316±7 Ma Rooihoogte/Duitschland 累層
	Ghaap層群	Koegas 亜層群 2415±6 Ma		地層の空白
		Griquatown 縞状鉄鉱層 Kuruman 縞状鉄鉱層 SHRIMP U-Pb ジルコン年代 2460±5 Ma		Tongwane 累層
				Penge 縞状鉄鉱層 SHRIMP U-Pb ジルコン年代 2460±6 Ma
		Campbellrand 亜層群 U-Pb ジルコン年代 2521±3 Ma		Malmani 亜層群 SHRIMP U-Pb ジルコン年代 2583±5 Ma, 2588±7 Ma
		SHRIMP U-Pb ジルコン年代 2588±6 Ma		Black Reef 珪岩

成年代を決めるには，綿密な地質調査と同時に，化石の解析，ジルコンのウラン-鉛同位体系などを利用した放射年代測定法など，総合的に研究を進める必要がある．

6.3 地球史・海洋変遷史とマンガン鉱床の形成

ここでは地球表層環境の変動とマンガン鉱床の形成史を対比させつつ述べてみたい．図6-2に地球史を通したマンガンの埋蔵量を，鉄と併せて示す (Cairncross *et al.*, 1997)．

おもに陸上に分布するマンガン鉱床の地球史を通した時代分布は，Laznicka (1992)，Roy (1997, 2006)，Maynard (2010) などで総括されている．また，深海堆積物中に分布する埋没マンガン鉱床については，Glasby (1978)，Usui and Ito (1994)，Ito and Komuro (2006) にまとめがある．

1) 先カンブリア時代におけるマンガン鉱床形成

原生代は，まさに巨大マンガン鉱床が作られた時代である（図6-2）．正確にいえば，古原生代に形成された南アフリカのカラハリマンガン鉱床（図6-3）のみで，世界の全マンガン埋蔵量・産出量の半分以上を占める (Laznicka, 1992；Maynard, 2010)．埋蔵量は約42億トン (Laznicka, 1992)．古原生代には，それ以外にもガーナ・Nsuta鉱床，ガボン・Moanda鉱床などもあるが，カラハリと比較すると1桁埋蔵量が小さい．

カラハリマンガン鉱床は，Kaapvaalクラトン，Transvaal超層群のHotazel層中に含まれている（表6-1，図6-3）．6.2節で紹介したように，年代決定は手法的に難しいこともあり，22-24億年前とされている．マンガン鉱床本体は，厚さ数十m～数mの三層（Mn1～Mn3）からなる．このマンガン鉱床は縞状鉄鉱層と互層しており，それは海進海退のサイクルに対応していると考えられている (Beukes, 1983；Tsikos and Moore, 1997)．

地球史において，なぜたった一度きり，このような巨大なマンガン鉱床が形成されたのか，という問いに対して，興味深い説明がなされている (Kirschvink *et al.*, 2000)．すなわち，巨大マンガン鉱床は，古原生代に成立した全球

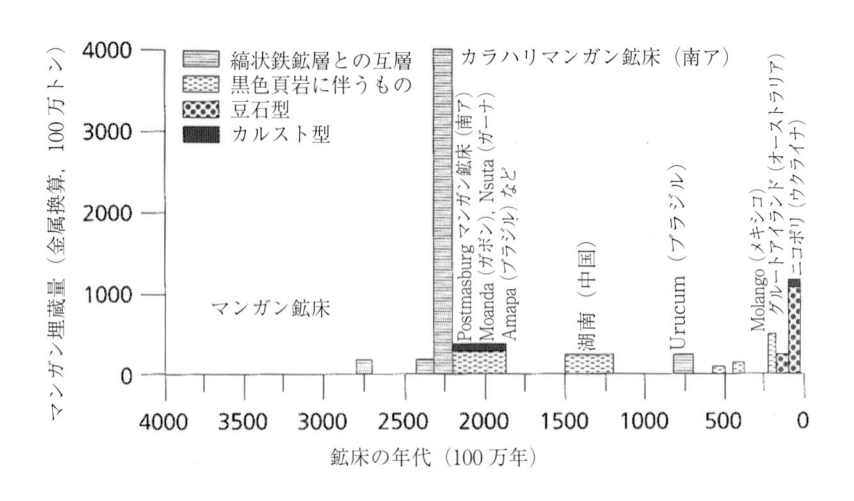

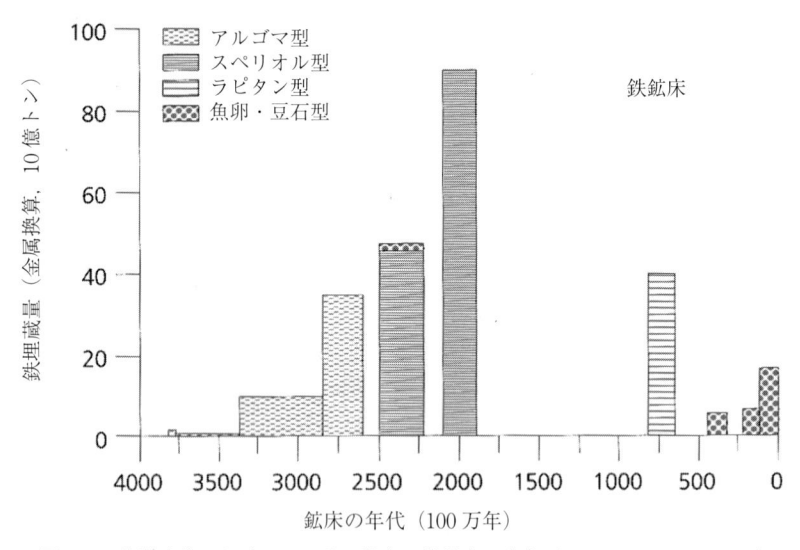

図 6-2 地質時代におけるマンガン鉱床・鉄鉱床の分布 (Cairncross et al., 1997)

凍結の融氷期に形成された，というものである．

Kirschvink et al. (2000) で提唱された仮説を簡潔にまとめると以下のようになる．まず，光合成をするシアノバクテリアが発生する．それが放出する酸素により，これまで温室効果を担っていたメタンが酸化されることによ

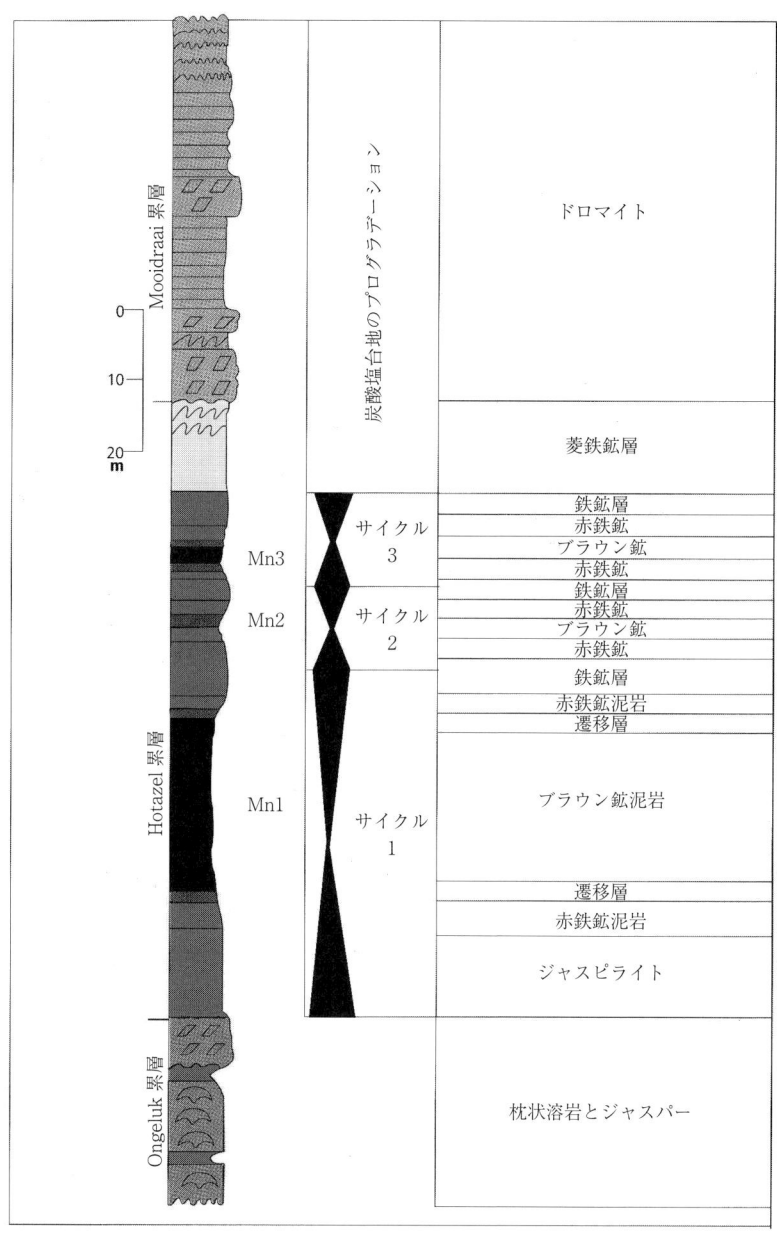

図 6-3 南アフリカ・カラハリマンガン鉱床における層状マンガン鉱床の模式柱状図（Cairncross *et al.*, 1997）

って，地球は全球凍結状態に陥ってしまう．全球凍結時には大気と海洋が遮断され，たとえ大気中に酸素が存在していても，海洋には溶け込めない．そのような状況で海洋底の熱水活動で供給されたマンガンは沈殿せず，海水中に溶存マンガンとして濃集していく．その後，大規模な火山活動によって放出・蓄積された二酸化炭素の温室効果により全球凍結状態が終了する．全球凍結状態を生き延びたシアノバクテリアは，海水中に豊富に蓄積していた栄養塩・ミネラル分を糧とし活発に光合成を行う．これによって大気組成は一変してしまう．それまでマイナーな存在であった酸素は，大気の主成分の一つとなり，地球環境はこれまでとはまったく異なるステージとなる（図6-4）．この大気中酸素濃度が一気に増加する事変は，大酸化イベント（GOE；Great Oxidation Event）と呼称されている．この海水中に濃集したマンガンとシアノバクテリアのブルーミング（大増殖）により発生した酸素が反応することにより，マンガンは酸化・沈殿し，巨大マンガン鉱床が生成する．先の6.1節で示したモデルのなかであえて分類すれば成層海盆縁辺型に分類されるが，海洋の無酸素化の原因を全球凍結に求め，その後の大気中酸素濃度の増加とマンガンの酸化・沈殿を関連づけている点が新しい．いわば，カラハリマンガン鉱床は「イベント堆積物」であるという見方である．

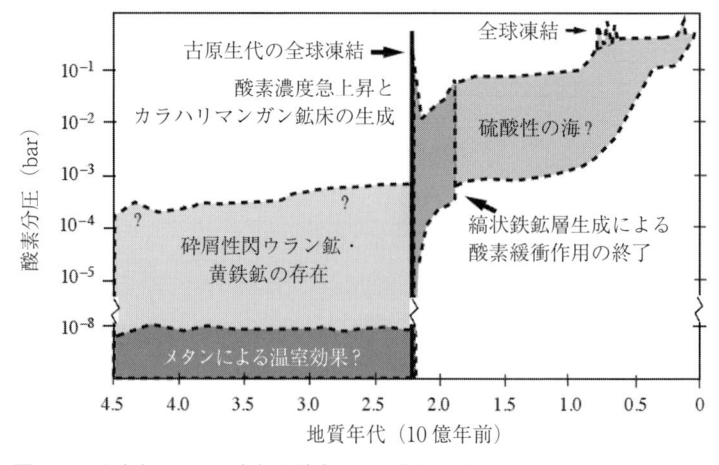

図6-4 地球史における大気中酸素分圧の変化（Kirschvink and Kopp, 2008）

近年，このカラハリマンガン鉱床と同層準の可能性がある，カナダの Huronian 超層群の Gowganda 層においても，マンガンの異常濃集が示された（田近，2009；Sekine et al., 2011）．その層準は，ヒューロニアン氷期を示す氷河性堆積物（ダイアミクタイト）の直上に堆積した粘土質岩である．

　全球凍結が2度起こったとされる新原生代にも，同様にブラジルの Urucum，ナミビアの Otjosondu など，層状マンガン鉱床が見られる．これらはいずれもカラハリマンガン鉱床同様，層状マンガンと縞状鉄鉱層の互層という特徴をもつ．なお，新原生代に生成された縞状鉄鉱層およびマンガン鉱床の古緯度がほとんど北緯30°から南緯30°の低緯度域に集中していることから，氷床が溶けて形成された融氷水と鉄やマンガンに富む水の混合が鉱床形成に重要という主張もある（Hoffman and Li, 2009）．

　このように，大規模マンガン鉱床の生成は，地球の気候的な一大イベントや大気組成の進化と密接に関係がありそうであるが，6.2節で述べたように，生成年代については大きな課題を残したままである．今後，地球環境史とマンガン鉱床の生成を対比させ議論する上で，より精度の高い年代決定が不可欠であろう．

2）海洋無酸素事変とマンガン鉱床形成との関連

　中生代，特に白亜紀を通して，多くのマンガン鉱床が生成されている．次にこの成因を時代背景と合わせ考えてみよう．

　白亜紀は火山活動がきわめて活発な時代であった．海洋プレートの拡大速度が大きいだけでなく，マントル・プルーム起源の洪水玄武岩の活発な噴出により，広大な海台が多数形成された．その活発な火山活動のため大気中には大量の二酸化炭素が放出され，結果として白亜紀の大気中二酸化炭素濃度は 2000-3000 ppm 程度まで上昇していたと考えられている（川幡，2011）．豊富な大気中二酸化炭素による温室効果のため気候は温暖で，低緯度−高緯度間の温度差は小さく，極域にも温帯が広がっていた（Takashima et al., 2006）．それにより，そもそも海水の垂直循環を駆動する極域での高密度・高酸素な海水の生成ポテンシャルは小さかった．

　後期ジュラ紀から拡大を開始した大西洋は，赤道域周辺では狭く，南北の

海盆に分離していた状態であり，地形的に中深層域は断絶されていた．さらに，海洋底の大きな拡大速度に起因する若い海洋底の"上げ底効果"によって高海水準であり，大陸上に広く浅海が広がっていた（図6-5）．

このような大気組成・海洋地形の特徴を有する白亜紀に，有機物・硫化物に富む黒色頁岩が形成されたことが知られている（図6-5）．1980年代以降，詳細な微化石・同位体層序学的な検討がなされ，これら黒色頁岩の空間分布，対比関係が明らかとなり，それら堆積物を生む原因となった地域的・全球的なイベントが，海洋無酸素事変として認識されてきた（図6-6）．

Takashima *et al.* (2006) によれば，ジュラ紀と白亜紀を通して，世界的な広がりをもつ海洋無酸素事変が4回，地域的なものが14回起こったとされている（図6-6）．黒色頁岩は広大な太平洋ではほんのわずか存在するのみであり，ほとんどが北大西洋海盆の周辺，テチス海西部，北アメリカの中央部など比較的小規模な海盆に集中している（図6-5）．

このような状況は，まさに6.1節で解説した成層海盆縁辺型のマンガン鉱床の生成に適した環境となる．すでに，1980年代には海洋無酸素事変とマンガン鉱床の成因的な関連性が指摘されている（Cannon and Force, 1983；Force and Cannon, 1988）．

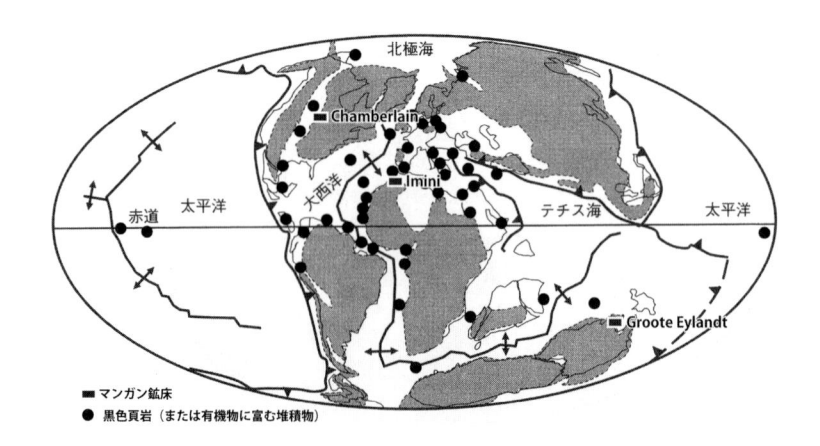

図6-5 白亜紀における浅海性マンガン鉱床と黒色頁岩の分布（日本古生物学会編，2010の原図に，Force and Cannon, 1988に基づきマンガン鉱床の位置を，Takashima *et al.*, 2006に基づき黒色頁岩の位置をプロットした）

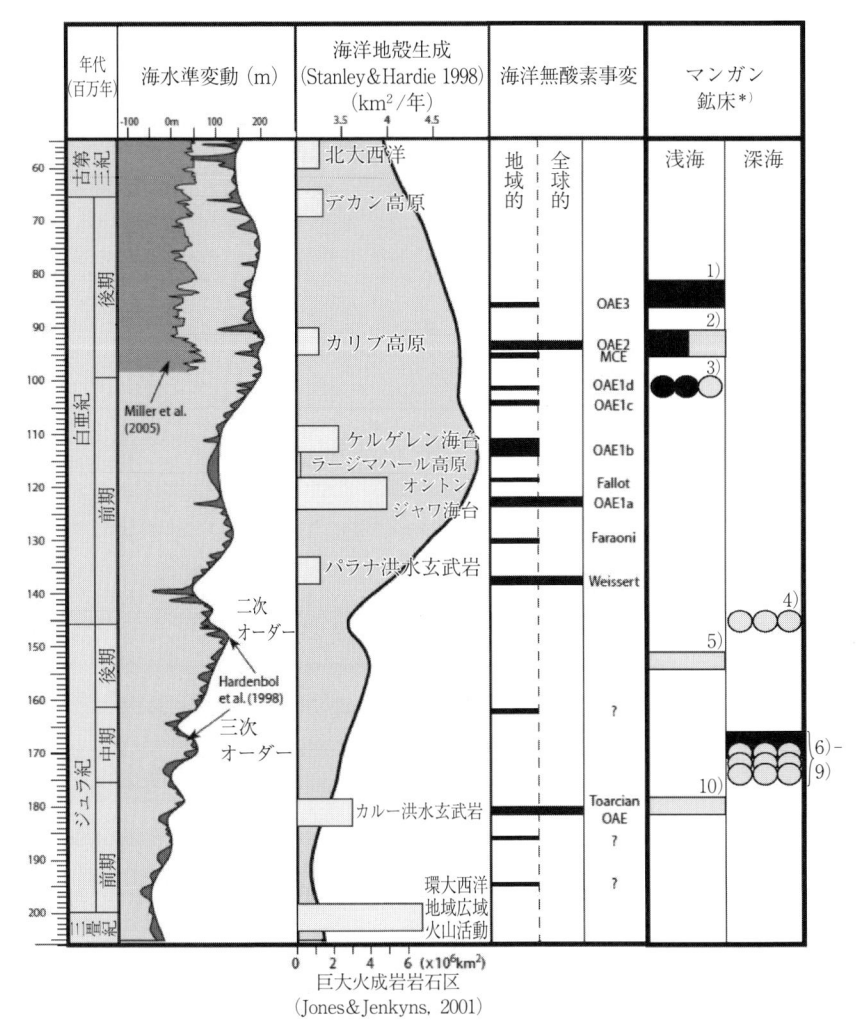

図 6-6 ジュラ紀〜白亜紀における地球環境変動とマンガン鉱床の時代分布（Takashima et al., 2006 を修正して加筆）

*) 黒：マンガン酸化物，灰色：マンガン炭酸塩，四角：層状マンガン鉱床，楕円：団塊（ノジュール）・コンクリーション・豆石状・魚卵状．

1) Chamberlain, 米国（Force and Cannon, 1988），2) Imini, モロッコ（Force and Cannon, 1988），3) Groote Eylandt, オーストラリア（Force and Cannon, 1988），4) アルバニア東部（Shallo, 1990），5) Molango, メキシコ（Force and Cannon, 1988），6) 丹波帯（Nakae and Komuro, 2005），7) 美濃帯（Yao, 2009），8) 北部北上帯（Suzuki and Ogane, 2004），9) 北部秩父帯（Horia and Wakita, 2006），10) Urkut, ハンガリー（Polgári et al., 2012）．

6.3 地球史・海洋変遷史とマンガン鉱床の形成—207

図6-6では，Takashima et al. (2006) による海洋無酸素事変のまとめに併せ，ジュラ紀・白亜紀のおもなマンガン鉱床の生成年代をプロットしている．この図で明らかなように，浅海堆積物に含まれる多くのマンガン鉱床は，海洋無酸素事変と同時代に生成されている．化学形態としては酸化物・炭酸塩，産状としては層状・団塊状・豆石状・魚卵状とさまざまである．化学形態の違いは生成・保存の場の酸化還元状態が，産状の違いは生成場の堆積学的な状況が反映されていると思われる．化学形態がマンガン炭酸塩である場合，炭酸塩の炭素同位体組成は，一般に−23〜−4‰と軽く（Hein et al., 1999)，炭酸イオンが生物由来の有機物から作られていることを示している．

　一例として，OAE2（セノマニアン・チューロニアン境界付近）の際に生成されたモロッコ・Imini鉱床を紹介する．Imini鉱床は埋蔵量340万トン (Laznicka, 1992)，軟マンガン鉱を主とするマンガン酸化物からなる層状マンガン鉱床である（Thein, 1990)．Thein (1990) は，鉱床とその周辺数百kmにおよぶ範囲の堆積相の特徴と堆積物の化学組成から堆積場の復元を行った．その結果，マンガン鉱床が生成された場は，東西につながる細長い浅海の沿岸域にあたり，その西には有機物に富む堆積物を集積する成層化した海盆が広く分布していたことを明らかにした（図6-7)．なお，Thein (1990) は，マンガンの供給源として，成層化した海盆からの湧昇に加え，陸起源の地下水からの寄与も考えている．

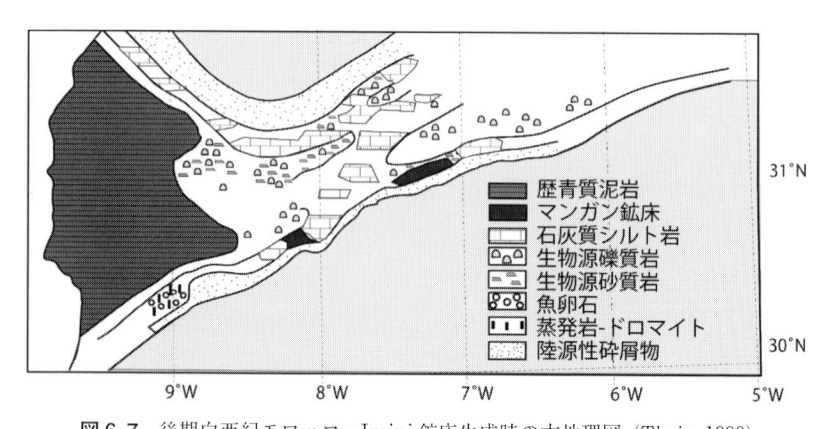

図6-7 後期白亜紀モロッコ・Imini鉱床生成時の古地理図（Thein, 1990)

海洋無酸素事変において，ヘドロの海に積もった大量の有機物は，石油・天然ガスのもととなった（たとえば，平，1997）．このように，成層化した海盆においては石油・天然ガスの起源となる有機物が大量に堆積し，同時にその沿岸域ではマンガン鉱床が生成したことになる．まさに，エネルギー・金属資源の観点でいえば，海洋無酸素事変は，我々にとって恵みの出来事であることがわかる．

3) 付加体中のマンガン鉱床

　1970年代末以降，日本列島の地史は，放散虫などの微化石年代とプレートテクトニクスの水平運動を加味したダイナミックで地球的な視野に基づき書き換えられた．その結果，日本列島の基盤は，さまざまな時代の，沈み込むプレートからはぎ取られ上盤のプレートに付け加わった地層（付加体）からなるという，まったく新しい日本列島の形成史が構築された（平，1990）．現在，砕屑岩中のジルコン粒子年代を重視したさらなる改訂がなされている（磯崎ほか，2011）．

　この地史の見直し以前から，本邦のマンガン鉱床は無数に存在することが知られており，採掘されるとともに，産状・鉱物組成を中心に永年にわたる研究の蓄積がある（たとえば，吉村，1952，1969）．広渡（1986）によれば，1946年以降に開発されたマンガン鉱床の数は1170であり，そのほとんど（1143鉱山）は層状鉱床に分類され，脈状鉱床はごくわずかである．層状鉱床のうち，90％以上は中古生代に生成された．後述する新第三紀の層状鉱床は，3.5％にすぎない．このようにわが国における中古生代の層状マンガン鉱床は多数存在するが，個々の鉱床の規模は小さく，20万トン以下である（Laznicka, 1992）．中古生代の層状マンガン鉱床を含む地層についても検討されており，1) チャートを主とするもの，2) チャート・粘板岩を主とするもの，3) 緑色岩を伴うもの，4) 石灰岩を伴うものの4つに大別されている（広渡，1986；図6-8）．新しい日本列島の形成史の視点でいえば，いずれも付加体を構成する遠洋性・深海性の堆積物であり，先に述べた海洋無酸素事変の際に生成された浅海・沿岸域の堆積物に含まれるものは皆無である，という点を強調しておきたい．

1) チャートを主とする場合

3) 緑色岩を伴う場合

2) チャート・粘板岩を主とする場合

4) 石灰岩を伴う場合

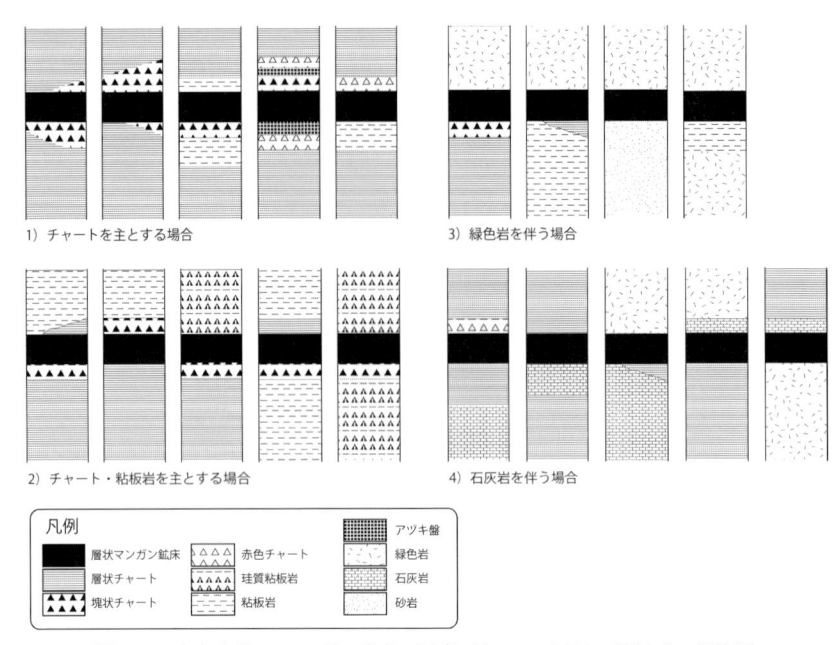

凡例
- 層状マンガン鉱床
- 層状チャート
- 塊状チャート
- 赤色チャート
- 珪質粘板岩
- 粘板岩
- アツキ盤
- 緑色岩
- 石灰岩
- 砂岩

図 6-8 中古生代のマンガン鉱床の層序パターン（広渡, 1986 を一部修正）

現世の海洋においてマンガンクラスト，団塊の研究が進み，かつ現世の熱水性マンガン鉱床が発見・記載された．一方，日本列島の形成過程が明らかになったことに刺激され，陸上のマンガン鉱床についても，プレートテクトニクス，付加体地質学成立以降の枠組みで，現世マンガン鉱床と関連付けた成因論が展開されるようになってきた．

ここでは，1980年代以降になされた本邦付加体に含まれる層状マンガン鉱床の研究についていくつか紹介する．

(1) 付加体中に含まれる熱水性マンガン鉱床

Choi and Hariya (1990a, b, 1992) は北海道常呂帯に分布する層状マンガン鉱床を対象として，地球化学的特徴を明らかにし，それらの主要・微量元素組成から海底熱水活動に成因を求めた．おもな根拠としては，Fe-Mn-(Ni+Co+Cu) の三角ダイアグラム (Bonatti et al., 1976) 上で，「熱水起源」の領域にプロットされること，熱水性堆積物的な低い希土類元素含有量をもつ

こと，顕著な Ce 負異常（4.3 節参照）を有することなどが挙げられている．常呂帯のマンガン鉱床の一つ，日の出鉱山については，母岩から放散虫群集が得られており，その生成年代は前期白亜紀，中期バレミアンから前期アプチアンとされている（Iwata *et al.*, 1990；図 6-7）．これら一連の研究は，マンガン鉱床の主要・微量元素組成，鉱床の生成年代を総合的に検討したものとして重要である．

2000 年代となると，主要・微量元素，年代に加え，鉱床に伴う緑色岩の起源から鉱床生成場を復元する試みがなされるようになる．Nozaki *et al.* (2005) は北部秩父帯国見山(くにみやま)マンガン鉱床が胚胎する緑色岩を対象として，詳細な地球化学的な研究を行った．その結果，マンガン鉱床を伴う緑色岩は地球化学的に中央海嶺で形成された玄武岩に類似しており，海洋地殻に起源をもつことが明らかとなった．また，Kato *et al.* (2005) は同地域のマンガン鉱床本体について，地球化学的特徴を明らかにし，マンガン鉱床は，海嶺近傍で生成された熱水性懸濁物質と類似した微量元素パターンを有しており，図 6-1B に示したような熱水性マンガン鉱床に分類できることを示した．Fujinaga and Kato (2005) は鉱床に伴う赤色チャートに含まれる放散虫群集より，マンガン鉱床の生成年代を前期ペルム紀中期（290-270 百万年）とした．

同様に，Fujinaga *et al.* (2006) は北部秩父帯に分布する穴内(あなない)マンガン鉱床とそれに伴う緑色岩の地球化学的特徴を報告した．その結果，緑色岩は海山島を起源とするアルカリ玄武岩，層状マンガン鉱床はホットスポット火成活動に伴う熱水活動により生成された熱水性マンガン鉱床と結論づけられた．また，マンガン鉱床に伴う赤色チャートの放散虫層序より，本鉱床の生成年代はペルム紀のグアダルピアン（272.3-259.8 百万年）とされた（Kuwahara *et al.*, 2006）．

Fujinaga *et al.* (2006) は先の国見山の結果と併せ，一連のマンガン鉱床の生成モデルを提示した（図 6-9）．ここでは，海嶺・海山周辺で生成された熱水性マンガン鉱床が埋没・保存され，付加するまでの一連の過程が明瞭にモデル化されている．

ここで紹介した 3 つの例は，いずれも顕著な Ce 負異常を持ち，希土類元

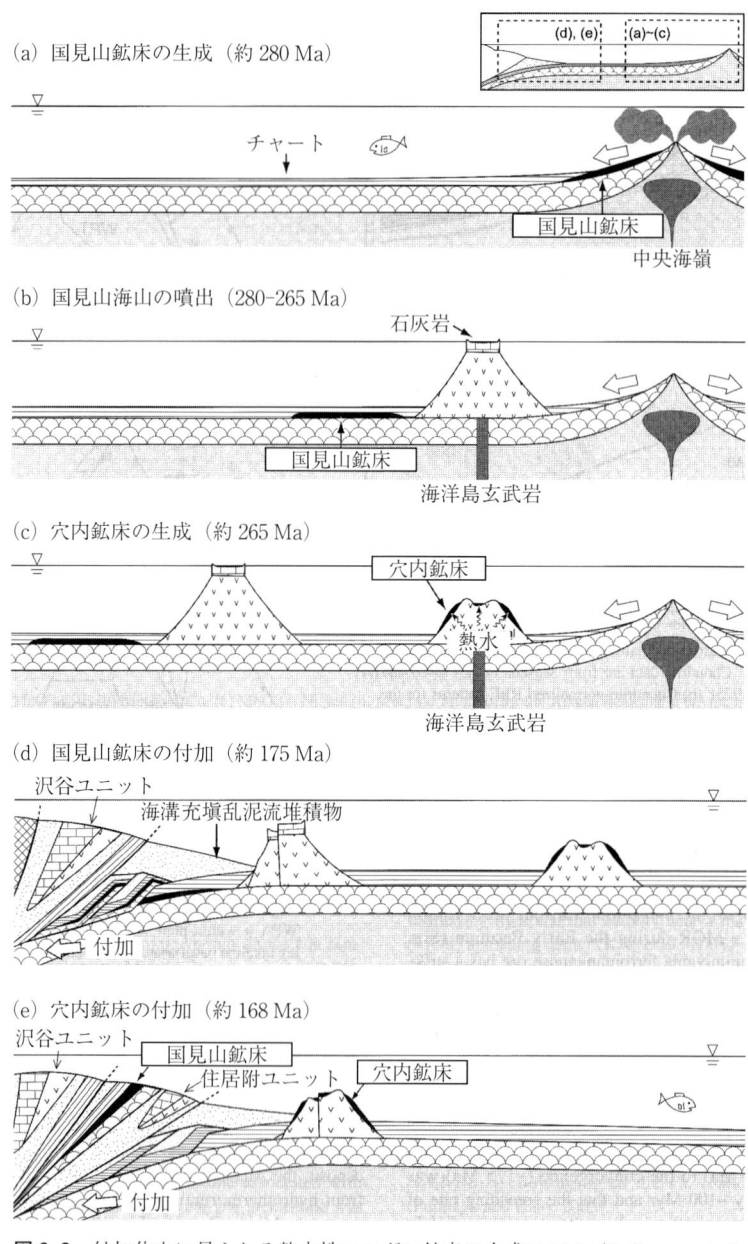

(a) 国見山鉱床の生成（約 280 Ma）

(b) 国見山海山の噴出（280-265 Ma）

(c) 穴内鉱床の生成（約 265 Ma）

(d) 国見山鉱床の付加（約 175 Ma）

(e) 穴内鉱床の付加（約 168 Ma）

図 6-9　付加体中に見られる熱水性マンガン鉱床の生成モデル（Fujinaga *et al*., 2006）

素組成に乏しいことから，Ce 負異常を有している海水中での急速な生成を示唆しており，熱水起源マンガン鉱床という結論と矛盾していない．

(2) 付加体中に含まれる非熱水性マンガン鉱床

　美濃帯の三畳系・ジュラ系のチャートや珪質頁岩に含まれるマンガン炭酸塩濃集層の地球化学的な研究は，1980 年代末以降名古屋大学のグループによって，積極的になされた（杉谷，1989；Sugisaki et al., 1991）．彼らは，地層中におけるマンガン炭酸層の濃集パターン，化学的な特徴を，世界のさまざまな海域の表層堆積物と比較検討し，現在の遠洋環境とは異なる，より有機物供給量が多い堆積環境下でのマンガン炭酸塩の生成を考えた．

　堀（1993）は同じ美濃帯のなかでも，特に，マンガン炭酸塩濃集層を伴う，下部ジュラ系の層状チャート卓越層に着目した．岩相層序，微化石群集について解析した結果，放散虫群集組成が，プリンスバッキアンとトアルシアンにきわめて大きく変化したこと，後者では放散虫群集が大きく変化する直下の層準に，特徴的にマンガン炭酸塩濃集層と黄鉄鉱ノジュールを含む黒色チャート層が含まれていることを示した．また，このマンガン炭酸塩濃集層の直下には，数千万年にも及ぶ堆積間隙，リン酸塩からなる微化石コノドントの再堆積が広く見られ，マンガン濃集層形成直前に生物起源珪質堆積物の侵食・溶解が起こったことを明らかにした．さらに，このマンガン炭酸塩濃集層が北米の Franciscan 層群の層状チャート中のマンガン卓越層と対比可能であることを示し，古太平洋を通してマンガン濃集層が同時に生成された可能性を明らかにした．

　Komuro and Wakita（2005）は，堀（1993）が指摘した 2 つの時代のうち，トアルシアンの地層について再検討を行った．下位から上位へ，層状チャート，黒色頁岩（堀（1993）では黒色チャート層と記載），塊状チャート，マンガン炭酸塩濃集層，層状チャートと連続する地層の主要・微量元素組成に基づき，マンガン炭酸塩の生成機構を考察した．これら一連の層序における酸化還元環境に鋭敏な元素の濃集パターン，層序学的な特徴から，6.1 節の分類における富酸素水沈降型のマンガン生成が行われたと結論づけた（図 6-1D）．すなわち，成層化し中深層が無酸素かつ溶存マンガンに富む状況となっている状況で，表層域から高密度・富酸素・貧シリカな水塊が沈降し，

それによって層序的な特徴である堆積間隙，コノドントの再堆積が起こり，黒色頁岩が堆積するとともに，マンガン酸化物が生成された．ここでの黒色頁岩は，生物源珪質堆積物の溶解残渣という位置づけである．生成されたマンガン酸化物は埋没とともに溶解，再沈殿を繰り返しながら層序的上位へ移動し，最終的にマンガン炭酸塩として固定された．

ここで示された生成モデルにより，杉谷（1989），Sugisaki et al.（1991）で示唆された有機物の供給量が多い環境下でのマンガン炭酸塩の生成，および堀（1993）に特徴的に示されたマンガン炭酸塩濃集層の直下に見られる，数千万年にも及ぶ堆積間隙，リン酸塩からなる微化石コノドントの再堆積をも網羅的に説明できる．

Komuro et al.（2005）は野田玉川鉱床についても同様の検討を行っている．野田玉川鉱床は生成年代が三畳紀と美濃帯のマンガン濃集層と大きく異なるものの，その層序学的・地球化学的な類似性はきわめて興味深い．Komuro et al.（2005）は本鉱床の成因も富酸素水沈降型だと考えている．

ここで示された生成モデルは，成層化し，無酸素化した中深層域でマンガン鉱床の生成を成立させるものとして，きわめて興味深い．ただ，トアルシアンの美濃帯に見られるマンガン濃集層，三畳紀の野田玉川鉱床のいずれでも，マンガン炭酸塩濃集層準の上位で最も Eu 正異常（4.3 節参照）が大きくなるという特徴もまた共通している．これに関する解釈は難しく今後の課題といえよう．

4）深海掘削コア中に見られるマンガン鉱床

DSDP・ODP・統合国際深海掘削計画（IODP）等の深海掘削計画によって海底から掘削された堆積物コアには，マンガン団塊やマンガンクラストが含まれており，それによって，現在の海洋底表層に見られる団塊・クラストが過去の海洋にも存在していたことが明らかとなっている．

ただ，DSDP が始まって間もなく，掘削技術も成熟していない頃，コア中に含まれるマンガン団塊は，堆積物表層に分布する団塊が掘削時に落ち込んでしまい，人為的にコアに含まれたもの，と結論づけられていた（McManus et al., 1970；Cronan, 1973 など）．後年，DSDP・ODP によって採取された

さまざまな時代の堆積物に含まれる団塊について，Sr 同位体組成に基づく検討がなされ，それらが人為的な落ち込みにより取り込まれたものではなく，もともと堆積物中に含まれていたものであることが確認された（Ito et al., 1998）．

　マンガン団塊・クラストが含まれている堆積物コアには，共通した層序的な特徴が見られる．それは，多くの場合，埋没団塊・クラスト層準の直下に長期にわたる堆積間隙，もしくは堆積速度が著しく遅い層準が見られる点である（Usui and Ito, 1994）．そして，埋没団塊・クラスト層準の上位には，堆積速度が大きな堆積物が分布している．これらのことは，マンガン酸化物が，無堆積もしくは小さな堆積速度の環境下で成長し，その後堆積速度が速くなった際に埋没したことを示している（2.3 節 5）を参照）．

　次に埋没した時代に注目してみよう．図 6-10 に示したように，後期白亜紀から現在にかけて，世界の深海底にマンガン団塊・クラストが分布していたことは明らかである（Usui and Ito, 1994；Ito and Komuro, 2006）．このことは，厚さ 10 cm を超える個々のマンガンクラストの成長史を編む，というまったく別の手法による検討結果からも裏付けが得られている．たとえば，Klemm et al.（2005）や Nielsen et al.（2009）は，Os 同位体層序学的な手法を用いて，中央太平洋から採取された厚いマンガンクラストの成長が後期白亜紀のカンパニアン以降に開始したことを確認している．これら，深海コアに見られる埋没団塊・クラストの時代分布，また単独のクラストの成長史は，後期白亜紀後期以降，大洋の中層・深層域が基本的にはマンガン酸化物の生成の場であったことを示唆している．このことはまた，南極における氷床の発達および南極底層水（AABW：Antarctic bottom water）の発達以前から，すでに大洋がマンガン酸化物生成場であったことを意味する．AABW の成立以前，中層・深層域に酸素を供給した水は，Proto-AABW にあたるのか，もしくは AABW であるのか，という議論は残るが，いずれにしても，後期白亜紀後期以降，海洋の垂直循環は活発であり，中層・深層域では，広範囲にわたり，マンガン酸化物が分布していたことになる．

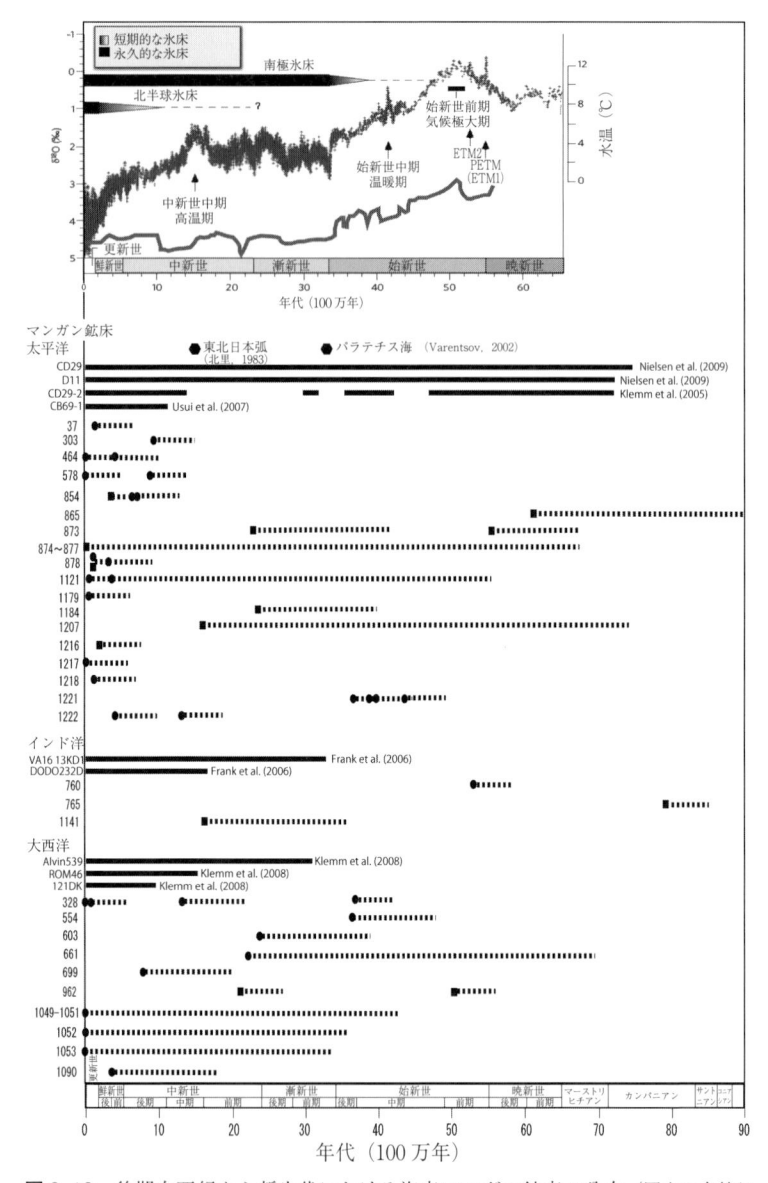

図6-10 後期白亜紀から新生代における海底マンガン鉱床の分布（図中の文献およびZachos *et al.*, 2008；Usui and Ito, 1994；Ito and Komuro, 2006から作成）
黒線：マンガンクラストの成長期間，四角・丸・六角：マンガンクラスト，団塊，陸上マンガン鉱床の埋没層準，点線：堆積間隙．

216 ── 第6章　地球環境変遷史とマンガン鉱床の形成

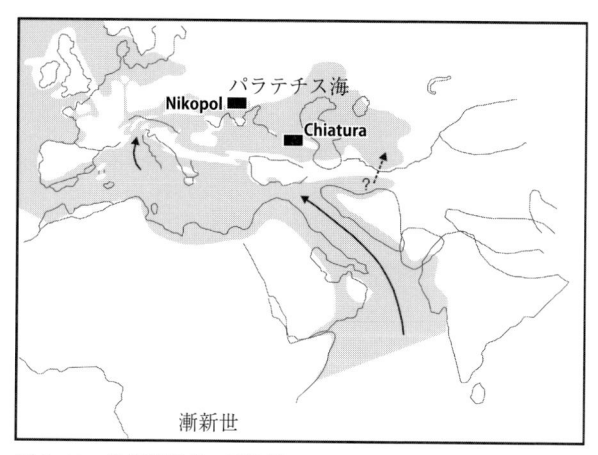

図 6-11 前期漸新世の浅海性マンガン鉱床分布（Schulz *et al.*, 2005 の古地理図に，マンガン鉱床の位置をプロットした）

5）新生代に生成された陸上のマンガン鉱床
（1）パラテチス海におけるマンガン鉱床

漸新世，大洋では海洋の垂直循環が活発化し，中層・深層域でゆっくりとマンガンクラスト，団塊が生成すると同時に，閉鎖的な海盆では，まったく異なる成層海盆縁辺型のマンガン鉱床が生成した．その代表的なものがウクライナの Nikopol，グルジアの Chiatura 鉱床である（図 6-11）．

埋蔵量は前者が 9 億 4000 万トン，後者が 6 億トンと新生代の陸上鉱床としては最大級である（Laznicka, 1992）．図 6-11 の古地理図からも明らかであるが，当時，閉じゆくパラテチス海がいくつかの細長い海盆を作っていた．現在のウクライナ，グルジア，トルコなどにあたるこれらの沿岸部では，大小さまざまな多数のマンガン鉱床が生成された．

この時代の代表的な鉱床の一つである Chiatura 鉱床の模式断面図を示す（図 6-12）．Chiatura 鉱床は前期漸新世に作られ，白亜紀の石灰岩上に不整合で載る．古水深で，より浅いところにマンガン酸化物，それに続く深いところにマンガン炭酸塩が分布する．マンガン炭酸塩は粘土層に覆われ，その粘土層とマンガン酸化物はシルト質の砂岩層に覆われる．

Bolton and Frakes（1985）によると本鉱床の概略は以下の通りである．

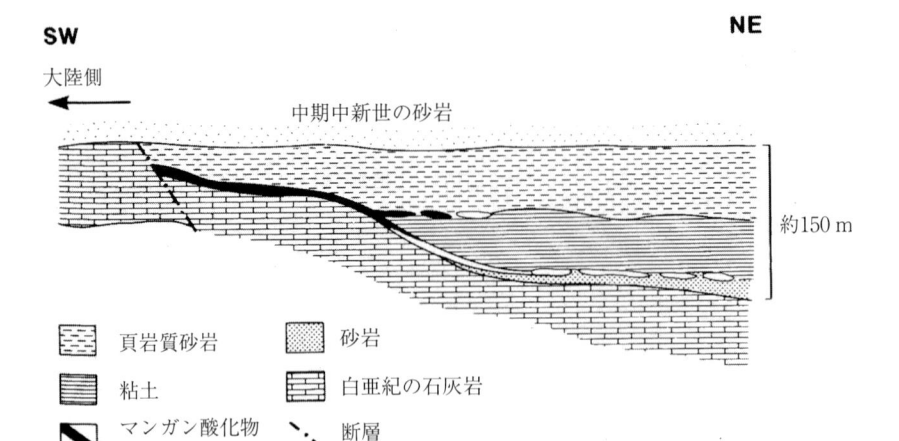

図 6-12 前期漸新世グルジア・Chiatura 鉱床の模式断面図（Bolton and Frakes, 1985 を修正）

マンガン鉱床部の厚さは最大 14 m に達するが，その厚さは，間に挟まれる海緑石からなる砂岩層の枚数と厚さにも依存している．マンガン酸化物部は，硬マンガン鉱や軟マンガン鉱などからなる直径 20 mm 以下の豆石状・魚卵状粒子の集合体であり，これらが厚さ数十 cm 単位で，逆級化構造（上方粗粒化）や級化構造（上方細粒化）を呈する．一方のマンガン炭酸塩部は菱マンガン鉱などからなるが，マンガン酸化物部と同様に豆石状・魚卵状の構造をもつ．

この鉱床の成立には，図 6-1C に示す成層水系の発達が重要であったようだ．Bolton and Frakes (1985) は，成層化した水塊の湧昇よりはむしろ，成層化し浅海部にできた酸化－還元境界が，海水準の変動に伴って堆積盆を上下することで，図 6-12 に示したマンガン酸化物・炭酸塩および堆積物の層序が説明可能であるとした（図 6-13）．マンガン酸化物部が豆石状・魚卵状の構造を呈し，海緑石を伴うことから，浅く低エネルギーかつ堆積速度の遅い環境で，海進・海退に対応し級化構造・逆級化構造をもつにいたったと考えられている．ただし，図 6-13 にも示す通り，マンガン酸化物に伴いリ

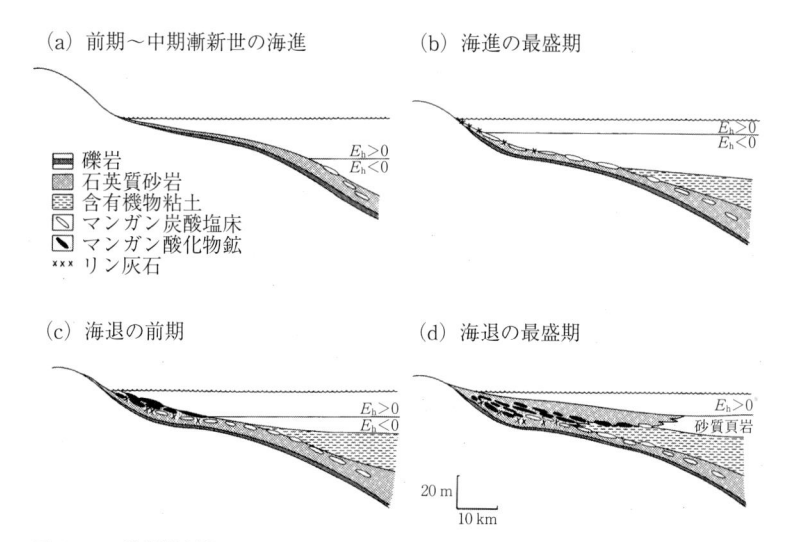

図 6-13 前期漸新世グルジア・Chiatura 鉱床の生成モデル (Bolton and Frakes, 1985)

(a) 閉じていくパラテチス海に生じた細長い海盆が成層化. 酸化-還元境界より下位でマンガン炭酸塩が生成. (b) 海進がピークに達した際, 沿岸域でもマンガン炭酸塩が生成. (c) 海退に伴い沿岸域では, マンガン酸化物が生成. 先に生成していたマンガン炭酸塩は粘土層に覆われる. (d) 海退最盛期, マンガン酸化物も堆積物に覆われる.

ン灰石も産することは，湧昇による深層からのマンガンの供給を示唆していると解釈することも可能である．

(2) 東北日本弧の新第三系

本邦の新第三紀グリーンタフ地域において，多数のマンガン鉱床の分布が知られている（吉村，1952）．おもな構成鉱物は水マンガン鉱，軟マンガン鉱などのマンガン酸化物であり，マンガン炭酸塩の産出は少ない．これらの鉱床には，通常「虎石」と呼ばれる褐色で緻密な珪質岩が伴われることから，虎石とマンガン鉱床がいずれも熱水活動により生成されたと考えられてきた．三浦ほか（1992）も，北海道瀬棚地域に分布するマンガン鉱床の化学組成から，これらの鉱床が海底熱水活動の生成物であると結論づけている．おもな根拠として，Fe-Mn-(Ni+Co+Cu) の三角ダイアグラム（Bonatti *et al.*,

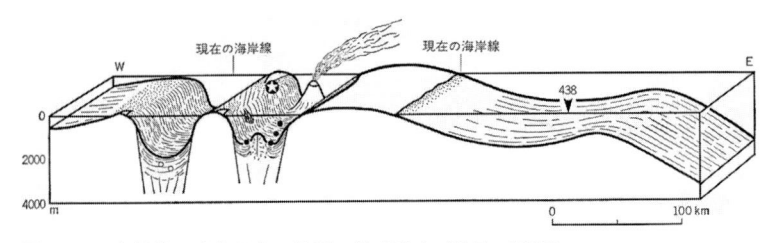

図 6-14 中新世の東北日本の地形・鉱床分布（北里，1985）
最も西に位置する海盆深部に石油（○），中央部海盆の深部に黒鉱鉱床（●），浅部にマンガン鉱床（☆）が分布している．

1976）上で，「熱水起源」の領域にプロットされること，希土類元素含有量が低く，典型的な熱水性堆積物的な値を有すること，が挙げられている．しかし，彼らのデータは，Fe-Mn-(Ni+Co+Cu) の三角ダイアグラム上の「熱水起源」の Mn 端成分付近，すなわち Dymond et al. (1984) の「亜酸化的続成型」の端成分付近に集中しており，このダイアグラムのみでは，起源の特定は困難である．また，三浦ほか（1992）が示した希土類元素組成のコンドライト規格図では，ほとんどの試料が正の Ce 異常，もしくは Ce 異常なしであり，きわめてゆっくりとしたマンガン酸化物の生成，あるいは生成後の長期にわたる海水との接触を示唆している．このように，一概に熱水起源とするのは難しい面もある．

　このグリーンタフ地域に分布するマンガン鉱床の生成場については，異なる視点からの提案もなされている．北里（1983，1985）は，東北日本新第三系に含まれる底生有孔虫群集を広範囲に渡って解析し，古地形の復元に成功した．そこで明らかになった海盆の形態と，東北日本弧に見られる鉱物資源・エネルギー資源の分布にはきわめて興味深い関連が見られる．図 6-14 に示すように，西黒沢期末の東北日本弧においては，現在の日本海の海岸線付近に発達していた海盆では石油が生成され，その東側の現在の脊梁山地にあたる場所に発達していた海盆では，深部で黒鉱鉱床，浅部でマンガン鉱床が生成されていたことが見事に描き出されている（北里，1983，1985）．

　マンガン鉱床が発達する場所が，当時の熱水活動域の近傍ではなく，いずれも海盆の浅海域にあたる，ということはきわめて興味深い．浅海ではある

が，砕屑物の供給が少ない場所に産することから，北里（1983, 1985）は，現在の深海に分布するマンガン団塊のような成因を考えている．浅海域での分布，虎石の成因，化学的な特徴等，すべてを満足させる生成モデルはいまだ提案されておらず，今後の課題である．

6.4 まとめ

　ここまで見てきた通り，垂直循環が活発な富酸素海洋，垂直循環が滞った無酸素海洋，そのいずれもマンガン鉱床を生成するポテンシャルを有している．ただ，マンガン鉱床生成の場，産状，化学形態，化学組成などの点で，それぞれ異なる特徴をもつ．

　近年，マンガン鉱床は，地球表層における大気・海洋・生物・岩石，それぞれの圏の相互作用の産物として認識されつつある．それに伴い，マンガン鉱床の成因論も，単に一つの鉱床が成立するプロセスにとどまらず，総合的な地球史理解の枠組みで議論される時代となってきた．

　先カンブリア時代から現在まで，おおまかにマンガン鉱床の産状を俯瞰すれば，「成層海盆縁辺部での厚く狭い分布から，深海底表層での薄く広い分布への変化」と表現できる．これはまさに，地球表層環境の長期的な変遷，寒冷化・富酸素化に呼応したものといえよう．

　マンガン鉱床がある時代に形成され，その後溶解せず，保存されているということ自体が，第一級の古環境指標となる．さらに，マンガン鉱床にはさまざまな古環境情報も記録されている．歴史をひもとくには時代の情報が不可欠であるが，マンガン鉱床はその点で改善の余地がある．厚さ10 cm程度の海洋のマンガンクラストについては，Os同位体層序，古地磁気層序など新しい手法が適用され，mmスケールで年代軸が整いつつある．それに対して，鉱床の厚さが10 mを超えることもある陸上のマンガン鉱床の生成年代に不確実性が大きいことは皮肉なことである．最も大規模なカラハリマンガン鉱床にして約2億年の食い違いがあることは先に述べた通りで，多くのマンガン鉱床でも，地質年代区分の期のレベルで年代決定がなされているのみである．マンガン鉱床が金属資源のみならず，地球史理解に欠くことができ

ない古環境指標・記録物として確固たる地位を築くためには，年代決定の点でブレークスルーが必要であることは明白である．

　一方で，マンガン鉱床の特徴を踏まえつつ研究の方向性を見定めるべきだろう．近年の技術革新を背景として，海洋の古環境研究の主流の一つは，無擾乱，高堆積速度，かつさまざまな手法で年代決定がなされ時間軸が明確となった堆積物を対象とした古環境学となっている．連続的にサンプリングされた試料の自動分析，および非破壊連続分析などが駆使され，環境変動が精緻に復元されている．それに対し，マンガンクラスト，団塊は堆積物と比較して何桁も成長速度が遅い．時間分解能で競うことは得策ではなく，年代の点では多少見劣りしても，通常の堆積物からは決して得られないユニークな情報をいかに抽出できるか，という点が重要となるだろう．

補遺　酸化還元反応

1）ネルンストの式

　鉄マンガン酸化物の生成や，微量元素と鉄・マンガン酸化物の相互作用を考える上で，酸化還元反応は非常に重要である．このような酸化還元反応を理解する上で，E_h–pH図と呼ばれる図は酸化還元環境に依存した各元素の化学種の変化をわかりやすく示したものであり，地球で起きる化学を理解する上で役に立つ．そこで，この補遺ではE_h–pH図の書き方を示すことでその意味を理解し，またその結果として，鉄・マンガン酸化物の生成やマンガン酸化物による微量元素の酸化を理解することを目指す．

　酸化還元反応は，錯生成反応などと違って電子のやりとりがある．電子はある電位Eを超えてやりとりされるので，その過程で自由エネルギー変化ΔGが生じる．それぞれの酸化還元反応の基準となる電位のことを標準電位といい，通常還元反応に対して定義するので，標準還元電位$E°$という．$E°$は相対的な値なので，その基準は水素電極で起きる還元反応

$$2H^+ + 2e^- \Leftrightarrow H_2 \tag{A-1}$$

の還元電位にとる場合が多い．$E°$が正の値の場合，その還元反応は，水素の還元反応よりも起きやすいことを意味する．ある還元反応で，電子nモルが電位Eによって移動した時の自由エネルギー変化ΔGは，（電荷）×（電位）がエネルギーとなるので

$$\Delta G = -nFE \tag{A-2}$$

と書ける．Fはファラデー定数で，電子1モル当たりの電荷量を表す．この関係を

$$\Delta G_r = \Delta G_r° + RT \ln Q$$

という関係（ΔG_r：反応自由エネルギー変化，$\Delta G_r°$：標準反応自由エネルギー変化，Q：反応商）に代入すると

$$E_h = E_h° - \frac{0.0592}{n} \log Q \tag{A-3}$$

となる．ここで，Eは水素電極を基準とするので，E_hと書き換えた．また

温度25℃でlnをlogに書き換え$R=8.32$ J/K molと$F=9.65\times10^4$ C/molを考慮している．またQは反応商であり，化学反応

$$aA + bB \Leftrightarrow cC + dD \tag{A-4}$$

に対して次のように定義される．Qは平衡定数Kに似た形をとるが，平衡状態でない場合にも以下の式で表され，濃度に依存して変化する．

$$Q = \frac{a_C^c a_D^d}{a_A^a a_B^b} \tag{A-5}$$

平衡に達した場合のQは定数となり，これが平衡定数Kである．さて，式（A-3）はネルンストの式（Nernst equation）と呼ばれ，酸化還元反応を考える場合の基本式となり，常温でのE_hと化学種の関係を計算できる．またE_hの代わりに$p\varepsilon$を用いる場合もある．$p\varepsilon = -\log[e^-]$なので，式（A-4）で$E_h^\circ = 0$，$n=1$を入れると，

$$p\varepsilon = \frac{F\,E_h}{2.30RT} \tag{A-6}$$

となる．

2）水の存在条件

ここでは，式（A-3）を用いて，マンガンのE_h–pH図を書いてみるが，その前に水が存在する地球表層では，取り得るE_h–pH領域に限界がある．水が存在した場合，以下の酸化還元平衡が成立するはずである．

$$2H^+ + \frac{1}{2}O_2 + 2e^- \Leftrightarrow H_2O \quad (この還元反応の E_h^\circ = 1.23\text{ V}) \tag{A-7}$$

この反応を式（A-3）に代入し，pH$=-\log[H^+]$に注意して変形すると

$$E_h = 1.23 + 0.0148\log[O_2] - 0.0592\,\text{pH} \tag{A-8}$$

となる．ここで地球表層での酸素および水素の分圧P_{O_2}とP_{H_2}の変動範囲には，(i) $2H_2O(l) \Leftrightarrow O_2(g) + 2H_2(g)$ が平衡にあり，(ii) 0 atm$\leq P_{O_2}$，$P_{H_2}\leq 1$ atm の範囲にある，という2つの制約がある．(i) より $P_{O_2}P_{H_2}^2 = 10^{-83.1}$ であり，(ii) より $P_{H_2}=1$ atmのとき，$P_{O_2}=10^{-83.1}$ atmとなり，これがP_{O_2}の最小値となる．したがって，地球表層でP_{O_2}が取り得る範囲は，$10^{-83.1}$ atm$< P_{O_2} < 1$ atmとなる．これと式（A-8）より，天然水の存在は，

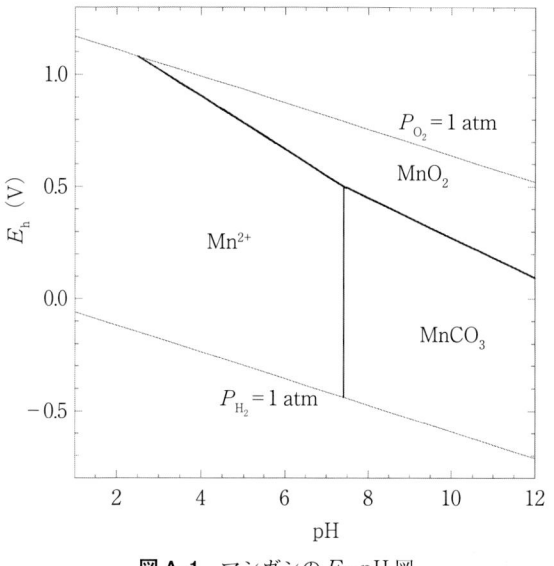

図 A-1 マンガンの E_h–pH 図

$E_\mathrm{h} \leqq 1.23 - 0.0592\,\mathrm{pH}$ ($P_{\mathrm{O}_2} = 1\,\mathrm{atm}$ に対応)

かつ $E_\mathrm{h} \geqq -0.0592\,\mathrm{pH}$ ($P_{\mathrm{H}_2} = 1\,\mathrm{atm}$ に対応) (A-9)

となる．これを図示すると，図 A-1 の上限と下限の線になる．

3) マンガンの E_h–pH 図

　水の安定状態を示す E_h–pH 範囲の中で，マンガンがどのような化学種を示すかは，以下のように計算できる．E_h–pH 図を書く場合，まず考慮する相を決める必要がある．ここでは例として簡単のために，二酸化マンガン MnO_2，炭酸マンガン $MnCO_3$，溶存 Mn^{2+} の 3 つのみを考えた例を紹介する．また簡単のため，すべての化学種の活量係数を 1 として計算する．
　まず二酸化マンガンと溶存 Mn^{2+} の境界を考える．この酸化還元反応は次のように書ける．

$$\frac{1}{2}\mathrm{MnO_2(s)} + 2\mathrm{H}^+ + \mathrm{e}^- \Leftrightarrow \frac{1}{2}\mathrm{Mn}^{2+} + \mathrm{H_2O} \quad (E_\mathrm{h}^\circ = 1.23\,\mathrm{V})$$

(A-10)

これを式 (A-3) に入れると

$$E_h = 1.23 - 0.118\,\mathrm{pH} - 0.0296\,\log[\mathrm{Mn}^{2+}] \tag{A-11}$$

となる．ここで間隙水なども考慮して $[\mathrm{Mn}^{2+}]$ を $10\,\mu\mathrm{mol/kg}$ とすると，

$$E_h = -0.118\,\mathrm{pH} + 1.378 \tag{A-12}$$

となる．$\mathrm{MnO_2}$ と Mn^{2+} では前者の方が酸化形なので，式 A-12 の直線よりも E_h が高い側で $\mathrm{MnO_2}$ が安定である．

マンガンは 2 価では炭酸塩を形成しやすいことが知られている．そのため，低い pH 領域では $\mathrm{MnCO_3}$ として沈殿を形成する可能性がある．そこで $\mathrm{MnCO_3}$ と $\mathrm{MnO_2}$ の間の酸化還元反応を考えると，これは

$$\begin{aligned}&\tfrac{1}{2}\mathrm{MnO_2(s)} + \tfrac{1}{2}\mathrm{HCO_3^-} + \tfrac{3}{2}\mathrm{H^+} + \mathrm{e^-} \\ &\Leftrightarrow \tfrac{1}{2}\mathrm{MnCO_3(s)} + \mathrm{H_2O} \quad (E_h^\circ = 1.24\,\mathrm{V})\end{aligned} \tag{A-13}$$

と書けるので，

$$E_h = 1.24 - 0.0888\,\mathrm{pH} + 0.0296\,\log[\mathrm{HCO_3^-}] \tag{A-14}$$

となる．ここで海水中の $[\mathrm{HCO_3^-}]$ を $2\,\mathrm{mmol/kg}$ とすると，

$$E_h = -0.0888\,\mathrm{pH} + 1.16 \tag{A-15}$$

となる．この線を図 A-1 に記入すると，pH = 7.47 付近で $\mathrm{MnO_2/Mn^{2+}}$ の直線と交差する．一方 $\mathrm{MnCO_3}$ の溶解度 K_{sp} は，

$$K_{sp} = [\mathrm{Mn}^{2+}][\mathrm{CO_3^{2-}}] = 10^{-10.59} \tag{A-16}$$

であり，$[\mathrm{H^+}][\mathrm{CO_3^{2-}}]/[\mathrm{HCO_3^-}] = 10^{-10.3}$ なので，$[\mathrm{Mn}^{2+}]$ が $10\,\mu\mathrm{mol/kg}$ とすると，$\mathrm{MnCO_3}$ が生成するのは pH が 7.41 以上の場合であることがわかる（一部平衡定数に含まれる誤差のためずれがあるが，この pH は上記の交点の pH = 7.47 と一致するはずである）．Mn^{2+} では pH が 7.41 以下では $\mathrm{MnCO_3}$ は存在しないので，この pH 領域で有効なのは $\mathrm{MnO_2/Mn^{2+}}$ の線である．したがって，$\mathrm{MnCO_3/MnO_2}$ の線はこの領域では意味がない．一方 pH 7.41 以上では，$\mathrm{MnO_2/MnCO_3}$ の線が Mn の酸化還元状態を表す．これらを図示すると図 A-1 のようになる．

この図に基づくと，海洋環境を想定した pH = 8 のとき，マンガン酸化物

226——第 6 章 地球環境変遷史とマンガン鉱床の形成

が生成するのは酸化還元電位 E_h が 0.45（V）以上の場合であり，かなり酸化的な環境に限られることがわかる．

pH = 8 の環境として同様の計算を Ce について行うと，Ce^{3+} から CeO_2 への酸化は，0.1-0.2（V）程度の酸化還元電位で起きることがわかる．同様に pH = 8 で Co^{2+} から CoOOH への酸化は，酸化還元状態が 0.4（V）程度で起きることがわかる．そのため，Ce^{3+} や Co^{2+} は海水条件ではマンガン酸化物よりも弱い酸化剤であり，これらはマンガン酸化物に酸化されて Ce^{4+} や Co^{3+} を生成する．一方，Pb^{2+} から PbO_2 への酸化が起きる酸化還元電位は 0.6-0.7（V）であり，そのため MnO_2 で Pb(II) を酸化することはできない．これらは，4.4 節で示した結果，つまり天然の鉄・マンガン酸化物中で主要な価数は Ce^{4+}，Co^{3+}，Pb^{2+} であるという結果と整合的である．

なお，E_h–pH 図を書く上で最も注意すべきことは，自分が想定している相が必ず計算に含まれていることである．図 A-1 の例では，Mn^{3+} の化学種や 2 価の固体として安定な $Mn(OH)_2$ を考慮していない．これらを含めた E_h–pH 図は，すでに図 4-2 に示しており，図 A-1 の結果とは異なる様相を示している．このように，E_h–pH 図は実際に想定する系に応じて書かれるべきである．また室内実験で求めた溶解度や錯生成定数がどの程度天然系に当てはまるか，イオン強度の影響はどうするか，など多くの不確実な要因がある．そのため，E_h–pH 図からの予想はある程度大まかなものととらえるべきであり，実際の系での安定な相の解明には，可能な限り実際の測定データを得る努力をすべきである．

また酸化還元反応は，実際の天然の系では反応速度が遅かったり，生物による影響があったりして，平衡に達していない場合もある．例として，海洋中のセレン酸と亜セレン酸の例が Cutter（1992）などに述べられている．このような場合，安定な化学種は必ずしも E_h–pH 図に従うとは限らない．

あとがき

　わが国の国土は海に囲まれ，広大な経済水域を有している．地質災害，気象や気候変動，環境汚染を例に挙げるまでもなく，海洋を意識せずに生きていくことはできない．一方，半世紀前に海底資源開発が話題となり，海洋研究の大きな動機ともなったが，いまだに，どの国も企業も開発に着手していない．未知と不安が大きな原因である．近年にも，再度急激な海洋レアメタル開発ブームが巻き起こっているように見える．しかしながら，新技術や調査装置が利用できるようになった現在でも，われわれが現場に行ってみると，実はあまりに深海のことを知らない，ということに気づくのである．

　国際連合のもとでは，海洋資源は一国，一企業の利害だけで探査・開発することはできないという国際ルールがすでに成立している．仮に，手が届きそうな海底に優良な鉱石・鉱床があったとしても，その資源は（さらにそれに伴う環境までも）人類共有の財産なのである．局地的～地球規模，あるいは短期的～世紀スケールまでの環境影響を考慮し，科学的な根拠に基づいて，実質的な利益が得られる開発を目指さねばならない．短期的な資源争奪だけを動機に調査・開発を立案することは許されず，次世代のこと，地球の裏側の環境にまで配慮が必要となっている．つまり，基礎的な科学研究を行って理解を深めておくことは，一見遠回りのように見えても，総合的に正しい判断を下すために必要不可欠なことといえる．

　本書では，海底マンガン鉱床を地球科学の研究対象として，さまざまな分野において，課題と知見を整理した．よく知られているように，マンガンは鉄とならんで，表層環境に多く，身近な，ありふれた元素である．表層環境でのわずかな環境条件の変動によって，風化・溶脱したり，反対に酸化物（つまりサビ）として再沈殿するなど，頻繁に移動・濃集する．つまり，マンガンは環境に最も敏感な金属元素の一つである．また，その酸化物の強力な吸着能力や電気化学的活性はすでに工業利用されている．一方，海底マンガ

ン鉱床は，明らかに総埋蔵量1000億トン規模を超えており，これは陸上の縞状鉄鉱層タイプの鉄鉱石総埋蔵量に匹敵する．さらに，経済価値を高めているのは，副成分として，たかだか1％程度濃集した，いわゆるレアメタルである．

　本書で述べたように，マンガン酸化物は，ナノ物質としてほかの元素との特殊な反応性を示し，微生物集合体に伴うなど，大変興味深い物質であると同時に，過去の海洋環境変遷や地球的イベントなどを記録している可能性があり，さまざまな解読が予測され，期待されている．興味深いことに，最近の惑星探査機の活躍により，火星表面に湖の跡が発見され，その湖底とおぼしき地域には，堆積岩の表面を覆ったマンガン酸化物の薄層が認められた（NASA, 2014）．これは，かつて火星の表面には酸化的な水圏が存在した根拠とされている．

　本書は，一見変化に乏しいモノトーンのマンガンクラスト，団塊が，実は，未知の課題が山積する魅力あふれる研究材料であることを多くの人々に知っていただきたいと願って執筆した．5名の研究者が約3年の歳月をかけて議論して，ようやく完成したものである．海洋の環境，資源，進化史に興味をもつ，学生，大学院生，研究者にとどまらず，一般の好事家にも関心をもっていただければ幸いである．

　ご協力いただいたすべての方々に感謝いたします．

著者を代表して

臼井　朗

引用文献

はしがき，1–3章

Anikeeva, L. I., A. M. Ivanova, A. I. Ainemer, A. Z. Bursky, R. Kotlinski, and M. M. Zadornob (2000) Metallogenic Map of the World Ocean. All-Russia Research Institute for Geology and Mineral Resources of the World Ocean.
青木　斌（1990）図鑑海底の鉱物資源．東海大学出版会，pp.123.
青木　斌ほか（1999）地球の水圏．新版地学教育講座10，東海大学出版会，pp.211.
Banakar, V. K., J. N. Pattan, and A. V. Mudholkar (1997) Mar. Geol., 136, 299–315.
Bender, M. L., G. P. Klinkhammer, and D. W. Spencer (1977) Deep-Sea Res., 24, 799–812.
Bergersen, D. D. (1993) The Mesozoic Pacific: Geology, Tectonics, and Volcanism (M. S. Pringle *et al.*, eds.). AGU Geophys. Monogr., 77, 367–386.
Bogdanov, Yu. A., A. P. Lisitzin, R. A. Binns, A. I. Gorshkov, E. G. Gurvich, V. A. Dritz, G. A. Dubinina, O. Yu. Bogdanova, A. V. c. Sivkov, and V. M. Kuptsov (1997) Mar. Geol., 142, 99–117.
Broadus, J. M. (1987) Science, 235, 853–860.
Bruland, K. W., K. J. Orians, and J. P. Cowen (1994) Geochim. Cosmochim. Acta, 58, 3171–3182.
Burns, R. G. and V. M. Burns (1977) Marine Manganese Deposits (G. P. Glasby, ed.). Elsevier, Amsterdam, 185–248.
Burns, R. G., V. M. Burns, and H. W. Stockman (1983) Am. Mineral., 68, 972–980.
Buser, W. and A. Grütter (1956) Schweiz. Min. Petr. Mitt., 36, 49–62.
Cairncross, B., N. J. Beukes, and J. Gutzmer (1997) The Manganese Adventure. Associated Ore and Metal Corporation Ltd., Johannesburg, pp.236.
Calvert, S. E., N. B. Price, G. R. Heath, and Jr. T. C. Moore (1978) J. Mar. Res., 36, 161–183.
Carter, L. (1989) N. Z. Jour. Mar. Freshw. Res., 23, 247–253.
Chester, R. (2003) Marine Geochemistry. Blackwell Publ., pp.506.
Christensen, J. N., A. N. Halliday, L. V. Godfrey, J. R. Hein, and D. K. Rea (1997) Science, 277, 913–918.
Chu, N.-C., C. M. Johnson, B. L. Beard, C. R. German, R. W. Nesbitt, M. Frank, M. Bohn, P. W. Kubik, A. Usui, and I. Graham (2006) Earth Planet. Sci. Lett., 245, 202–217.
Chukhrov, F. V., A. I. Gorshkov, A. V. Sivtsov, and V. V. Berezovskaya (1979) Nature, 28, 136–137.
Cowen, J. P., E. H. Decarlo, and D. L. McGee (1993) Mar. Geol., 115, 289–306.
Cronan, D. S. (1980) Underwater Minerals. Academic Press, London, pp.362.
Cronan, D. S., R. A. Hodkinson, and S. Miller (1991) Mar. Geol., 98, 425–435.
Cronan, D. S. (1997) Manganese Mineralization: Geochemistry and Mineralogy of Terrestrial and Marine Deposits (Nicholson, K., J. R. Hein, B. Buehn, and S. Dasgupta, eds.). Geol. Soc. Spec. Pub., 119, 139–151.
David, K., M. Frank, R. K. O'Nions, N. S. Belshaw, and J. W. Arden, and J. R. Hein (2001) Chem. Geol., 178, 23–42.
Ding, X., L. F. Gao, N. Q. Fang, W. J. Qu, J. Liu, and J. S. Li (2009) Sci. China Ser. D, Earth Sci., 52, 8, 1091–1103.
Eisenhauer, A., K. Gögen, E. Pernicka, and A. Mangini (1992) Earth Planet. Sci. Lett., 109, 25–36.

Elderfield, H. (1986) Palaeogeogr. Palaeoclimatol. Palaeoecol., 57, 71–90.
Essington, M. E. (2004) Soil and Water Chemistry. CRC Press, pp.534.
Evans, A. M. (2003) Ore Geology and Industrial Minerals: An Introduction. Blackwell Science, pp.389.
Frank, M., R. K. O'Nions, J. R. Hein, and V. K. Banakar (1999) Geochim. Cosmochim. Acta, 63, 1689–1708.
Frazer, J. Z. and M. B. Fisk (1977) World Distribution of Manganese Nodules, Scripps Institution of Oceanography.
Friedrich, G. and A. Schmitz-Wiechowsky (1980) Mar. Geol., 37, 71–90.
藤永太一郎監修, 宗林由樹・一色健司編 (2005) 海と湖の科学—微量元素で探る. 京都大学学術出版会, pp.560.
藤岡換太郎・松本 剛・加藤幸弘・鳥井真之・新城竜一・小野朋典 (1994) JAMSTEC 深海研究, 10, 261–280.
Futa, K., Z. E. Peterman, and J. R. Hein (1988) Geochim. Cosmochim. Acta, 52, 2229–2233.
Giovanoli, R. (1980) Geology and Geochemistry of Manganese (I. M. Varentsov and Gy. Grasselly, eds.). Hungarian Acad. Sci. Publ., I, 159–202.
Giovanoli, R. (1985) Chem. Erde, 44, 227–244.
Glasby, G. P. (1977) Marine Manganese Deposits. Elsevier, pp.523.
Glasby, G. P. (1978) Mar. Geol., 28, 51–64.
Glasby, G. P. (1982) Mar. Mining, 3, 231–270.
Glasby, G. P. (1986) Geo-Marine Letters, 5, 247–252.
Glasby, G. P. (2000) Marine Geochemistry, 2nd ed. (H. D. Schultz and M. Zabel, eds.). Springer, 335–372.
Glasby, G. P., K. Iizasa, M. Hannington, H. Kubota, and K. Notsu (2008) Ore Geol. Rev., 34, 547–560.
Glasby, G. P., B. Mountain, T. C. Vineesh, V. Banakar, R. Rajani, and X. Ren (2010) Resource Geol., 60, 165–177.
Golden, B. C., J. B. Dixon, and C. C. Chen (1986) Clays and Clay Minerals, 34, 511–520.
Halbach, P., E. Rehm, and V. Marchig (1979) Mar. Geol., 29, 237–252.
Halbach, P., F. T. Manheim, and P. Otten (1982) Erzmetall, 35, 447–453.
Halbach, P., G. Friedrich, and U. von Stackelberg (1988) The Manganese Nodule Belt of the Pacific Ocean. Geological Environment, Nodule Formation, and Mining Aspects. Ferdinand Enke Verlag, Stuttgart, pp.245.
Han, X., X. Jin, S. Yang, J. Fietzke, and A. Eisenhauer (2003) Earth Planet. Sci. Lett., 211, 143–157.
Hein, J. R., W. A. Bohrson, M. S. Schulz, M. Noble, and D. A. Clague (1992) Paleoceanography, 7, 63–77.
Hein, J. R., A. E. Gibbs, D. A. Clague, and M. Torresan (1996) Mar. Georesource Geotech., 14, 177–203.
Hein, J. R., A. Koschinsky, Bau, F. T. Manheim, J. K. Kang, and L. Roberts (2000) Handbook of Marine Mineral Deposits (D. S. Cronan, ed.). CRC Press, 239–280.
Hein, J. R., K. Mizell, A. Koschinsky, and T. A. Conrad (2013) Ore Geol. Rev., 51, 1–14.
広川満哉 (2011) 金属資源レポート, 7, 71–78.
Horn, D. R., B. M. Horn, and M. N. Delach (1972) Ferromanganese Deposits on the Ocean Floor. National Science Foundation, Washington, D.C., 9–17.
Iizasa, K., R. S. Fiske, O. Isizuka, M. Yuasa, J. Hashimoto, J. Ishibashi, J. Naka, Y. Horii, Y. Fujiwara, A. Imai, and S. Koyama (1999) Science, 283, 975–977.
International Seabed Authority (2010) A Geological Model of Polymetallic Nodule Deposits in the Clarion-Clipperton Fracture Zone. ISA Technical Study, No.6, International Seabed Authority, pp.105.
International Seabed Authority (2013) http://www.isa.org.jm/
Ishizuka, O., K. Uto, M. Yuasa, and A. G. Hochstaedter (1998) Island Arc, 7, 408–421.

イストシン，S. Yu.・I. A. コバレフ（1970）海底鉱山．ラティス，pp.217.
伊藤 孝（1993）地質学雑誌，99，739–753.
Ito, T., A. Usui, K. Kajiwara, and T. Nakano（1998）Geochim. Cosmochim. Acta, 62, 1545–1554.
Ito, T. and K. Komuro（2006）Resource Geol., 56, 457–470.
Jenkyns, H. C.（1979）Marine Manganese Minerals（G. P. Glasby, ed.）, Elsevier, 87–107.
Jeong, K. S., H. S. Jung, J. K. Kang, C. L. Morgan, and J. R. Hein（2000）Mar. Geol., 162, 541–559.
JOGMEC（2006）http://mric.jogmec.go.jp/kouenkai_index/2006/briefing_060124_okamoto.pdf
Johnson, K. S., K. H. Coale, W. M. Berelson, and R. M. Gordon（1996）Geochim. Cosmochim. Acta, 60, 1291–1299.
Joshima, M. and A. Usui（1998）Mar. Geol., 146, 53–62.
Kamitani, M., D. Z. Piper, T. R. Swint-Iki, P. Fan, K. Kanehira, S. Ishihara, Y. Shimazaki, K. Radkevich, W. D. Palfreyman, S. Sudo, F. McCoy, F. T. Manheim, C. M. Lane-Bostwick, L. G. Sullivan, A. Mizuno, and G. Luepke（1999）Circum-Pacific Map Series, USGS.
Kashiwabara, T., Y. Takahashi, M. Tanimizu, and A. Usui（2011）Geochim. Cosmochim. Acta, 75, 5762–5784.
Kashiwabara, T., Y. Takahashi, M. A. Marcus, T. Uruga, H. Tanida, Y. Terada, and A. Usui（2013）Geochim. Cosmochim. Acta, 106, 364–378.
Kato, Y., K. Fujinaga, K. Nakamura, Y. Takaya, K. Kitamura, J. Ohta, R. Toda, T. Nakashima, and H. Iwamori（2011）Nature Geosci., 4, 535–539.
川幡穂高（2008）海洋地球環境学—生物地球化学循環から読む．東京大学出版会，pp.269.
川上紳一（1999）縞々学—リズムから地球史に迫る．東京大学出版会，pp.253.
河村公隆・野崎義行（2005）大気・水圏の地球化学．日本地球化学会，pp.319.
Keating, B., P. Fryer, R. Batiza, and G. W. Boehlert, eds.（1987）Seamounts, Islands, and Atolls. AGU Geophys. Monogr., 43, pp.405.
Kennett, J. P. and N. D. Watkins（1975）Science, 188, 1011–1013.
Kim, J., K. Hyeong, H.-S. Jung, J.-W. Moon, K.-H. Kim, and I. Lee（2006）Paleoceanogr., 21, art. no. PA4218.
Klemm, V., S. Levasseur, M. Frank, J. R. Hein, and A. N. Halliday（2005）Earth Planet. Sci. Lett., 238, 1-2, 42–48.
Klemm, V., B. Reynolds, M. Frank, T. Pettke, and A. N. Halliday（2007）Earth Planet. Sci. Lett., 253, 57–66.
Klemm, V., M. Frank, S. Levasseur, A. N. Halliday, and J. R. Hein（2008）Earth Planet. Sci. Lett., 273, 175–183.
小泉 格・安田喜憲編（1995）地球と文明の周期．文明と環境第1巻，朝倉書店，pp.270.
国立天文台編（2010）理科年表（平成23年）．丸善．
Koschinsky, A., P. Halbach, J. R. Hein, and A. Mangini（1996）Geol. Rundscha, 85, 567–576.
Koschinsky, A. and J. R. Hein（2003）Mar. Geol., 198, 331–351.
Ku, T. L.（1977）Marine Manganese Deposits（G. P. Glasby, ed.）, Elsevier, 249–267.
Kuma, K., A. Usui, W. Paplawsky, B. Geduline, and G. Arrhenius（1994）Mineralogical Magazine, 58, 423–445.
Lonsdale, P., V. M. Burns, and M. Fisk（1980）Geology, 88, 611–618.
Manceau, A., V. A. Drits, E. Silvester, C. Bartoli and B. Lanson（1997）Am. Mineral., 82, 1150–1175.
Manceau, A., N. Tamura, M. A. Marcus, A. A. MacDowell, R. S. Celestre, R. E. Sublett, G. Sposito, and H. A. Padmore（2002）Am. Mineral., 87, 1494–1499.
Manceau, A., M. A. Marcus, and S. Grangeon（2012）Am. Mineral., 97, 816–827.
Manheim, F. T. and C. M. Lane-Bostwick（1988）Nature, 335, 59–60.
Manheim, F. T. and C. M. Lane-Bostwick（1989）Chemical Composition of Ferromanganese Crusts in the World Ocean: A Review and Comprehensive Database. USGS Database,

p.200.
松本勝時・村山信行・松井一徳 (2006) 金属資源レポート, 36, 77-98.
Matsumoto, R. (1992) Proc. Sci. Res., ODP, Legs 127/128, Japan Sea, 75-98.
Menard, H. W. and J. Z. Frazer (1978) Science, 199, 969-971.
Mero, J. L. (1965) The Mineral Resources of the Sea. Elsevier, pp.312.
Millero, F. J. (2006) Chemical Oceanography. Taylor & Francis, pp.496.
Moore, J. G. and D. A. Clague (2004) Bull. Geol. Soc. Amer., 116, 337-347.
Morgan, C. L. (2000) Handbook of Marine Mineral Deposits (D. S. Cronan, ed.). CRC Press. 145-170.
Murray, D. J. and A. F. Renard (1891) Rep. Sci. Results Explor. Voyage Challenger, pp.525.
Murray, R. W., M. R. Brink, H. J. Brumsack, D. C. Gerlach, and G. P. Russ (1991) Geochim. Cosmochim. Acta, 55, 2453-2466.
中村繁夫 (2010) 金属資源レポート, 9, 47-60.
Nakanishi, M. (1993) The Mesozoic Pacific: Geology, Tectonics, and Volcanism (M. S. Pringle et al., eds.). AGU Geophys. Monogr., 77, 121-136.
中西正男・阿部なつ江・平野直人 (2007) ブルーアースシンポジウム '07 要旨集, S24.
Nakazawa, T., A. Nishimura, Y. Iryu, T. Yamada, H. Shibasaki, and S. Shiokawa (2008) Mar. Geol., 247, 35-45.
Nielsen, S. G., S. Mar-Gerrison, A. Gannoun, D. E. LaRowe, V. Klemm, A. N. Halliday, K. W. Burton, and J. R. Hein (2009) Earth Planet. Sci. Lett., 278, 297-307.
Nishiizumi, K., M. Imamura, M. W. Caffee, J. R. Southon, R. C. Finkel, and J. McAninch (2007) Nucl. Instrum. Methods Phys. Res. B., 258, 403-413.
西村　昭 (1993) 月刊地球, 号外 8, 60-64.
Nishimura, A. and Y. Saito (1994) Geol. Surv. Japan Cruise Rept., 23. 41-60.
西村　昭・臼井　朗 (1994) JAMSTEC 深海研究, 10, 99-110.
西村　昭 (2012) 深海泥のレアアース資源としての開発の可能性. 地質ニュース, 1, 197-204.
NOAA (1992) Marine Minerals Geochemical Database, CD-ROM Data set.
O'Nions, R. K., M. Frank, F. Von Blanckenburg, and H.-F. Ling (1998) Earth Planet. Sci. Lett., 155, 15-28.
Oda, H., A. Usui, I. Miyagi, M. Joshima, B. P. Weiss, C. Shantz, L. E. Fong, K. K. McBride, R. Harder, and F. J. Baudenbacher (2011) Geology, 39, 227-230.
Ohta, A., S. Ishii, M. Sakakibara, A. Mizuno, and I. Kawabe (1999) Geochem. J., 33, 399-417.
岡村　聡ほか (1995) 岩石と地下資源. 新版地学教育講座 4, 東海大学出版会, pp.201.
Okamura, K., H. Kimoto, K. Saeki, J. Ishibashi, H. Obata, M. Maruo, T. Gamo, E. Nakayama, and Y. Nozaki (2001) Mar. Chem. 76, 17-26.
沖野響子・藤岡換太郎 (1994) JAMSTEC 深海研究, 10, 63-74.
Pattan, J. N. (1993) Mar. Geol., 113, 331-344.
Piper, D. Z., T. R. Swint, L. G. Sullvan, and F. W. McCoy (1985) Manganese Nodules, Seafloor Sediment, and Sedimentation Rates in the Circum-Pacific Region. Circum-Pacific Council for Energy and Mineral Resources, AAPG.
Pringle, M. S., W. W. Sager, W. V. Sliter, S. Stein, eds. (1993) The Mesozoic Pacific: Geology, Tectonics, and Volcanism, AGU Geophys. Monogr., 77, pp.435.
Puteanus, D. and P. Halbach (1988) Chem. Geol., 69, 73-85.
Rawson, M. D. and W. B. F. Ryan (1978) World Ocean Floor Panorama. United States Department of State Office of the Geographer.
Ren, X., G. P. Glasby, J. Liu, X. Shi, and J. Yin (2007) Mar. Geophys. Res., 28, 165-182.
Rona, P. A. (1984) Earth Sci. Rev., 20, 1-104.
Rona, P. A. (2003) Science, 299, 673-674.
Rona, P. A. (2008) Ore Geol. Rev., 33, 618-666.
Roonwal, G. S. (1986) The Indian Ocean: Exploitable Mineral and Petroleum Resources. Springer-Verlag, pp.198.
Saunders, J. A. and C. T. Swann (1992) Appl. Geochem., 7, 375-387.

澤田賢治（2011）金属資源レポート，7，1-7．
澤田正弘（1989）鉱山地質，39，21-31．
志賀美英（2003）鉱物資源論．九州大学出版会，pp.289．
鹿園直建（1992）地球システム科学入門．東京大学出版会，pp.228．
鹿園直建（1997）地球システムの化学．東京大学出版会，pp.319．
Smoot, D. D. (1983) Tectonophys., 98, T1-T5.
Somayajulu, B. L. K., G. R. Heath, T. C. Moore Jr., and D. S. Cronan (1971) Geochim. Cosmochim. Acta, 35, 621-624.
Sorem, R. K. and A. R. Foster (1972) Ferromanganese deposits on the ocean floor (D. R. Horn, ed.). National Science Foundation, Washington, D.C., 167-181.
Sorem, R. K. and R. H. Fewkes (1979) Manganese Nodules, IFI/Plenum, pp.723.
鈴木 淳（2012）Synthesiology, 5, 80-88.
Takahashi, Y., H. Shimizu, H. Kagi, A. Usui, and M. Nomura (1999) Photon Factory Activity Rept., 17B, pp.336.
Takahashi, Y., H. Shimizu, A. Usui, H. Kagi, and M. Nomura (2000) Geochim. Cosmochim. Acta, 64, 2929-2935.
Takahashi, Y., A. Usui, K. Okumura, T. Uruga, M. Nomura, M. Murakami, and H. Shimizu (2002) Chem. Lett., 3, 366-367.
Takahashi, Y., A. Manceau, N. Geoffroy, M. A. Marcus, and A. Usui (2007) Geochim. Cosmochim. Acta, 71, 984-1008.
竹松 伸（1998）マンガン団塊—その生成機構と役割．恒星社厚生閣，pp.188．
Tamaki, K. and M. Tanahashi (1981) Geol. Surv. Japan Cruise Rept., 15, 77-99.
Taylor, S. R. and S. M. McLennan (1985) The Continental Crust: Its Composition and Evolution. Blackwell Sci. Pub., pp.312.
Terashima, S., N. Imai, M. Taniguchi, T. Okai, and A. Nishimura (2002) Geostandards Newsletter, 26, 85-94.
Thornton, B., A. Asada, A. Bodenmann, A. Sangekar, and T. Ura (2013) IEEE Journal of Oceanic Engineering, 38, #6335440.
角皆静男（1985）化学が解く海の謎．共立出版，pp.201．
United States Geological Survey http://minerals.usgs.gov/minerals/pubs/
Usui, A. (1979a) Marine Geology and Oceanography of the Pacific Manganese Nodule Province (J. L. Bischoff and D. Z. Piper, eds.). Plenum, 651-679.
Usui, A. (1979b) Nature, 279, 411-413.
臼井 朗・中尾征三・盛谷智之（1983）海洋地質図シリーズ21，地質調査所．
Usui, A. (1986) Geol. Surv. Japan Cruise Rept., 21, 98-159.
Usui, A. and S. Terashima (1986) Geol. Surv. Japan Cruise Rept., 21, 231-249.
Usui, A., M. Yuasa, S. Yokota, M. Nohara, A. Nishimura, and F. Murakami (1986) Mar. Geol., 73, 311-322.
Usui, A., A. Nishimura, M. Tanahashi, and S. Terashima (1987) Mar. Geol., 74, 237-275.
臼井 朗・水野篤行・盛谷智之・中尾征三（1987）地質調査所月報，38，539-585．
Usui, A., T. Mellin, M. Nohara, and M. Yuasa (1989a) Mar. Geol., 86, 41-56.
Usui, A., S. Terashima, S. Tokuhashi, T. Kodato, and S. Machihara (1989b) Report TRC/JNOC, 22, 15-26.
Usui, A. and T. Moritani (1992) Geology and Offshore Mineral Resources of the Central Pacific Basin (B. Bolton and B. Keating, eds.), CPCEMR ser. 15, Springer-Verlag, 205-223.
Usui, A., A. Nishimura, and N. Mita (1993a) Mar. Geol., 114, 133-153.
Usui, A., A. Nishimura, and K. Iizasa (1993b) Marine Geores. Geotech., 11, 263-291.
Usui, A. (1994) Geol. Surv. Japan Cruise Rept., GH83-3, 246.
Usui, A. and T. Ito (1994) Mar. Geol., 119, 111-136.
臼井 朗・飯笹幸吉・棚橋 学（1994）北西太平洋海底鉱物資源分布図．特殊地質図シリーズ33，地質調査所．

Usui, A. and N. Mita (1995) Clays and Clay Minerals, 43, 116-127.
臼井　朗（1995）地質ニュース, 493, 30-41.
Usui, A. and A. Nishimura (1997) Proc. 2nd ISOPE Ocean Mining Symposium, Seoul, 23-29.
Usui, A. and M. Someya (1997) Geol. Soc. London Spec. Publ., 119, 177-198.
Usui, A., M. Bau, and T. Yamazaki (1997) Mar. Geol., 141, 269-285.
臼井　朗・西村　昭・石塚　治（1997）JAMSTEC 深海研究, 13, 127-144.
臼井　朗（1998）地質ニュース, 529, 21-30.
Usui, A., O. Ishizuka, and M. Yuasa (1999) Proc. 3rd ISOPE Ocean Mining Symposium, 91-104.
Usui, A., K. Matsumoto, M. Sekimoto, and N. Okamoto (2003) Proc. ISOPE Ocean Mining Symp., 5, 12-15.
Usui, A., I. Graham, R. G. Ditchburn, A. Zondervan, H. Shibasaki, and H. Hishida (2007) Island Arc, 16, 420-430.
臼井　朗（2010）海底鉱物資源―未利用レアメタルの探査と開発. オーム社, pp.198.
Usui, A. and N. Okamoto (2010) Marine Geores. Geotech., 28, 192-206.
Usui, A., M. Tanaka, B. Thornton, A. Tokumaru, and T. Urabe (2011) OCEANS'11 – MTS/IEEE Kona, Program Book, art. ##6107094.
von Blanckenburg, F. and R. K. O'Nions (1999) Earth Planet. Sci. Lett., 167, 175-182.
von Damm, K. L., J. M. Edmond, B. Grant, C. I. Measures, B. Valden, and R. F. Weiss (1985) Geochim. Cosmochim. Acta, 49, 2197-2220.
von Damm, K. L. (1995) Seafloor Hydrothermal Systems, AGU Geophys. Monogr., 91, 222-247.
von Stackelberg, U. (1984) Geo-Marine Letters, 4, 37-42.
von Stackelberg, U. and H. Beiersdorf (1991) Mar. Mining, 98, 411-423.
von Stackelberg, U. (2000) Handbook of Marine Mineral Deposits (D. S. Cronan, ed.), CRC Press, 197-238.
Watkins, N. D. and J. P. Kennett (1977) Mar. Geol., 23, 103-111.
Wen, X., E. H. De Carlo, and Y. H. Li (1997) Mar. Geol., 136, 277-297.
Winter, B. L., C. M. Johnson, and D. L. Clark (1997) Mar. Geol., 138, 149-169.
Winterer, E. L. et al. (1993) The Mesozoic Pacific: Geology, Tectonics, and Volcanism (M. S. Pringle et al., eds.), AGU Geophys. Monogr., 77, 307-333.
矢野恒太記念会編（2010）世界国勢図絵. 矢野恒太記念会, pp.494.
Zachos, J., H. Pagani, L. Sloan, E. Thomas, and K. Billups (2001) Science, 292, 686-693.

4 章，補遺
Anders, E. and N. Grevesse (1989) Geochim. Cosmochim. Acta, 53, 197-214.
Bailey, J. C. (1993) Geochem. J., 27, 71-90.
Barling, J. and A. D. Anbar (2004) Earth Planet. Sci. Lett., 217, 315-329.
Basu, S., F. M. Stuart, V. Klemm, G. Korschinek, K. Knie, and J. R. Hein (2006) Geochim. Cosmochim. Acta, 70, 3996-4006.
Bau, M. (1996) Contrib. Mineral. Petrol., 123, 323-333.
Bau, M. and A. Koschinsky (2006) Earth Planet. Sci. Lett., 241, 952-961.
Bender, M. L., G. P. Klinkhammer, and D. W. Spencer (1977) Deep-Sea Res., 24, 799-812.
Bethke, C. M. and S. Yeakel (2011) The Geochemist's Workbench User's Guides, Version 9.0. Aqueous Solutions LLC, Champaign.
Bigeleisen, J., and M. G. Mayer (1947) J. Chem. Phys., 15, 261-267.
Bodei, S., A. Manceau, N. Geoffroy, A. Baronnet, M. Buatier (2007) Geochim. Cosmochim. Acta, 71, 5698-5716.
Boyd, P. W. and M. J. Ellwood (2010) Nature Geosci., 3, 675-682.
Brennecka, G. A., L. E. Wasylenki, J. R. Bargar, S. Weyer, and A. D. Anbar (2011) Environ. Sci. Technol., 45, 1370-1375.

Bruland, K. W., K. J. Orians, and J. P. Cowen (1994) Geochim. Cosmochim. Acta, 58, 3171–3182.
Bruland, K. W. and M. C. Lohan (2004) The Oceans and Marine Geochemistry. Treatise on Geochemistry, Vol.6, Elsevier, pp.646.
Burnett, W. G. and D. Z. Piper (1977) Nature, 265, 596–600.
Burns, R. G. and B. Brown (1972) Ferromanganese Deposits on the Ocean Floor. Lamont-Doherty Geol. Observatory, pp.51.
Byrne, R. H. (2002) Geochem. Trans., 3, 11–16.
Chan, L.-H. and J. R. Hein (2007) Deep-Sea Res. II, 54, 1147–1162.
Clarke, F. W. (1924) The data of geochemistry. USGS Bull., No. 770, Govt. Print. Off.
Cornell, R. M. and U. Schwertmann (2003) The Iron Oxides: Structure, Properties, Reactions, Occurrences and Uses, 2nd and extended ed. Wiley-VCH, pp.703.
Cronan, D. S. (1997) Manganese Mineralization: Geochemistry and Mineralogy of Terrestrial and Marine Deposits (Nicholson, K., J. R. Hein, B. Buehn, and S. Dasgupta, eds.). Geol. Soc. Spec. Pub., 119, 139–151.
Cutter, G. A. (1992) Mar. Chem., 40, 65–80.
Dillard, J. G., D. L. Crowther, and J. W. Murray (1982) Geochim. Cosmochim. Acta, 46, 755–759.
Dymond, J., M. Lyle, B. Finey, D. Z. Piper, K. Murphy, R. Conard, and N. Pisias (1984) Geochim. Cosmochim. Acta, 48, 931–949.
Elderfield, H. and A. Schultz (1996) Ann. Rev. Earth Planet. Sci., 24, 191–224.
Erel, Y. and E. M. Stolper (1993) Geochim. Cosmochim. Acta, 57, 513–518.
Faure, G. (1998) Principles and Applications of Geochemistry, 2nd ed. Prentice Hall, pp.600.
Fendorf, S. E. and R. J. Zasoski (1992) Environ. Sci. Technol., 26, 79–85.
Feng, X. H., W. F. Tan, F. Liu, J. B. Wang, and H. D. Ruan (2004) Chem. Mater., 16, 4330–4336.
Feng, X. H., M. Zhu, M. Ginder-Vogel, C. Ni, S. J. Parikh, and D. L. Sparks (2010) Geochim. Cosmochim. Acta, 74, 3232–3245.
Froelich, P. N., G. P. Klinkhammer, M. L. Bender, N. A. Luedtke, G. R. Heath, D. Cullen, P. Dauphin, D. Hammond, B. Hartman, and V. Maynard (1979) Geochim. Cosmochim. Acta, 43, 1075–1090.
Fukukawa, M., Y. Takahashi, Y. Hayasaka, Y. Sakai, and H. Shimizu (2004) Proc. ODP, Sci. Results, 191, SR–007.
Futa, K., Z. E. Peterman, and J. R. Hein (1988) Geochim. Cosmochim. Acta, 52, 2229–2233.
Gamo, T. E., K. Nakayama, K. Shitashima, K. Isshiki, H. Obata, K. Okamura, S. Kanayama, T. Oomori, T. Koizumi, and S. Matsumoto (1996) Earth Planet. Sci. Lett., 142, 261–270.
Gerth, J. (1990) Geochim. Cosmochim. Acta, 54, 363–371.
Glasby, G. P. (2006) Marine Geochemistry. Springer, pp.371.
Godfrey, L. V., W. M. White, and V. J. M. Salters (1996) Geochim. Cosmochim. Acta, 60, 3995–4006.
Goldberg, T., C. Archer, D. Vance, and S. W. Poulton (2009) Geochim. Cosmochim. Acta, 73, 6502–6516.
Halbach, P., M. Segl, D. Puteanus, and A. Mangini (1983) Nature, 304, 716–719.
Haley, B. A., G. P. Klinkhammer, and J. McManus (2004) Geochim. Cosmochim. Acta, 68, 1265–1279.
Hein, J. R., A. Koschinsky, P. Halbach, F. T. Manheim, M. Bau, J. K. Kang, and N. Lubick (1997) Manganese Mineralization: Geochemistry and Mineralogy of Terrestrial and Marine Deposits (Nicholson, K., J. R. Hein, B. Buehn, and S. Dasgupta, eds.). Geol. Soc. Spec. Publ., 119, 123–138.
Hein, J. R., A. Koschinsky, and A. N. Halliday (2003) Geochim. Cosmochim. Acta, 67, 1117–1127.
Hem, J. D. (1981) Geochim. Cosmochim. Acta, 45, 1369–1374.

Horner, T. J., M. Schönbächler, M. Rehkämper, S. G. Nielsen, H. Williams, A. N. Halliday, Z. Xue, and J. R. Hein (2010) Geochem. Geophys. Geosyst., 11, Q04001.
Hu, R., T.-Y. Chen, and H.-F. Ling (2012) Chinese Sci. Bull., 57, 4077–4086.
Huh, C.-A. and T.-L. Ku (1984) Geochim. Cosmochim. Acta, 48, 951–963.
James, R. D. and T. W. Healy (1972) J. Colloid Interface Sci., 40, 65–81.
Kashiwabara, T., Y. Takahashi, M. Tanimizu, and A. Usui (2011) Geochim. Cosmochim. Acta, 75, 5762–5784.
Kashiwabara, T., Y. Takahashi, M. A. Marcus, T. Uruga, H. Tanida, Y. Terada, and A. Usui (2013) Geochim. Cosmochim. Acta, 106, 364–378.
Klinkhammer, G. P. and M. L. Bender (1980) Earth Planet. Sci. Lett., 46, 361–384.
Koschinsky, A. and P. Halbach (1995) Geochim. Cosmochim. Acta, 59, 5113–5132.
Kuhn, T., M. Bau, N. Blum, and P. Halbach (1998) Earth Planet. Sci. Lett., 163, 207–220.
Langmuir, D. (1997) Aqueous Environmental Geochemistry, Prentice Hall, pp.600.
Levasseur, S., M. Frank, J. R. Hein, and A. Halliday (2004) Earth Planet. Sci. Lett., 224, 91–105.
Li, Y.-H. (1981) Geochim. Cosmochim. Acta, 45, 1659–1664.
Li, Y.-H. (1982) Geochim. Cosmochim. Acta, 46, 1993–1995.
Ling, H.-F., K. W. Burton, R. K. O'Nions, B. S. Kamber, F. von Blanckenburg, A. J. Gibb, and J. R. Hein (1997) Earth Planet. Sci. Lett., 146, 1–12.
Mahowald, N. M., A. R. Baker, G. Bergametti, N. Brooks, R. A. Duce, T. D. Jickells, N. Kubilay, J. M. Prospero, and I. Tegen (2005) Global Biogeochem. Cycles, 19, GB4025.
Manceau, A., A. I. Gorshkov, and V. A. Drits (1992) Am. Mineral., 77, 1144–1157.
Manceau, A., V. A. Drits, E. Silvester, C. Bartoll, and B. Lanson (1997) Am. Mineral., 82, 1150–1175.
Manceau, A., M. Lanson, and N. Geoffroy (2007) Geochim. Cosmochim. Acta, 71, 95–128.
Mandernack, K. W., M. L. Fogel, B. M. Tebo, and A. Usui (1995) Geochim. Cosmochim. Acta, 59, 4409–4425.
Marcus, M., A. Manceau, and M. Kersten (2008) Geochim. Cosmochim. Acta, 68, 3125–3136.
Martin, J. H. (1990) Paleoceanogr., 5, 1–13.
Mellin, T. and G. Lei (1993) Mar. Geol., 115, 67–83.
Meynadier, L., C. Allègre, and R. K. O'Nions (2008) Earth Planet. Sci. Lett., 272, 513–522.
Millero, F. J. (2002) Chemical Oceanography, 2nd ed. CRC Press, pp.469.
Minakawa, M., S. Noriki, and S. Tsunogai (1998) Geochem. J., 32, 315–329.
Murray, J. W. and F. G. Brewer (1977) Marine Manganese Deposits (G. P. Glasby, ed.), Elsevier Oceanography Series, 15, Elsevier Sci. Publ., 291–325.
Murray, J. W. and J. G. Dillard (1979) Geochim. Cosmochim. Acta, 43, 781–787.
Nameroff, T. J., L. S. Balistrieri, and J. W. Murray (2002) Geochim. Cosmochim. Acta, 66, 1139–1158.
Nielsen, S. G., S. Mar-Gerrison, A. Gannoun, D. LaRowe, V. Klemm, A. N. Halliday, K. W. Burton, and J. R. Hein (2009) Earth Planet. Sci. Lett., 278, 297–307.
Nozaki, Y. (2001) Encyclopedia of Ocean Sciences, Vo. 2 (J. H. Steele, K. K. Turekian, and S. A. Thorpe, eds.). Academic Press, 840–845.
O'Nions, R. K., M. Frank, F. von Blanckenburg, and H. F. Ling (1998). Earth Planet. Sci. Lett., 155, 15–28.
Peacock, C. L. and D. M. Sherman (2007) Chem. Geol., 238, 94–106.
Peacock, C. L. and E. M. Moon (2012) Geochim. Cosmochim. Acta, 84, 297–313.
Rehkämper, M., M. Frank, J. R. Hein, and A. Halliday (2004) Earth Planet. Sci. Lett., 219, 77–91.
Sander, S. G. and A. Koschinsky (2011) Nature Geosci., 4 , 145–150.
佐野有司・高橋嘉夫 (2013) 地球化学. 共立出版, pp.322.
Sholkovitz, E. R. (1989) Chem. Geol., 77, 47–51.
Stumm, W. and J. J. Morgan (1996) Aquatic Chemistry. Wiley, pp.1040.

Sunda, W. G. and S. A. Huntsman (1994) Mar. Chem., 46, 133-152.
Takahashi, Y., H. Shimizu, A. Usui, H. Kagi, and M. Nomura (2000) Geochim. Cosmochim. Acta, 64, 2929-2935.
Takahashi, Y., A. Manceau, H. Geoffroy, M.A. Marcus, and A. Usui (2007) Geochim. Cosmochim. Acta, 71, 984-1008.
Takahashi, Y., M. Higashi, T. Furukawa, and S. Mitsunobu (2011) Atmos. Chem. Phys., 11, 11237-11252.
Takahashi, Y., T. Furukawa, Y. Kanai, M. Uematsu, G. Zheng, and M. A. Marcus (2013) Atmos. Chem. Phys., 13, 7695-7710.
Takahashi, Y., D. Ariga, Q. H. Fan, and T. Kashiwabara (2014) Subseafloor Biosphere Linked to Hydrothermal Systems: TAIGA Concept (J. Ishibashi, K. Okino, and S. Sunamura, eds.). Springer, 39-48.
Taylor, S. R. and S. M. McLennan (1991) The Continental Crust. Wiley-Blackwell, pp.312.
Tessier, A., P. G. C. Campbell, and M. Bisson (1979) Anal. Chem., 51, 844-851.
角皆静男・乗木新一郎（1983）海洋化学―化学で海を解く．産業図書，pp.286.
Verlaan, P. A., D. S. Cronan, and C. L. Morgan (2004) Progress in Oceanography, 63, 125-158.
Vonderhaar, D. L., J. I. Mahoney, and G. M. Mcmurtry (1995) Geochim. Cosmochim. Acta, 59, 4267-4277.
Wang, S. and C. N. Mulligan (2008) Environ. Int., 34, 867-879.
Weyer, S., A. D. Anbar, A. Gerdes, G. W. Gordon, T. J. Algeo, and E. A. Boyle (2008) Geochim. Cosmochim. Acta, 72, 345-359.
吉村豊文（1934）地質学雑誌，41, 324-326.
Zabinsky, S. I., J. J. Rehr, A. Ankudinov, R. C. Albers, and M. J. Eller (1995) Phys. Rev. B, 52, 2995-3009.

5 章

Adams, L. F. and W. C. Ghiorse (1986) Arch. Microbiol., 145, 126-135.
Chester, R. (2003) Marine Geochemistry, 2nd ed. Blackwell Publ., pp.506.
Corstjens, P. L. A. M., J. P. M. de Vrind, P. Westbroek, and E. W. de Vrind-de Jong (1992) Appl. Environ. Microbiol., 58, 450-454.
Cowen, J. P., G. J. Massoth, and E. T. Baker (1986) Nature, 322, 169-171.
Cowen, J. P. (1989) Appl. Environ. Microbiol., 55, 764-766.
Dick, G. J., B. G. Clement, S. M. Webb, F. J. Fodrie, J. R. Bargar, and B. M. Tebo (2009) Geochim. Cosmochim. Acta, 73, 6517-6530.
Elsaied, H. and A. Maruyama (2011) Handbook of Molecular Microbial Ecology II: Metagenomics in Different Habitats (F. J. de Bruijn ed.). John Wiley & Sons, 309-318.
Elsaied, H., H. W. Stokes, K. Kitamura, Y. Kurusu, Y. Kamagata, and A. Maruyama (2011) The ISME Journal, 5, 1162-1177.
Elsaied, H., H. W. Stokes, H. Yoshioka, Y. Mitani, and A. Maruyama (2013) FEMS Microbiol. Ecol., 87, 343-356.
Erhlich, H. L. and D. K. Newman (2009) Geomicrobiology, 5th ed. CRC Press, 347-420.
Furuta, S., M. Yoshida, T. Okamoto, T. Wakabayashi, S. Ichise, S. Aoki, T. Kohno, and T. Miyajima (2007) Japan. J. Limnol., 68, 433-441.
Giovannoni, S. and M. Rappe (2000) Microbial Ecology of the Oceans (D. L. Kirchman ed.). Wiley-Liss, 47-84.
He, J.-Z., Y.-T. Meng, Y.-M. Zheng, and L.-M. Zhang (2010) J. Soils Sediments, 10, 767-773.
Jannasch, H. W. and M. J. Mottl (1985) Science, 229, 717-725.
Leaman, D. R., B. M. Voelker, A. I. Vazquez-Rodriguez, and C. M. Hansel (2011) Nature Geosci., 4, 95-98.
Luther, G. W. III (2005) Geomicrobiol. J., 22, 195-203.
Madigan, M. T., J. M. Martinko, D. A. Stahl, and D. P. Clark (2011) Brock Biology of Mi-

croorganisms, 13th ed. Pearson Education, 474–502.
Mita, N., A. Maruyama, A. Usui, T. Higashihara, and Y. Hariya (1994) Geochem. J., 28, 71–80.
Mita, N. and H. Miura (2008) Resource Geol., 53, 233–238.
Mizukami, M., N. Mita, A. Usui, and S. Ohmori (1999) Resource Geol., 44, 65–74.
Nitahara, S., S. Kato, T. Urabe, A. Usui, and A. Yamagishi (2011) FEMS Microbiol. Let., 321, 121–129.
Okamura, K., H. Kimoto, K. Saeki, J. Ishibashi, H. Obata, M. Maruo, T. Gamo, E. Nakayama, and Y. Nozaki (2001) Mar. Chem., 76, 17–26.
Perfil'ev, B. V., and D. R. Gabe. (1965) Applied Capillary Microscopy: The Role of Microorganisms in the Formation of Iron-Manganese Deposits (B. V. Perfil'ev, D. R. Gabe, A. M. Gal'perina, V. A. Rabinovich, A. A. Sapotnitskii, E. E. Sherman, and E. P. Troshanov, eds.). Consultants Bureau, 9–52.
Provin, C., T. Fukuba, K. Okamura, and T. Fujii (2013) IEEE J. Oceanic Engineering, 38, 178-185.
Schuett, C., J. L. Zelibor, and R. R. Colwell (1986) Geomicrobiol. J., 4, 389–406.
Schulz-Baldes, A. and R. A. Lewin (1975) Science, 188, 1119–1120.
Sunamura, M., Y. Higashi, C. Miyako, J. Ishibashi, and A. Maruyama (2004) Appl. Environ. Microbiol., 70, 1190–1198.
Tebo, B. M., K. Geszvain, and S.-W. Lee (2010) Geomicrobiology: Molecular and Environmental Perspective (L. L. Bartone, M Mandl, and A. Loy eds.). Springer, 285–308.
Templeton, A., S. H. Staudigel, and B. M. Tebo (2005) Geomicrobiol. J., 22, 127–139.
Urabe, T., E. T. Baker, J. Ishibashi, R. A. Feely, K. Marumo, G. J. Massoth, A. Maruyama, K. Shitashima, K. Okamura, J. E. Lupton, A. Sonoda, T. Yamazaki, M. Aoki, J. Gendron, R. Greene, Y. Kaiho, K. Kisimoto, G. Lebon, T. Matsumoto, K. Nakamura, A. Nishizawa, O. Okano, G. Paradis, K. Roe, T. Shibata, D. Tennant, T. Vance, S. L. Walker, T. Yabuki, and N. Ytow (1995) Science, 269, 1092–1095.
Usui, A. and N. Mita (1995) Clays and Clay Minerals, 43, 116–127.
van Waasbergen, L. G., M. Hildebrand, and B. M. Tebo (1996) J. Bacteriol., 178, 3517–3530.

6章
Altermann, W. and D. R. Nelson (1998) J. Sed. Geol., 120, 225–256.
Bau, M., R. L. Romer, V. Lüders, and N. J. Beukes (1999) Earth Planet. Sci. Lett., 174, 43–57.
Beukes, N. J. (1983) Iron-Formation: Facts and Problems (Trendall, A. F. and R. C. Morris, eds.). Elsevier, 131–209.
Bolton, B. R. and L. A. Frakes (1985) Geol. Soc. Am. Bull., 96, 1398–1406.
Bonatti, E., M. Zerbi, R. Kay, and H. Rydell (1976) Geol. Soc. Am. Bull., 87, 83–94.
Brewer, P. G. and D. W. Spencer (1974) Am. Assoc. Pet. Geol. Bull., 20, 137–143.
Cairncross, B., N. J. Beukes, and J. Gutzmer (1997) The Manganese Adventure. Associated Ore and Metal Corporation Ltd., Johannesburg, pp.236.
Calvert, S. E. and T. F. Pedersen (1996) Econ. Geol., 91, 36–47.
Cannon, W. F. and E. R. Force (1983) Cameron volume on unconventional mineral deposits (Shanks, W.C., ed.). American Institute of Mining, Metallurgical and Petroleum Engineers, 175–189.
Choi, J. H. and Y. Hariya (1990a) Fac. Sci. Hokkaido Univ. Ser. IV, 22, 553–564.
Choi, J. H. and Y. Hariya (1990b) Mining Geol., 40, 159–173.
Choi, J. H. and Y. Hariya (1992) Econ. Geol., 87, 1265–1274.
Cornell, D. H., S. S. Schütte, and B. L. Eglington (1996) Precam. Res., 79, 101–123.
Cronan, D. S. (1973) Init. Repts. DSDP, 16, 605–608.
Dymond, J., M. Lyle, B. Finney, D. Z. Piper, R. Murphy, R. Conard, and N. Pisias (1984) Geochim. Cosmochim. Acta, 48, 931–949.

Force, E. R., W. F. Cannon, R. A. Koski, K. T. Passmore, and B. R. Doe (1983) US Geol. Surv. Circ., 822, 26–29.
Force, E. R. and W. F. Cannon (1988) Econ. Geol., 83, 83–117.
Frakes, L. A. and B. R. Bolton (1984) Geology, 12, 83–86.
Frakes, L. A. and B. R. Bolton (1992) Econ. Geol., 87, 1207–1217.
Frank, M., N. Whiteley, T. van de Flierdt, B. C. Reynolds, and K. O'Nions (2006) Chem. Geol., 226, 264–279.
Fujinaga, K. and Y. Kato (2005) Resource Geol., 55, 353–356.
Fujinaga, K., T. Nozaki, T. Nishiuchi, K. Kuwahara, and Y. Kato (2006) Resource Geol., 56, 399–414.
Glasby, G. P. (1978) Mar. Geol., 28, 51–64.
Halbach, P. E., C. D. Sattler, F. Teichmann, and M. Wahsner (1989) Mar. Mining, 8, 23–39.
Hannah, J. L., A. Bekker, H. J. Stein, R. J. Markey, and H. D. Holland (2004) Earth Planet. Sci. Lett., 225, 43–52.
Hardenbol, J., J. Thierry, M. B. Farley, T. Jaquin, P.-C. de Graciansky, and P. R. Vail (1998) SEPM Spec. Pub., 60, 3–13.
Hein, J. R., D. Fan, J. Ye, T. Liu, and H-W. Yeh (1999) Ore Geol. Rev., 15, 95–134.
広渡文利（1986）月刊地球，8, 302–308.
Hoffman, P. F. and Z. X. Li (2009) Palaeogeogr. Palaeoclimatol. Palaeoecol., 277, 158–172.
Hori, N. and K. Wakita (2006) J. Asian Earth Sci., 27, 45–60.
堀　利栄（1993）地質調査所月報，44, 555–570.
磯崎行雄・丸山茂徳・中間隆晃・山本伸次・柳井修一（2011）地学雑誌, 120, 65–99.
Ito, T., A. Usui, Y. Kajiwara, and T. Nakano (1998) Geochim. Cosmochim. Acta, 62, 1545–1554.
Ito, T. and K. Komuro (2006) Resource Geol., 56, 457–470.
Iwata, K., Y. Hariya, J. H. Choi, E. Yagi, and T. Miura (1990) Fac. Sci. Hokkaido Univ. Ser. IV, 22, 565–576.
Jones, C. E. and H. C. Jenkyns (2001) Am. J. Sci., 301, 112–149.
Kato, Y., K. Fujinaga, T. Nozaki, K. Nakamura, R. Ono, and H. Osawa (2005) Resource Geol., 55, 291–300.
川幡穂高（2011）地球表層環境の進化──先カンブリア時代から近未来まで．東京大学出版会, pp.292.
Kirschvink, J. L., E. J. Gaidos, L. E. Bertani, N. J. Beukes, J. Gutzmer, L. N. Maepa, and R. E. Steinberger (2000) PNAS, 97, 1400–1405.
Kirschvink, J. L. and R. E. Kopp (2008) Phil. Trans. R. Soc. B, 363, 2755–2765.
北里　洋（1983）鉱山地質特別号，11, 263–270.
北里　洋（1985）科学，55, 532–540.
Klemm, V., S. Levasseur, M. Frank, J. R. Hein, and A. N. Halliday (2005) Earth Planet. Sci. Lett., 238, 42–48.
Klemm, V., M. Frank, S. Levasseur, A. N. Halliday, and J. R. Hein (2008) Earth Planet. Sci. Lett., 273, 175–183.
Komuro, K. and K. Wakita (2005) Resource Geol., 55, 321–336.
Komuro, K., K. Yamaguchi, and Y. Kajiwara (2005) Resource Geol., 55, 337–351.
Koschinsky, A. and P. Halbach (1995) Geochim. Cosmochim. Acta, 59, 5113–5132.
Kuwahara, K., K. Fujinaga, and Y. Kato (2006) Resource Geol., 56, 415–421.
Laznicka, P. (1992) Ore Geol. Rev., 7, 279–356.
Martin, D. McB., C. W. Clendenin, B. Krapez, and N. J. McNaughton (1998) J. Geol. Soc., London, 155, 311–282.
Matsumoto, R. (1992) Proc. ODP, Sci. Res., 127/128, 75–98.
Maynard, J. B. (2010) Economic Geol., 105, 535–552.
McManus, D. A., O. Weser, C. C. Von Der Borch, T. Vallier, and R. E. Burns (1970) Init. Repts. DSDP, 5, 621–636.
Miller, K. G., M. A. Kominz, J. V. Browning, J. D. Wright, G. S. Mountain, M. E. Katz, P. J.

Sugarman, B. S. Cramer, N. Christie-Blick, and S. F. Pekar (2005) Science, 310, 1293–1298.
三浦裕行・大西正哲・崔　宰豪・針谷　宥 (1992) 資源地質, 42, 165–173.
Nakae, S. and K. Komuro (2005) Resource Geol., 55, 311–320.
Nelson, D. R., A. F. Trendall, and W. Altermann (1999) Precam. Res., 97, 165–189.
Nielsen, S. G., S. Mar-Gerrison, A. Gannoun, D. LaRowe, V. Klemm, A. N. Halliday, K. W. Burton, and J. R. Hein (2009) Earth Planet. Sci. Lett., 278, 297–307.
日本古生物学会編 (2010) 古生物学事典, 第2版. 朝倉書店, pp.576.
Nozaki, T., K. Nakamura, H. Osawa, K. Fujinaga, and Y. Kato (2005) Resource Geol., 55, 301–310.
Nozaki, T., Y. Kato, and K. Suzuki (2013) Sci. Rep., 3, 1889, DOI:10.1038/srep01889.
野崎義行 (1992) 地球化学, 26, 25–39.
Okita, P. M. and W. C. Shanks (1992) Chem. Geol., 99, 139–164.
Polgári, M., J. R. Hein, T. Vigh, M. Szabó-Drubina, I. Fórizs, L. Bíró, A. Műller, and A. L. Tóth (2012) Ore Geol. Rev., 47, 87–109.
Polteau, S., J. M. Moore, and H. Tsikos (2006) Precam. Res., 148, 257–274.
Roy, S. (1997) Geol. Soc. Spec. Pub., 119, 5–27.
Roy, S. (2006) Earth Sci. Rev., 77, 273–305.
Schulz, H.-M., A. Bechtel, and R. F. Sachsenhofer (2005) Global Planet. Change, 49, 163–176.
Sekine, Y., E. Tajika, R. Tada, T. Hirai, K. T. Goto, T. Kuwatani, K. Goto, S. Yamamoto, S. Tachibana, Y. Isozaki, and J. L. Kirschvink (2011) Earth Planet. Sci. Lett., 307, 201–210.
Shallo, M. (1990) Terra Nova, 2, 476–483.
Stanley, S. M. and L. A. Hardie (1998) Palaeogeogr. Palaeoclimatol. Palaeoecol., 144, 3–19.
Sugisaki, R., K. Sugitani, and M. Adachi (1991) J. Geol., 99, 23–40.
杉谷健一郎 (1989) 地質学雑誌, 95, 255–275.
Sumner, D. Y. and S. A. Bowring (1996) Precam. Res., 79, 25–35.
Suzuki, N. and K. Ogane (2004) J. Asian Earth Sci., 23, 343–357.
平　朝彦 (1990) 日本列島の誕生. 岩波新書, pp.226.
平　朝彦 (1997) 地質学3：地球史の探求. 岩波書店, pp.396.
田近英一 (2009) 凍った地球. 新潮選書, pp.195.
Takashima, R., H. Nishi, B. T. Huber, and R. M. Leckie (2006) Oceanogr., 19, 64–74.
Thein, J. (1990) Ore Geol. Rev., 5, 257–291.
Tsikos, H. and J. M. Moore (1997) Econ. Geol., 92, 87–97.
角皆静男 (1985) 化学が解く海の謎—赤潮・マリンスノー・マンガン団塊など. 共立出版, pp.201.
Usui, A. (1983) Mar. Geol., 54, 27–51.
Usui, A. and T. Ito (1994) Mar. Geol., 119, 111–136.
Usui, A., I. J. Graham, R. G. Ditchburn, A. Zondervan, H. Shibasaki, and H. Hishida (2007) Island Arc, 16, 420–430.
臼井　朗 (2010) 海底鉱物資源—未利用レアメタルの探査と開発. オーム社, pp.198.
Varentsov, I. M. (2002) Ore Geol. Rev., 20, 65–82.
Yao, A. (2009) Paleontol. Res., 13, 45–52.
吉村豊文 (1952) 日本のマンガン鉱床. マンガン研究会資料, pp.567.
吉村豊文 (1969) 日本のマンガン鉱床補遺（後編：日本のマンガン鉱山）. 吉村豊文教授記念事業会, pp.1004.
Zachos, J. C., G. R. Dickens, and R. E. Zeebe (2008) Nature, 451, 279–283.

索引

あ行

亜酸化的続成型　195
亜酸化的続成作用（亜酸素続成作用）　91
アンバー　195
生きた鉱床　9
遺伝子の水平伝播　180
イノマンガネート　56
インテグロン　180
海のゴールドラッシュ　19
栄養塩型　113
エヌスタイト　116
遠隔探査ロボット（ROV）　22
温度躍層　145

か行

海山群　40
海山列　40
塊状硫化物鉱床（VMS）　3
海水起源　6, 28, 58, 122, 136, 194
海底火山　89
海底鉱業規則案　19
海底鉱山　17
海底地すべり　98
海底堆積物　7
海底熱水性塊状硫化物鉱床（VMS）　81
開発可能性　12, 25
壊変定数　73
海洋研究開発機構（JAMSTEC）　21
海洋無酸素事変　206
化学状態　67
可採品位　60
加速器質量分析（AMS）　74
芽胞　174
カラハリマンガン鉱床　199, 201
環境影響調査　18
環境記録　98

希土類元素（REE）　2, 6, 137
基盤岩　45
吸着　124, 125
共沈　125, 130, 176
巨大海台　40
金属鉱業事業団　20
クラスト　29, 31
グリーンタフ　219
元素存在度　105
広域X線吸収微細構造（EXAFS）　119, 127
鉱床　1
国際海底機構（ISA）　10, 18, 19
国際鉱物学会（IMA）鉱物命名委員会　54
国際深海掘削計画（ODP）　76
国連海洋法条約　10
古地磁気層序年代　80
コバルト濃度年代測定法　72
コバルトの濃縮　134
コバルトリッチ・マンガンクラスト　29
混合栄養　171

さ行

錯生成定数　152, 158
酸解離定数　147, 157
三角図　64
酸化的続成型　195
酸化の続成作用 → 初期続成作用
酸素極小層（OMZ）　86, 91, 110, 145
山体崩壊　97
残留磁化　79
シアノバクテリア　179, 202
自走式ロボット（AUV）　23
質量濃集速度（MAR）　93
自動酸化　177, 178
縞々学　99
従属栄養　171
初期続成起源　58

243

初期続成作用　37, 85, 91, 119
深海掘削計画（DSDP）　17, 76
深海掘削コア　7
深海堆積盆　39
シンク　6
針鉄鉱　54, 108
スキャベンジ型　108
ストロマトライト　93, 179
スノーボールアース → 全球凍結
生成年代　71
生成モデル　7
成層海盆縁辺型　196
成長速度　7, 71
成長中断仮説　78
赤色粘土　115
石油天然ガス・金属鉱物資源機構
　　（JOGMEC）　21
接合胞子　177
全球凍結（スノーボールアース）　197
選択的抽出法　159
走査型電子顕微鏡　34
相転移　132
続成起源　6, 123, 136

た行

大酸化イベント　179, 204
堆積岩　12
堆積間隙（ハイアタス）　97, 214
第2白嶺丸　21
滞留時間　6
多価銅酸化酵素群　175
多金属塊状酸化物　59
拓洋第5海山　49
団塊　29
探査鉱業規則（マイニングコード）　10
炭酸塩補償深度（CCD）　144
地殻存在度　5, 25
地球表層環境　2
着座型簡易ボーリング機　22
超酸化物　178
超伝導量子干渉素子（SQUID）顕微鏡　23, 79
直線自由エネルギー関係（LFER）　150, 155
低温熱水活動　88
低品位・大規模鉱床　16

同位体比　161
　　――層序年代測定法　77
同位体分別　162
動径構造関数（RSF）　128
等電点（PZC）　147
独立栄養　171
トドロカイト　54, 55, 108, 116, 121, 132
　　――バーネサイト系列　56
　　――ブーゼライト系列　58
虎石　219
ドレッジサンプラー　22

な行

内圏錯体　126
南極底層水（AABW）　39, 215
熱塩水　198
熱水起源　123, 136
熱水鉱床　3
熱水性硫化物　3
ネルンストの式　223
粘液層　178
年代測定　72
　　コバルト濃度――法　72
　　同位体比層序――法　77
　　^{10}Be――法　73
　　^{14}C――法　75
濃集率（賦存率）　33

は行

ハイアタス → 堆積間隙
ハイパードルフィン　21
パイロルーサイト　116
ハウスマンナイト　107, 116
白嶺丸　20
バスタブリング型マンガン鉱床　196
バーナダイト　54, 55, 116, 121
バーネサイト　54, 108, 116
パラテチス海　217
ビクスバイト　116
微細成長構造　31
菱マンガン鉱　28
微生物フロック　187
表層環境の寒冷化　102
表層水温（SST）　102
表面錯体　125

──モデル　146
品位　1, 16
フィロマンガネート　57
フェリオキシハイト　122
フェリハイドライト　55, 108
付加体　211
富酸素海洋型　193
富酸素水沈降型　197
ブーゼライト　54, 116, 121
　　──系列　56
賦存率 → 濃集率
物質循環　3
フラックス　93
プルーム　183
プレートテクトニクス　17, 22
粉末 X 線回折（XRD）　54, 127
平均滞留時間　114
平頂海山　49
ベースメタル　12
ペーブメント　30
放射壊変　162
保存型　114

ま行

マイクロノジュール　7, 30, 90
マイニングコード → 探査鉱業規則
マグマ活動　3
マスキング効果　145, 153
マンガナイト　54, 116
マンガネート総括モデル　57
マンガンクラスト　1
　　──の微細層序学　38
マンガン団塊　1
　　──の微細層序学　37
密度躍層　145
ミランコビッチサイクル　102
無酸素海洋型　193

や行・ら行

有人潜水艇　42
リザーバー　84
類型　3, 81

レアアース泥　90
レアメタル　2, 12

アルファベット

AABW → 南極底層水
AMS → 加速器質量分析
AUV → 自走式ロボット
[10]Be 年代測定法　73
CCD → 炭酸塩補償深度
Ce 異常　137
CHARAC フィールド　154
Clarion-Clipperton Zone　39
[14]C 年代測定法　75
Darwin Rise　40
DSDP → 深海掘削計画
E_h　107
E_h-pH 図　107, 223
Eu 異常　138
EXAFS → 広域 X 線吸収微細構造
ISA → 国際海底機構
JAMSTEC → 海洋研究開発機構
JOGMEC → 石油天然ガス・金属鉱物資源機構
LFER → 直線自由エネルギー関係
MAR → 質量濃集速度
ODP → 国際深海掘削計画
OMZ → 酸素極小層
PZC → 等電点
REE パターン　153
REE → 希土類元素
ROV → 遠隔探査ロボット
r（粗）型　68
SQUID 顕微鏡 → 超伝導量子干渉素子顕微鏡
SST → 表層水温
s（平滑）型　68
VMS → 塊状硫化物鉱床
XAFS → X 線吸収微細構造
XRD → 粉末 X 線回折
X 線吸収微細構造（XAFS）　119
α-プロテオバクテリア　189
γ-プロテオバクテリア　189

著者紹介および執筆分担

うすい　あきら
臼井　朗　　1～3章
　　　　高知大学総合研究センター特任教授
　　略歴　高知大学理学部地球科学科教授
　　　　　産業技術総合研究所海洋資源環境研究部門グループリーダー
　　著書　『海底鉱物資源―未利用レアメタルの探査と開発』オーム社，2010年

たかはしよしお
高橋嘉夫　　4章（4.5節1）をのぞく），補遺
　　　　東京大学大学院理学系研究科教授（地球惑星科学専攻地球生命圏科学講座）
　　略歴　広島大学大学院理学研究科教授・日本学術振興会特別研究員（PD）
　　著書　『原発事故環境汚染―福島第一原発事故の地球科学的側面』東京大学出版会，2014
　　　　　年（共著）
　　　　　『地球化学』（現代地球化学入門シリーズ 12）共立出版，2013年（共著）

いとう　たかし
伊藤　孝　　6章（6.2節をのぞく）
　　　　茨城大学教育学部教授
　　略歴　茨城大学教育学部准教授・筑波大学研究協力課準研究員
　　著書　『地球全史スーパー年表』岩波書店，2014年（共著）
　　　　　『物質科学入門』（基本化学シリーズ 13）朝倉書店，2000年（共著）

まるやまあきひこ
丸山明彦　　5章
　　　　産業技術総合研究所つくばセンター次長
　　略歴　産業技術総合研究所特許生物寄託センター次長
　　　　　産業技術総合研究所生物機能工学研究部門グループリーダー
　　著書　『環境と微生物の事典』朝倉書店，2014年（共著）

すずき　かつひこ
鈴木勝彦　　2.6節，4.5節1），6.2節
　　　　海洋研究開発機構海底資源研究開発センターグループリーダー
　　　　東北大学大学院理学研究科客員教授
　　略歴　京都大学大学院理学研究科助手・東京大学大学院総合文化研究科助手
　　著書　『地球化学実験法』（地球化学講座 8）培風館，2010年（共著）

海底マンガン鉱床の地球科学

2015 年 2 月 23 日　初　版

［検印廃止］

著　者　臼井　朗・高橋嘉夫・伊藤　孝・
　　　　丸山明彦・鈴木勝彦

発行所　一般財団法人　東京大学出版会
代表者　　古田元夫
153-0041 東京都目黒区駒場 4-5-29
http://www.utp.or.jp/
電話 03-6407-1069　Fax 03-6407-1991
振替 00160-6-59964

印刷所　新日本印刷株式会社
製本所　牧製本印刷株式会社

© 2015 Akira Usui, Yoshio Takahashi, Takashi Ito,
Akihiko Maruyama, and Katsuhiko Suzuki
ISBN 978-4-13-062722-1　Printed in Japan

JCOPY 〈(社)出版者著作権管理機構　委託出版物〉
本書の無断複写は著作権法上での例外を除き禁じられています．
複写される場合は，そのつど事前に，(社)出版者著作権管理機構
（電話 03-3513-6969, FAX 03-3513-6979, e-mail: info@jcopy.or.jp）
の許諾を得てください．

川幡穂高
地球表層環境の進化
先カンブリア時代から近未来まで　　　　A5 判・288 頁・3800 円

川幡穂高
海洋地球環境学
生物地球化学循環から読む　　　　A5 判・264 頁・3600 円

鹿園直建
地球システム環境化学　　　　A5 判・278 頁・5400 円

小泉 格
鮮新世から更新世の古海洋学
珪藻化石から読み解く環境変動　　　　A5 判・192 頁・4800 円

小泉 格
珪藻古海洋学
完新世の環境変動　　　　A5 判・220 頁・3400 円

日本第四紀学会・町田 洋・岩田修二・小野 昭 編
地球史が語る近未来の環境　　　　4/6 判・274 頁・2400 円

中島映至・大原利眞・植松光夫・恩田裕一 編
原発事故環境汚染
福島第一原発事故の地球科学的側面　　　　A5 判・312 頁・3800 円

小宮山宏・武内和彦・住 明正・花木啓祐・三村信男 編
サステイナビリティ学 2
気候変動と低炭素社会　　　　A5 判・192 頁・2400 円

ここに表記された価格は本体価格です．ご購入の
際には消費税が加算されますのでご了承下さい．

北太平洋における
海水中の溶存元素の深度分
(Nozaki, 2

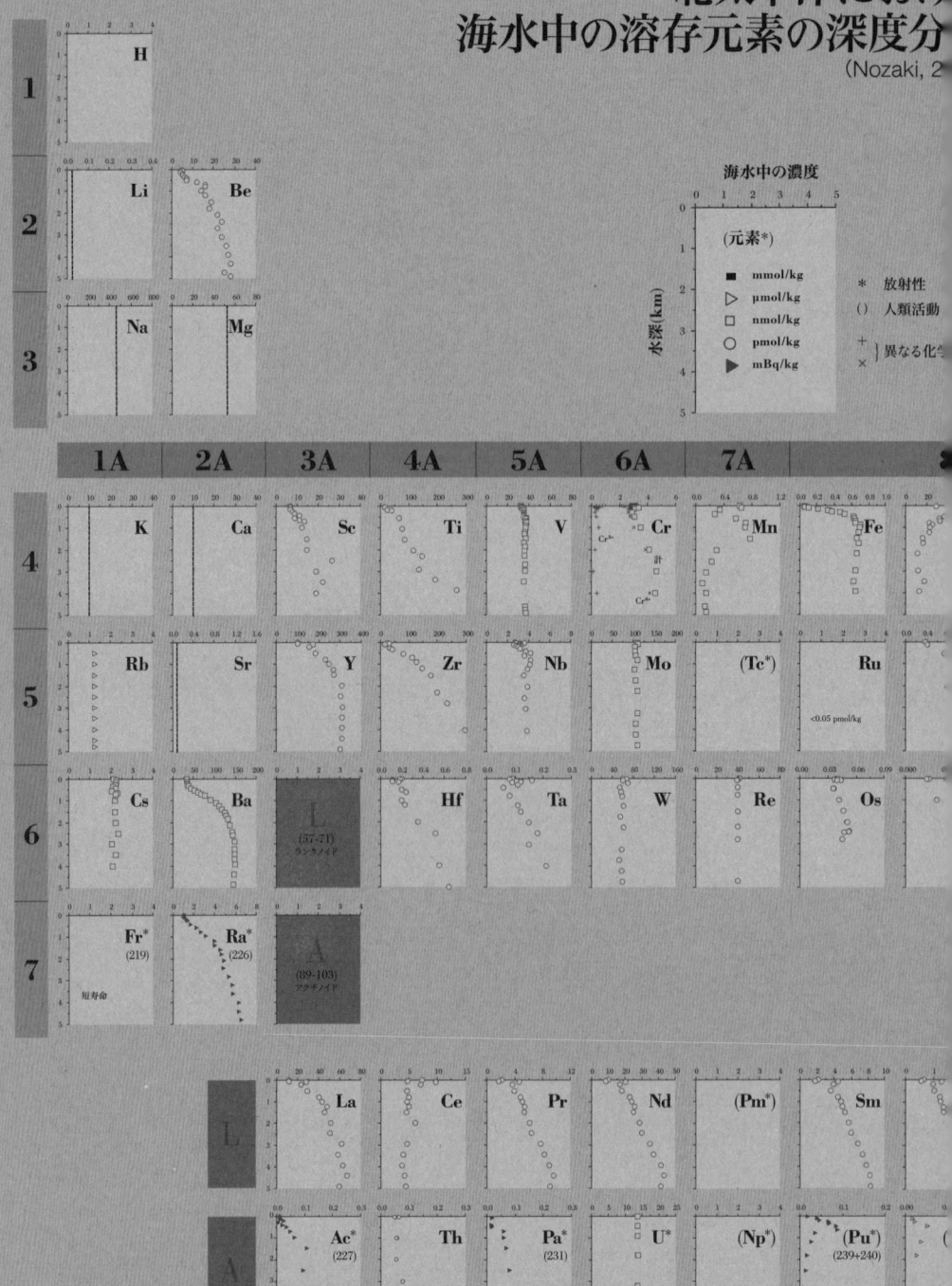